建筑意匠与历史中国书系

韩原奥壤

——韩城传统县域人居环境营造研究

张　涛　著

中国建筑工业出版社

图书在版编目（CIP）数据

韩原奥壤：韩城传统县域人居环境营造研究 / 张涛著. —北京：中国建筑工业出版社，2019.9
（建筑意匠与历史中国书系）
ISBN 978-7-112-23980-1

Ⅰ.①韩… Ⅱ.①张… Ⅲ.①县－居住环境－研究－韩城 Ⅳ.①X21

中国版本图书馆CIP数据核字（2019）第144259号

本书以陕西韩城传统县域人居环境为研究对象，探寻"原真"的本土地方城乡人居智慧，由此发掘了一种古有的，关于"自然"的"环境结构"和关于"人"的"文化结构"相融合的地方人居特有结构；揭示了城、镇、村等历史聚落在基础生存层面、精神关怀层面、生存价值和生命秩序层面达成统一的聚落人文构架；探讨了一种结合自然山水、具有鲜明人文属性的地方人居规划设计的"整体"物质空间构建理念与方法，并进一步梳理了韩城县域人居建设的地域特点、实践途径和传统机制。

责任编辑：陈海娇　李　鸽
责任校对：赵　菲

建筑意匠与历史中国书系
韩原奥壤
——韩城传统县域人居环境营造研究
张　涛　著
*
中国建筑工业出版社出版、发行（北京海淀三里河路9号）
各地新华书店、建筑书店经销
北京建筑工业印刷厂制版
北京市密东印刷有限公司印刷
*
开本：787×1092毫米　1/16　印张：19¾　字数：306千字
2019年10月第一版　2019年10月第一次印刷
定价：**70.00**元
ISBN 978-7-112-23980-1
（34287）

序

“县”是中国行政区划最稳固的基础单元，在数千年的持续演进历程中，成为国家治理与地方民生的纽结，是历代基层劳动人民的生活与精神家园，由此形成了中国县域人居环境固有的城乡一体营造模式。《韩原奥壤——韩城传统县域人居环境营造研究》一书以陕西韩城县为研究对象，通过对县域自然环境、文化环境、风景环境、城镇村聚落以及交通、防御、水利建设等方面的综合研究，揭示了一种县域人居整体系统构建机理，发掘了一套山水环境营造体系及其人文精神涵养传统，反映出在一方山水的规划审度中谋求地方文化精神继承与发扬的“人杰地灵 ”的中国优秀城乡人居智慧。

张涛是西安建筑科技大学风景园林历史与理论研究的青年学者，对故乡韩城一直抱有深厚的家园情怀。自博士研究生阶段开始，以人居环境科学理论为指导，对家乡历史人居建设展开系统研究，深入认识了具有深厚积淀的中国山水营居智慧，并完成博士论文《韩城传统县域人居环境营造研究》。在博士后研究阶段，张涛开始尝试对历史经验的科学化研究，学术水平得到快速提升，申报获准并主持完成了包括国家自然科学基金项目在内的多项课题，发表学术论文多篇，取得了很大进步，本书即是在博士与博士后研究基础上完成。

中国山水文化与风景园林历史遗产蕴含着极为丰富的人与自然和谐共处的可持续发展经验，是几千年来历代先贤的智慧积淀与创造，是中国历史人居环境的精炼与升华。当代新型城镇化建设的民族文化传承与“绿色”发展，离不开山水风景的价值追求。及时发掘风景园林营造的历史经验，揭示其背后的营造机理，进一步厘清风景园林与建筑、规划等人居学科的内在深层关系，构建符合时代需要的风景园林规划设计学术体系，并融入现代人居规划与建设实践，需要更多有志学人的共同努力，也希望张涛可以在这一方向取得更大进步。是为序。

刘加平

前言

数千年来，中国的“县”在自然、文化、经济、社会等方面形成了一个稳定单元。本书从人居环境科学的角度出发，以陕西韩城传统县域为对象，将宏观层面的县域，城、镇、村等历史聚落以及微观层面的标志建筑、风景等不同层面统筹起来，形成一个完整的研究整体，探寻“原真”的本土地方城乡人居环境营造理念与方法。

本书重点研究了韩城的发展历程和脉络，总结了县域人居环境的一般性特点与韩城人居环境的特殊性，对其演进的基本规律进行了梳理。从自然、聚居、文化、风景、人居支撑等五个方面切入，认识到韩城县域整体环境的人居格局，在于对“自然”的“环境结构”和对“人”的“文化结构”的发掘与合一，并共同形成了一种地方人居的特有结构。进一步研究了县域聚落体系，并以韩城古城、芝川古镇、党家村等典型聚落为例，分析比较其功能构成，并对其用地规模进行了量化研究。本土城乡人居环境的结构特征反映出了基础生存层面、精神关怀层面、生存价值和生命秩序层面的完整统一。通过对不同环境层面的山水环境、骨脉结构、标志体系、群域肌理、建筑与环境的关系、图景关系、轴线关系、边界关系等内容的研究，证明本土营造智慧在于其空间形态的背后自有一番“道理”的牵制，在于一种超越物质的，关切生命意义和价值，关乎“整体性、个体性与层次性”“关键性、核心性与基础性”“独立性与关联性”“自然性与人文性”“传承性与发展性”的辩证“状态”的呈现。

本书研究成果的创新性集中体现在：提炼出了韩城县域整体环境的山水、聚落、人文、风景等空间格局，并揭示了其内在的结构关系；建立了韩城县域聚落的结构模型、典型聚落的土地利用量化研究，明确了历史聚落的结构特征和本土聚落营造的深层影响因素；进一步丰富了本土人居环境营造的理念与方法；梳理了韩城县域人居环境的地域特点和演进规律以及本土营造的实践途径和传统机制。

目录

1 绪论

1.1 研究背景与意义

当前，在以西方主流文化为主导的全球化背景下，对东方传统文化模式的研究，对中国传统城市的抢救及对其本土理念与设计方法的总结已成为一项十分重要而紧迫的任务。民族复兴是时代的必然，我们需要重新认识，解读和研究民族文化，确立中华文化的新时代价值。就建筑领域而言，在民族建筑遗产研究与保护的过程中，正如吴良镛先生所说："我们提倡乡土建筑的现代化，不仅要从建筑中寻找，而且还要在城市，村镇，民居群等优秀的城市设计中寻找，相形之下，这方面显得远远不够。"[1]当人们欣慰于经济的快速发展时，一种困惑与迷惘感却又普遍存在，物质的繁荣和喧嚣常常无法掩饰文化的贫乏和精神的空虚。中国人居生活与本土人居建设所具有的独特的历史文脉、文化气息和精神内核都在逐渐消失和淡化。人们逐渐意识到关于人居环境营造最根本的问题，即关于"人"的问题并没有获得真正的解决。寻找失去的东方营造美学，更重要的应当是发扬东方的文化蕴藏。人居环境营造的本土理念与方法研究，对我国当代乃至未来影响深远：首先，为今天的人居建设提供历史经验；其次，使人居环境史与建筑史的研究达到新的高度；再次，以县域为单位研究历史人居环境，具有我国本土特色的普遍意义和典型意义；最后，对于历史文化遗产的保护提出更成熟、科学的认知。

伴随人类文明进程的发展，人们（包括城市建设的专业人员）对于生存、生活空间的理解往往聚焦于大型的城市和小型的建筑两个层面，而紧随其后的景观设计则成为了城市与建筑的点缀和

[1] 吴良镛．人居环境科学导论［M］．北京：中国建筑工业出版社，2001：59．

优化。这种认识使得城市规划、建筑设计与景观设计断割为三个独立的专业，缺乏整体考察而无法形成有机相融的整体环境观；另一方面，当代城市面貌趋于标准化，使人无法领悟到耐人寻味的精神意蕴和文化美感，更无法找寻作为精神家园的归属感；再有，西方城市建设发展至今，诸多不利显露端倪，作为生态方向的城市与建筑考量应当是未来中国建筑发展的一个重要方向；最后，人类生活的本能便是寻找引领生存的意义和使我们不会迷茫的信仰。中国本土人居环境的研究，为我们提供了一种关于人类聚居生存的全新的认知角度。

中国自古便有“皇权不下县，县下皆自治”的说法。县作为城市结构的“尾”与乡村体系的“头”，对上承载着国家政权的落实与支撑，对下则是汇集百姓民生的社会容器。研究县域城市建设的本土理念与方法具有人居环境科学范畴的典型性与普遍性。韩城作为中国历史文化名城,有“文史之乡”的美誉。两千多年来，办学之风兴盛，民重耕读，人才辈出，素负“士风醇茂”“解状盛区”之盛名。此外，乡俗文化遗产丰富，文化韵味浓厚。门楣题字堪称民风民俗百科全书。秧歌表演、皮影戏深受韩城民众喜爱。社火表演种类繁多，影响深远。韩城文物古迹荟萃，元、明、清历朝古建筑保存完整，规模宏大，素有“关中文物最韩城”之说。老城金城区保护完整，古城风貌有“小北京”之称。清晰丰茂的文化状态与殷实完整的城市遗存使得从人居生活的信仰价值到人居设计的空间场所落实这一文化模型结构得以较为科学完整的展现，也为县域人居环境营造的本土理念和方法研究提供了坚实基础和丰富资料。

1.2 研究对象与范围

本书试图以中国古代行政区划的“县”为研究对象，分析韩城县域人居环境营造的本土理念与方法。其研究对象与范围，主要是通过时间与空间这两个层面来界定的。从空间上看，研究对象集中于韩城县域范畴，重点针对韩城地方县域人居环境营造的理念与方法进行研究。但是，基于本土营造的文化观、价值观和自有智慧，研究并没有将视野局限在县域内部，而是将宏观的晋、陕黄河流域，韩城县域，县域内部的城、镇、村等历史聚落，甚至微观的建筑、风景等不同层面统筹起来，形成一个完整的、贯通的、宏观与微观相结合的有机整体和相互紧密关联的体系。对韩城县域的研究不是“就县域论县域”，而是将其放置在这个整体系统中，来探讨不同层面的相互影响，相互关系。从时间上看，研究范围界定为1949年以前相对稳定的发展状态。希腊学者道萨迪亚斯（C.A.Doxiadis）在《人类聚居学》中，把城市分为两类，即静态城市和动态城市。“由于数百年中，生产力水平的低下，经济发展非常缓慢，城市的发展也非常缓慢，其人口规模和用地规模变化都很小。因此，对城市内部的居民来说，城市几乎是静止的，不发展的。静态城市是一个相对概念，很难作出确切的定义。一般以城市的发展速度快慢来判断。一般来说，18世纪工业革命以前的城市都属于静态城市。”“工业革命以后，由于生产力的迅速发展，农村的剩余劳动力不断增加，向城市集聚。同时，现代技术和现代化交通的发展为城市的扩展提供了可能，这样，原来城市中的静态平衡被打破了，城市迅速突破了以前的边界，向乡村扩展。尤其是21世纪以来，城市更是以前所未有的速度增长。这样，第四维因素——时间因素的重要性就超过了其他三维因素，越来越多的静态城市参与了剧烈的动态发展。从这个意义上来说，人类聚居便进入了一个新的时期——动态发展时期。”[1] 本书对韩城县域人居环境的研究，主要集中在1949年以前的状态。通俗地说，是一种历史阶段和传统范畴，尤其对明、清两代县域发展的成熟时期最为关注。虽然对历史人居环境的研究属于道萨迪亚斯（C.A.Doxiadis）提出的“静态范畴”，但“静中亦有动”，研究特别关注了韩城地区在不同历史阶段不断演进发展的持续历程，进而寻求本土营造的“可持续发展”的深层特点。

1.3 国内外研究动态

人居环境科学是吴良镛先生借鉴希腊学者道萨迪亚斯（C.A.Doxiadis）的“人类聚居学”后，在“广义建筑学”的基础上确立的。这一理论将人类生存生活的“方方面面”统筹起来，直接关切到“聚居”中最核心与最全面的探讨，因此具有一种古

[1] 吴良镛. 人居环境科学导论 [M]. 北京：中国建筑工业出版社，2001：55.

今贯通的系统性和普遍性，既有针对当代的现实意义和展望视角，又不乏回望历史的经验借鉴，而中国本土的传统的人居建设与人居生存状态又恰恰是人居环境科学研究的珍贵土壤。因此，吴先生早年发表了《从绍兴城的发展看历史上环境的创造与传统的环境观念》（1985）、《桂林的建筑文化、城市模式和保护对策》（1987）、《寻找失去的东方城市设计传统：从一幅古地图所展示的中国城市设计艺术谈起》（1999）等一系列文章。基于对本土人居环境营造的长期思考，吴先生总结形成了《中国传统人居环境理念对当代城市设计的启发》（2000）、《人居环境科学导论》之传统规划设计理论专篇（2001）、《人居环境科学的人文思考》（2003）等一系列著述，并且仍在进行大量开创性的持续研究。

人居环境科学自20世纪末提出以来，二十余年间不断发展，在引起更为广泛关注的同时，越来越多的学界同仁投身其中，产生了更为丰富的、具体的研究新成果。而对于本土人居环境营造的研究，更成为大批学者的广阔天地，成果颇丰，例如清华大学张悦《先秦时期海岱地区人居环境的形态及其营造研究》（2002）、武廷海《从形势论看宇文恺对隋大兴城的“规画”》（2009）、重庆大学赵万民教授《三峡工程与人居环境建设》（1999）、西安建筑科学大学王树声教授《黄河晋陕沿岸历史城市人居环境营造研究》（2009）、来嘉龙硕士论文《结合山水环境的城市格局设计理论与方法研究》（2010）等。其中，本书的研究对象——韩城地区，正隶属于王树声老师针对中国西北地区以及晋、陕黄河沿岸的研究范畴，因此具有重要的参考价值和启示意义。

“聚居”是人居环境的核心。多年来，国内外学者针对历史城市的研究，层面丰富，方法多样，成果较为丰硕。从空间角度进行研究的有清华大学吴良镛先生撰写的英文版《中国古代城市史纲》（1986），从城市规划制度角度进行研究的有贺业钜先生主编的《考工记营国制度研究》（1996），从营造工程角度进行研究的有吴庆洲先生的《中国古代城市防洪研究》（1996），从文化角度进行研究的有汪德华先生的《中国山水文化与城市规划》（2002），从艺术美学角度进行研究的有汤道烈先生主编的《中国建筑艺术全集——古代城镇卷》（2003），国外学者的研究成果有美国学者施坚雅主编的《中华帝国晚期的城市》（2000）等。此外，还有政治、社会、经济、地理、考古等不同视角的研究以及针对具体城市的专题研究。对于镇、村等的研究有彭一刚先生的《传统村镇聚落景观分析》(1992),周星的《乡土生活的逻辑》(2011),段进的《城镇空间解析》(2002),日本观光资源保护财团出版、路秉杰翻译的《历史文化城镇保护》(1987)等。从广义的聚落视角出发,研究成果有国际人类学与民族学联合会第十六届世界大会专题会议论文集《族群·聚落·民族建筑》,日本学者原广司的《世界聚落的教示100》(2003),日本学者藤井明的《聚落探访》(2003)等。

除了上述学术成果外,与本书的研究对象"韩城县域"相关的研究有:周若祁先生的《韩城村寨与党家村民居》(1999),秦钟明主编的《毓秀龙门》韩城系列丛书(2009),范德元的《民居瑰宝党家村——陕西韩城党家村的建筑美学》(1999),程宝山、任喜来的《中国历史文化名城·韩城》(2001),韩城市委员会、文史资料委员会编纂的《韩城古城》(2004),韩城市政协芝川地区文史调研组编纂的《古韩雄镇——芝川》(2012),陕西师范大学吴朋飞硕士研究生论文《韩城城市历史地理研究》(2005)等。此外,还有不少针对韩城地区风景、建筑的单项研究,如张天恩的《汉太史司马祠》(1999),韩城文史资料委员会主编的《龙门》专辑(1992)等,这些对本书的研究具有重要价值。

1.4 研究的理论基础

人居环境科学是:"一门以人类聚居为研究对象,着重探讨人与环境之间的相互关系的科学。它强调把人类聚居作为一个整体,而不像城市规划学、地理学、社会学那样,只涉及人类聚居的某一部分或某个侧面。学科的目的是了解、掌握人类聚居发生、发展的客观规律,以更好地建设符合人类理想的聚居环境。"

吴良镛先生提到:"人居环境,顾名思义,是人类聚居生活的地方,是与人类生存活动密切相关的地表空间,它是人类在大自然中赖以生存的基地,是人类利用自然、改造自然的主要场所。"同时,人居环境科学研究具有五个最基本的前提:"人居环境的核心是人,人居环境研究以满足'人类居住'需要为目的;大自然是人居环境的基础,人的生产生活以及具体的人居环境建设活动都离不开更为广阔的自然背景;人居环境是人类与自然之间发生联系和作用的中介,人居环境建设本身就是人与自然相联系和作用的一种形式，理性的人居环境是人与自然的和谐统一，或如古语所云‘天人合一’；人居环境建设内容复杂，人在人居环境中结成社会，进行各种各样的社会活动，努力创造宜人的居住地（建筑），并进一步形成更大规模、更为复杂的支持网络；人创造人居环境，人居环境又对人的行为产生影响。”❶

吴先生还提到：“根据人类聚居的类型和规模，将其划分为不同的层次，这对澄清人居环境的概念以形成统一认识，对开展人居环境的研究是十分有利和必要的。为简便起见，我们在借鉴道氏理论的基础上，根据中国存在的实际问题和人居环境研究的实际情况，初步将人居环境科学范围简化为全球、区域、城市、社区（村镇）、建筑等五大层次。同样值得指出的是，这五大层次的划分在很大程度上是为了研究的方便，在进行具体研究时，则可根据实际情况有所变动。”❷

可见，人居环境研究中的“环境”是一个复合的整体概念，它的内涵范围是超越城市、建筑、景观等物质要素，同时又包含了精神文化意义等内容，关于人的生存生活的整体格局，即是人类生存、生活场所一切要素的总和。人居环境研究不同于建筑历史学的关键问题就在于它是将“人”作为核心要素与整个环境的其他物质与精神文化要素建立联系，来探讨人的生存与发展。人居环境的概念又是辩证的，大到区域、聚落，小至建筑、风景，都可以称为一个环境单元（图 1-1）。这个单元在不同尺度与层级之间，具备相对统一的构成要素，也具有相互贯通的营造意象。本土人居环境营造，存在着一套“中国自有”的并且是“古已有之”的方法与智慧。这已达成学界共识，即通过一种整体的、辩证的、融会的、可持续的、“建筑—地景—城市规划”三位一体的人居理念来经营、完善人类的生

图 1-1　人居环境层次示意
（图片来源：作者绘制）

❶ 吴良镛．人居环境科学导论 [M]．北京：中国建筑工业出版社，2001：38．
❷ 吴良镛．人居环境科学导论 [M]．北京：中国建筑工业出版社，2001：40．

存生活空间。从本质上讲，本土营造理念源自中国人执着坚守的、渗透在血骨中的、共同的认识观、文化观和价值观。

1.5 研究思路与方法

本土人居环境的研究必然涉及历史学的问题。本书以新史学的视角切入，新史学在解读历史时，“有更加广泛的理解，认为历史就是以往人类的全部活动。历史包括人与自然、人与社会、人的心理、人的情感方面的关系。历史研究不能只研究政治事件和上层文化，还应研究在特定时期普通人所想的和所做的。”[1] 在新史学看来，历史研究的目的是为了回答问题，而不是描述问题。通过对历史的整体塑造和研究，揭示其发展的规律和有价值的信息，更有效地发挥历史学对现实的指导意义。

基于这种认识，本书试图提炼出韩城地方本土人居生活的文化内涵、文化特点、文化逻辑与文化模式。简而言之，即“什么样的人，做了什么样的事，产生了什么样的场所与空间，这些场所空间又形成了什么样的人居环境以及对其中的‘人’产生了怎样的影响”。关注人的结构与信仰，行为方式与特点，人居环境营造的主导思想，所形成的场所空间类型与特点以及人居建设的基本状况等。在以城市为中心，以政府管理阶层和官贵阶层为支撑力量的大传统脉络和以乡村为中心，以乡绅族长和民众为主要代表的小传统脉络中间，在礼乐秩序和乡俗生活的信仰架构类型之间，在业缘和血缘的不同族群关系中间，都隐含着以中国古代文人士大夫为典型代表的关乎国家建设与社会生活的价值观引导和精神教化。也正是他们引导和确立了中国本土人居环境营造的基本理念：要塑造一个蕴含着深厚文化境界的人的生活场所。这里的自然山水、空间结构、建筑布局、人为造景等都蕴含着一个根本的文化愿望，即生活于此的人们希望自己所在的人居环境能够人文鼎盛、人才辈出。于是，他们对于一切物质元素以及这些元素形成的空间关系、构筑模式，都赋予了特殊的文化内涵，对天、地、人、神以及它们之间的关系进行体系化组织，从而抒发对于生命意义和人生价值的境界感悟，同时起到教化育人的作用。古代文

---

[1] 朱孝远．史学的意蕴 [M]．北京：中国人民大学出版社，2002．

人在人居环境营造中试图建立一种精神秩序，这种秩序是人对于自我认识和提升的本能需要，是建立人对于自然宇宙的深度认知，与自然相互融合、相互扶持，最终达到“天人合一”的理想境界。

针对韩城县域人居环境营造的本土理念与方法研究课题，笔者此前已多次深入现场，调查了解韩城城市的社会生活状态，对当地居民进行采访交流，探寻城市空间格局，走访了大量文物古迹遗存，包括司马迁祠、党家村民居、文庙、老城区与金城大街等，在取得第一手实地考察资料的基础上对韩城城市有了一定的认知。通过相关文献资料的收集整理，查阅了解韩城历史城市的人居生活与城市建设状况。在此基础上，笔者通过田野调查、深度访谈、背景分析、跨文化比较、主客位思考以及大传统与小传统研究，总结概括了韩城县域建设中城市规划、建筑设计与景观塑造相结合的基本理念。采用人居环境科学的方法论，重点阐释区域、城市、镇、村等人居环境对象和层次的具体设计方法与空间场所落实以及精神文化内涵的传达体系。最终得出韩城县域人居环境营造的本土理念与方法。

1.6 研究结构框架及期望做出的有价值的工作

本书主体结构分为五部分（图 1-2）：

第一部分论述中国传统社会中“县”的重要意义，并以韩城县为对象，回顾韩城县域的发展历程，总结其发展的特点，归纳本土县域人居环境的演进规律。

第二部分以自然、聚居、文化、风景、人居支撑等五个方面为切入点，来探讨韩城县域整体环境的人居格局，并寻求其内在的相互关系。

第三部分试图发掘韩城县域历史聚落的类型和典型，进而以“典型聚落”为对象，推究本土背景下，聚落营造的核心问题，并总结梳理韩城县域地方聚落得以形成的深层影响因素。

第四部分以韩城地区为研究对象，将晋陕黄河流域、县域、聚落、风景与建筑等不同的环境层面结合起来，通过一个整体的人居系统来梳理“本土营造”的实践方法。

第五部分具体分析韩城县域人居环境营造的人员结构、职能分工以及不同的实践途径和传统机制。

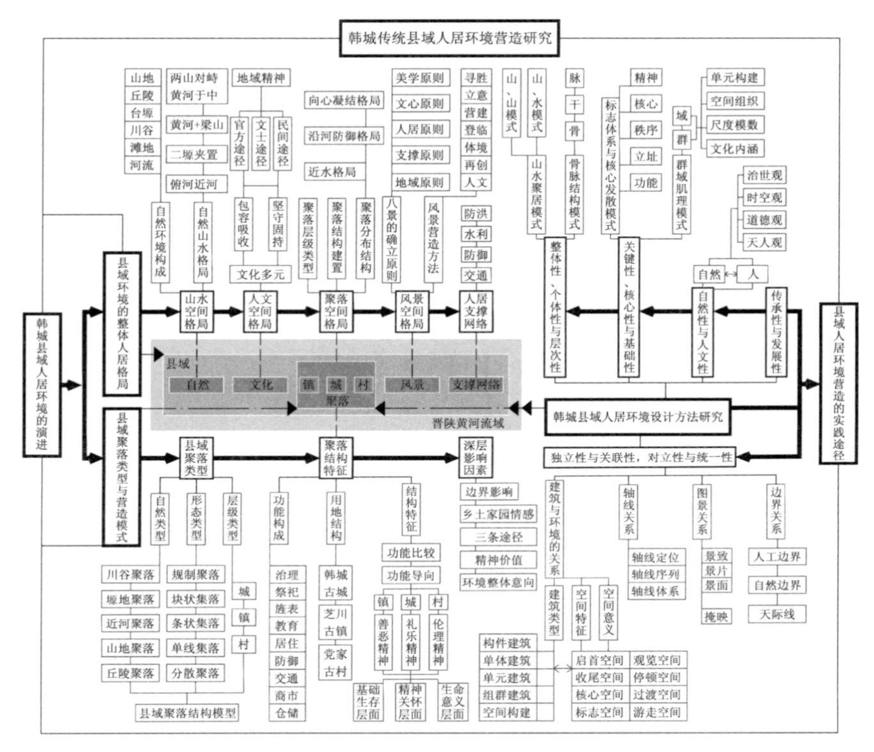

图 1-2　研究框架结构图
（图片来源：作者绘制）

本书期望做出的有价值与创新的工作有：

（1）系统梳理、整合韩城县域本土人居环境的相关资料。作为地方和地域人居环境史研究的组成部分，全面收集、整理、发掘历史文献、历史图典、测绘成果以及各类相关规划与设计文件，绘制大量图集，为今后的研究奠定基础。

（2）深入探析本土文化背景下，人居环境营造的原真意义。在明晰中国传统社会中“县”的重要意义的基础上，从自然、文化、聚居、风景、人居支撑等不同层面，对韩城县域进行整体性探索，寻求其内在关系。这是本土地方人居环境研究的重要突破口，是打开传统县域人居环境建设研究的钥匙。

（3）对县域地方聚落的类型、整体结构、特征以及人居功能、用地状况、用地规模等内容进行量化研究，明确不同聚落类型的本质差异，更要总结本土聚落所依属的共同的营造机理和深层影响因素。

(4) 对县域人居环境营造的本土理念与方法的研究，是本书的核心价值。试图明晰“区别于西方的”本土营造的文化背景、切入方向、逻辑建构以及具体实践方法。在前人的研究基础上，进一步总结、梳理、丰富“中国自有”的，并且是“古已有之”的智慧。

(5) 对韩城县域人居环境营造的人员结构、职能分工以及不同的实践途径和传统机制进行考察。

(6) 回顾、梳理韩城县域的发展历程，总结其发展的普遍特点、韩城地域的固有特点以及演进的基本规律。

2 韩城县域人居环境的演进历程

2.1 中国的“县”文化

何炳棣曾述：“就全部传统中国历史而言，真正最大之事还应是秦专制集权统一郡县大帝国的建立及其传衍。”[1] 传统中国之“县”是建筑在“海内为郡县，结合由统一”[2] 的整体国家立场上的“中央上层与地方基层”“政府管理与百姓民事”“城市聚居和乡土聚居”的统一，即“积州县而成天下”。

2.1.1 县的内涵

《辞海》中“县”的解释为：“①地方行政区划名。始于春秋时期。最初设置在边地，秦、晋、楚等大国往往把新兼并得来的土地置县。到春秋后期，各国才逐渐把县制推行至内地，而在新得到的边远地区置郡。郡的面积虽较县大，但因地广人稀，地位要比县低。所以晋国赵简子说：‘克敌者上大夫受县，下大夫受郡。’（《左传 哀公二年》）战国时期，边地逐渐繁荣，才在郡下设县，产生郡、县两级制。秦统一六国后，乃确立郡县制，县隶属郡。隋唐以后隶属府或州（郡）或军或监或厅，辛亥革命后直隶于省、特别区，新中国成立后或直隶于省、自治区、直辖市，或隶于自治州、省辖市。②古称帝王所居之地，即王畿为县。《礼记 王畿》：‘天子之县内。’另有，“县同‘悬’。《商君书 修权》：‘先王县权衡，立尺寸，而至今法之，其分明也。’”[3]

“县”字繁体写作“縣”，“縣”作为会意字，左边是倒写的“首”

---

[1] 2010年5月，何炳棣在清华大学演讲，题目：国史上的“大事因缘”解密——从重建秦墨史实入手。

[2] [汉]司马迁．史记·秦始皇本纪[Z].

[3] 辞海编辑委员会．辞海[M]．上海：上海辞书出版社，1979：478.

字（古代的一种斩首倒悬的刑罚），右边是“系”字。合起来就是：把一个倒着的人头系住挂起来，即“悬”。许慎在《说文解字》中述：“县，倒首也。”“县，系也，从系持县”。宋人徐铉释曰：“此本是县挂之县，借为州县之县”。另外，《释名》也有载：“县，悬也，悬系于郡也。”[1] 史学家侯外庐先生曾提出：“……郡县制，是向地域性转化的城市制，即所谓‘人以群居为郡’和‘悬而不离为县’。”[2]

传统中国统一后，在郡县制确立和发展完善的背景下，在“悬系”于国家的自然地域范畴里，“县”已然成为“悬系”于上层中央、省、府、郡的基层的，独立完整的，集政治、经济、文化、社会、生态于一体的，“城乡结合”的聚居单元。

2.1.2 县的特点

自秦朝在全国推行郡县制以来，自上而下的垂直线型政府权力运作体系一直是我国行政管理系统的核心。在秦汉到明清的地方行政体制的演变中，秦实行郡县二级制，汉时“封国制”与“郡县制”并行，隋唐时期有州县制度和道州县制度，宋时为路州县制度，元明清时期设行省制。当时的地方行政体制在二级和三级，甚至是四级、五级之间往复交替，县一直是最低一级地方行政组织和区划。程方认为：“表面的看法，地方行政机关的层级，有两级的，亦有三级的，甚至有四五级的，但细加剖析，大率各朝地方政制都保持二级制的精神，或者说，其中仅有两级是根干的、固定的，成为正式的地方行政机关；而其他之所谓的‘级’，只是枝叶的、游移的，皆为从中辅导监督的组织。县作为帝国行政体系的基石，地位始终稳固。”[3] 郡县制影响下形成的强化性纵向管理体制，擅于自上而下的控制与调节，进而形成“海内为郡县，法令由一统”的稳定结构。

总体上看，秦代估计有县 1000 个上下，此后历朝设县均在 1000 个以上、2000 个以下，政区设置最繁的南北朝也不超过 1800 个。西汉末年有 1587 个县（含县级单位），清嘉庆二十年有 1549 个县级单位，数量上几乎没有增减。中国历代王朝全盛时期的县的大体数目是：“汉朝 1180 个，隋朝 1255 个，唐朝 1235 个，宋

---

[1] 闫恩虎．中国传统县制的历史分析 [J]．社会科学论坛，学者论坛，2010（16）：136．
[2] 万昌华．郡县制起源理论的历史考察 [J]．齐鲁学刊，2000（5）：79．
[3] 程方．中国县政概论 [M]．北京：商务印书馆，1939：27．

朝1230个，元朝1115个，明朝1385个，清朝1360个。”[1]全国的“县”平均保持在1500个左右，延续数百年至千年的县比比皆是，有两千多年历史的县不在少数，而其中一些县从秦朝至今从未改名，甚至连治所也没有迁移。县具有极强的稳定性。

县的设置不是一种权宜或任意的措施，而是基于我国政治、经济等因素综合考虑的长久之计。数千年来，省、府、州多有变迁，但县域却相对稳固。传统县制形成了政府管理与民众自治相结合的综合治理体系。县已然成为集农桑、财赋、司法、治安、教化等于一体的独立完整的基层职能单元，更是一个在自然、政治、经济、文化、社会各个方面都具有团体结构的稳定社区，具有了某种不可分解的作用。

2.1.3 县的意义

1. 县是国家治理的基础

就国家而言，政体的稳固、民族的延续及民众的生息等复杂问题都在“县”一级达成凝缩，“县域治理”很大程度上直接成为国家治理的“微缩版”。清代名幕汪辉祖在《学治臆说》自序中即言：“夫天下者，州县之所积。自州县而上，至督抚大吏，为国家布治者，职孔庶矣。然亲民之治，实惟州县，州县而上皆以整饬州县之治为治而已。……知州县之所以为治，即知整饬州县之治，而州县无一不治。”正因为这样，“天下之治始于县”，“郡县治，则天下治”，“郡县治，天下安”，“万事胚胎，皆在州县”。[2]县的产生标志着行政区划和地方政府的形成，郡县首先是中央实施地方管理的基层机构。所谓“皇权不下县”，在严密规范的层级体制安排下，国家治理的总体思路和具体措施，经由省、府、郡、州等各级层面，最终传达至政府权力体系的末端——县（在绝大多数情况下，传统中国的中央政府控制力量只到达县这一层）。总之，县域治理很大程度上直接反馈国家治理的落实，“上边千根线，下边一根针”，宏观视阈下国家治理的千头万绪，都需透过“县”的“微观针眼”得以贯彻落实。因此，县成为了宏观国家全局治理的微观镜面反映。

---

[1] 张新光．论中国古代社会的“县政”之理[J]．哈尔滨市委党校学报，2007（4）：73．

[2] （清）汪辉祖．学治臆说[Z]．

2. 县是国体政体稳固的保障

我国明清之际的卓越思想家王夫之曾经概括说："郡县之制，垂二千年而弗能改矣，合古今上下皆安之，势之所趋，岂非理而能然哉？"[1] 中华民族之所以能够延承千年，其脉相传不断，当中经受多重风雨洗礼，先后抵御数次外敌入侵，始终以泱泱大国的风度巍然屹立于世界的东方，很大程度上是因为在几千年的文明史中，逐渐形成了一套稳固的从中央到地方的政权组织形式——郡县制。县制为中央政权"大一统"的整体宏观控制提供保障。许倬云说："秦朝设郡县，等于不设分公司，而是成立办事处及其代理人，直接向中央负责，地方官的成绩，都是直接向中央政府报告。"[2] 这种授权是直接授权，权力只有一个来源——中央。在这种情况下，县制更有利于政局的稳固。虽然中央和县以上的地方行政机构屡经变化（无论是实行郡、县二级制，州、郡、县三级制，还是省、道、府、县四级制），县级政权始终是国家政权的基层单位。国家对社会的控制只是在基本县制的基础上设置不同层次的行政级别。改朝换代，县制不改。郡裁州撤，唯县不变。纵然皇冠落地，县官仍是亲民的"父母官"。县域治理的范围内，人口与领地也基本保持在一个比较稳固的范畴，呈现出强烈的延续性和内聚稳定性。县成为历史上最稳定的一级政区，在幅员、数目与名称等方面变化起伏较小。县制的长期稳定绝非偶然，而是这种建制极大限度地适应了中国国体和政体的运行机制。

3. 县是民众生息的承载

《周礼·天官·大宰》曰："县以系邦国之民。"《周礼·地官·遂人》又曰："造县郡然后可以定民居。"[3] 从某种意义上说，县直接指向基层民众的生存和生活问题，县域是直接关系地方百姓聚居生息的环境承载。县官亦成为"亲民最要之官"："受寄民社，而命之曰知州，曰知县。顾名思义，必于此一州一县之中，户口几何，钱粮若干，道路之险夷安在，控制之扼塞何方，与夫风俗之奢俭正淫、民生之疾苦休戚，知之悉周，而后处之始当。"[4] 历朝历代都对县官的治理职能作出了详细规定。

[1] 王夫之. 读通鉴论 [M]. 北京：中华书局，1975.
[2] 黄栋法. 秦国、秦朝实行郡县制的原因探析 [J]. 西安财经学院学报，2008（6）.
[3] 万昌华. 郡县制起源理论的历史考察 [J]. 齐鲁学刊，2000（5）：79.
[4] 周少元. 中国古代县治与官箴思想 [J]. 中国政法大学学报，2001（2）：148.

4. 县是独立完整的人居环境基层单元

首先，县是“国家政府”与“百姓民众”的统一。县既承载着以国家政府为对象的逐级延伸而下的行政管理意义，同时还涵括了以基层民众为对象的众多复杂的生存和生活问题。因此，“县”具有国家政府与百姓民众双重定位的双重角色。对上，县是国家政权的台柱和支撑；对下，县又连接着整个基层社会，成为国家政权在基层社会的接触点。县域治理的好坏决定着国家治理的好坏，也意味着“民众生息”的好坏。因此，“一县之治”直接关系到“国计”和“民生”。

其次，县是“中央上层”与“地方基层”的统一。严耕望曾经提到：“郡以仰达君相，县以俯视民事。”❶县级政府对上承担着贯彻中央政令、向国家提供物资粮税的重任，对下又承揽行政、民政、财政、社会生产、文化教育和民俗民风等具体事务，上贯彻中央的指令，下直接治理百姓，一举一动直接关系着中央上层的命脉和地方基层的安危。鉴于此，“唐代宰相必起于郡县”。基于中央和地方行政管理官员的关系甚至被高度概括为：“天下真实紧要之官，只有二员，在内则宰相，在外则县令。”❷

最后，县是城市聚居模式与乡土聚居模式的统一。“县域”是立足于区域层面的，包括一个中心城市和周边众多乡、镇、村在内的，最为基层、完整的人居环境地域承载。县是“城”与“乡”的有机结合。“县”网罗涵括了人居环境在基层范畴的所有内容。它是中国历史延续至今最为稳定、最为基层的，也最独立完整的，集政治、经济、文化、生态于一体的地域性的和社会性的人类聚居单元。

2.2 韩城县域人居环境的演进

2.2.1 韩城概述

韩城位于陕西省中东部，关中平原东北隅，是关中盆地与陕北黄土高原的过渡地带，同时又紧邻黄河西岸。《韩城市志》载：“地处北纬 35° 18′ 50″ ~ 35° 52′ 08″，东经 110° 7′ 19″ ~ 110° 37′ 24″。

❶ 严耕望．中国地方行政制度史 [M]．上海：上海古籍出版社，2007．

❷ 刘鹏九．中国古代县官制度初探 [J]．史学月刊，1992 (6)．

南北最长处 50.2 公里，东西最宽处 42.5 公里，边界总长 168 公里，总面积 1621 平方公里，约占陕西省面积的 0.79%。北依宜川，西邻黄龙，南接合阳，东隔黄河与山西省河津、乡宁、万荣等县市相望。”（图 2-1）特殊的过渡性地理位置使其水陆交通较为发达，尤以沿河渡口最为繁荣。

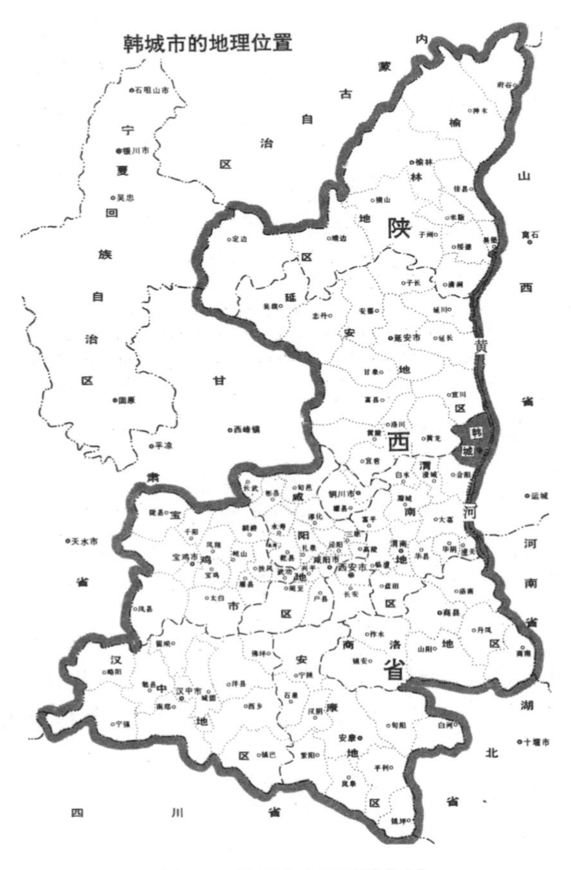

图 2-1　韩城的宏观区域位置

（图片来源：周若祁．韩城村寨与党家村民居 [M]．西安：陕西科学技术出版社，1999）

“韩城县城距渭南市 178 千米，距省会西安 210 余千米，距北京 1017 千米。侯西铁路、108 国道（京昆公路）和西禹高速公路纵贯全境。韩城行政区划原包含 2 个街道办事处、6 个镇、13 个乡。2010 年，乡镇机构改革合并变更，韩城市辖 2 街道办事处（金城、新城）、10 镇（龙亭、芝阳、芝川、嵬东、板桥、西庄、昝村、龙门、桑树坪、王峰），33 个居委会、276 个村民委员会、1251 个村民小组，总户数121411户，户籍总人口392821人，其中农业人口193754人，城镇人口199067人。”❶韩城地貌为“七山一水二分田”，耕地面积有限，但农业生产条件良好。工业发展起步较早，因位于渭北“黑腰带”东北部，地下蕴藏丰富的煤炭资源，是陕西重要的煤炭、电力能源工业城市之一。除此之外，还形成了包括冶铁、炼焦、建材、纺织、机械、化工等多样发展的工业生产体系。

韩城历史悠久，文化积淀深厚，自古以来就是黄河西岸著名的县邑之一。自夏“禹凿龙门”起，周有韩侯、梁伯立国，春秋战国时期更处于中原文化与军事战争中心。中国伟大的史学家、文学家、思想家司马迁诞生于韩城。金元时期，少数民族长期统领韩城，影响深远。明清以后，办学之风兴盛，民重耕读，人才辈出，“解状盛区”，“士风醇茂”。县下地域民俗风情更是不断发展推广。在秦汉至明清漫长的历史演进中，汉族与少数民族的争斗，黄河两岸的交流，地域文化的兴盛，县域人居环境的发展，都促使韩城成为了极具特色的“文史之乡”与“历史文化名城”。此外，民国近代的新文化影响与革命形势亦是韩城发展的重要内容。伴随着悠久的人文积淀，韩城更以极其丰硕的历史建筑遗存奠定了“关中文物最韩城”的美誉。首先，史前原始人类遗址丰富，现有新、旧石器时代及历代古遗址31处，更是“天然的古建筑博物馆”：古城格局保持完好，党家村等古村落持续演进，明清四合院民居遍布城乡，素有“小北京”之称。迄今保留下来的唐、宋、元、明、清各代古建筑140余处，尤以元代建筑多达20处，为陕西之最。古有“禹门春浪，象岭朝霞，龙潭飞阁，澽水奔涛，圆觉晨钟，龙泉秋稼，高门巍岫，苏北南柯”之韩城八景。“今省级（含）以上文物保护单位29处，其中全国重点文物保护单位11处（司马迁祠墓、大禹庙、魏长城遗址、文庙、党家村古民居、普照寺、城隍庙、法王庙、玉皇后土庙、梁带村遗址、北营庙）。另有毓秀桥、赳赳寨塔、大禹庙、千佛洞石窟、三义墓、八路军东渡黄河纪念碑等建筑遗存以及黄河龙门、巍山、象山、横山、香山等自然景观，均发展成为韩城重要的旅游景点。”❷韩城于1985年被国务院批准为对外开放城市，1986年12月被命名为全国历史文化名城，2006

---

❶ 韩城市志编纂委员会．韩城市志 [M]．西安：陕西人民出版社，1994：1–3.

❷ 韩城市志编纂委员会．韩城市志 [M]．西安：陕西人民出版社，1994：3.

年被命名为中国优秀旅游城市，可称为“关中名县”。

1. 自然环境

韩城位于黄土高原东部，关中地区边北部台塬和陕北黄土丘陵之间的过渡地带，同时又处于黄河流域中游晋陕段南北一线西岸。“黄河自北向南于独泉乡康家岭东侧的老洼坳入韩城县境，流经禹门到龙亭镇姚家庄村南出境，境内全长65公里。”❶就东西来看，以河心主流中心线为界，“河西边地”韩城与山西省乡宁、河津、万荣三县隔岸相望，有着密切的自然关联。就南北来看，“以禹门为界，其北黄河穿行于秦晋深邃峡谷中，河宽大致为0.15公里。河水出禹门南下至潼关段，河床骤然展宽为4～11公里的漫滩河谷，由于接纳了汾河、径河、渭河、洛河等不少重要支流，水量增大，水流减缓，泥沙淤积。”❷韩城既处于黄河晋陕峡谷一段的南端，又是黄河龙门－潼关小北干流部分西岸北起的第一个县，它位于两个截然不同的黄河河段的交界处。在韩城境内流经黄土台塬的河段，两岸原地高出河床50～100m。自禹门口到东少梁的42.5km河段，河宽一般为5～8km，河水游荡性强，流速缓慢，泥沙沉积量较大，两岸均有滩地。

韩城地形复杂，地貌多样，山地、丘陵、台塬、谷、川、滩等兼而有之。总体来说，可分为黄龙山地、丘陵沟壑、黄土台塬与河谷川道四大类。韩城地势西北高东南低，在北起禹门口、南至龙亭原的范域，有一条东北—西南走向的大断层，地质界称之为“韩城大断层”。以其为界，西北部为黄龙山地与丘陵沟壑，约占全县总面积的79.5%；东南部为黄土台塬与河谷川道，约占全县面积的20.5%；西北部山体高大、森林资源丰富，为韩城境内重要河流的发源地；东部地势平坦，便于取水，适宜农耕，是古代人类聚居的理想场所。

“韩城处于暖温带半干旱区域，属大陆性季风气候，四季分明，气候温和，光照充足，雨量较多，蒸发量大。年平均气温为13.5℃，最热月在七月，多年平均月气温26.6℃；最冷月在一月，多年平均月气温－1.5℃。冬季长，春季短。由于地势西北高东南低，因而气温分布为东部川原高，西部山区低。境内年降水量为

---

❶ 韩城市志编纂委员会. 韩城市志[M]. 西安：陕西人民出版社，1994：75.

❷ 王树声. 黄河晋陕沿岸历史城市人居环境营造研究[M]. 北京：中国建筑工业出版社，2009：18.

486.4 ～ 657.0 毫米。”[1] 西部山区由于地形抬升，降水较多，为发展农业生产提供了一定的条件。总体来说，韩城自然环境较适于人居。

2. 文化环境

黄河流域是中华文化的轴心和基础承载，华夏民族早期的人文积淀和哲学思想都孕育在黄河之畔，而黄河晋、陕区段沿岸更成为人类文明的重要发祥地。韩城历史积淀深厚，军事战争频繁，人文发展极为兴盛，进而呈现出“文史之乡”的地域精神内涵。在贯通历史和牵动整体区域的特有条件下，韩城作为“关中名县”，呈现出中国传统县域人居环境的典型性和特殊性。传说夏大禹在韩城龙门“导河积石”；先秦有子夏设帐授学；春秋战国时期，中原秦、晋、魏各诸侯霸主围绕河西韩城的战事频繁不断，魏长城即经过韩城，黄河龙门渡口和少梁渡口更是其时与后世兵家必争的咽喉要地；秦汉以来，韩城地区孕生有司马迁等大量文化人物，历代君王皆有自韩城东渡黄河，至山西祭祀“后土”的习俗；隋唐时，佛教兴起，山西外来人口亦持续迁居韩城。在科举创立后，龙门文化得以传衍开来，晋陕两岸人文交流甚密；明清两代更是人文的成熟和鼎盛时期。韩城历朝历代皆有大批重量级文化人物的诞生和文化精神传统的源起，更以极其丰富的以文化为主导的建筑遗存而闻名。汉族中原文化持续内化并涵养了韩城地域。

此外，由于韩城处于中原文化和游牧文化区域的过渡地带，强悍的北方少数民族，在历史上多次“光顾”中原地区和韩城。传说商代，韩城称下危，即是由少数民族诸侯部落统领的方国；魏晋南北朝时期，为避羌乱，上郡治所曾由肤施（延安）迁居夏阳（韩城），另外，鲜卑族拓跋氏在西魏时曾控制韩城；金元时期，韩城更是长期受到少数民族的统领。游牧文化在韩城地域影响极其深远。

3. 社会环境

韩城首先体现古代农业社会的特点：史前就已出现原始农耕；先秦时期，正是土地田产的逐步积累和私有，促使着封国、诸侯国的出现以及宗族村邑的形成；秦汉以后，韩城围绕农耕实施的水利建设更是历代持续。耕地田产是县域聚居生存的基础承载，人居建设和聚落结构都是围绕农业发展得以推拓的。但另一方面，

[1] 韩城市志编纂委员会．韩城市志 [M]．西安：陕西人民出版社，1994：2．

韩城县域社会又表现出极度重视人文的特点，素有“文史之乡”的美誉。在以农业发展为物质基础，以人文发展为精神导向的大社会背景下，“耕读文化”一方面促使大传统脉络中“文人士大夫”社会阶层崛起，他们多入仕为官，负责县政管理，实施县域治理、文化的继承宣导和人居环境营造，同时各种政治统领下的文教和祭祀活动得以大规模展开；另一方面，“耕读传家”又是小传统脉络中县域内部以血缘关系为纽带的宗族村邑社会阶层的精神凝聚。在这种环境下，文化以家族的名义得以世代传承，其主导者或是退居归乡的士人，或是乡绅贵族长者，但仍以“文人”为主，承担着聚落内部的管理、人才的孕育和政府职能的过渡，同时，小传统引导下的文化活动不断发展传衍成为重要的地域风俗传统，并在商业发展后更为兴盛。综合来说，韩城首先是在农业社会和人文社会并行发展后呈现出的文人士大夫阶层与宗族阶层的融合。

明代，山西河津名士薛瑄在《赠知韩城李居敬序》中提到：“（韩城）人皆谓其风土刚劲，民好伺察其长上之失而中伤之。关陕邑之剧而难治者，必曰韩城云。”[1]这一方面源于韩城悠久的历史积淀和兴旺发达的人文，另一方面则是军事战争对韩城社会环境的重要影响。在长期的中原内部激战、汉族与少数民族争斗以及抵御西部山麓匪寇的历程中，韩城人的民族融合性凸显出来，逐步培养建立起彪悍刚劲的民风，以强烈的自我价值、自主意识和地域自信维系着社会的内部支撑。

2.2.2 韩城人居环境的发展历程

1. 史前原始社会时期韩城的人类聚居状况——启蒙期

在人类文明尚未成熟的原始阶段，自然，是人类早期聚居生存最为直接的一切来源和基本依托，同时也是对人类生存、生活构成威胁的重要因素。“避害”是原始社会早期人类的动物性本能，于是，山林洞穴成为古人类生存的最初选择。随着人类聚居规模的扩大和原始文明的演进，原始氏族聚落逐渐形成。聚落是一定人群在一定场所，进行相关生产和生活活动而形成共同社会的居住状态。聚落依附于自然地域，具有明确的空间属性。随着原始

[1] 韩城市委员会，文史资料委员会．韩城古城［C］．内部发行，2004．

农业的发展，农耕聚落相继出现。原始人群的生存选择也更为进步。其中，水源的获取无疑是最为显著的需求；同时，水边更有利于狩猎、捕鱼；在采集业和原始农业形成后，近水处土地肥沃，便于灌溉，基于通过农耕获取食物来源的生存优势更为明显。鉴于此，“择水而居”也就成为了史前原始社会人类遗址分布的重要特点。

1972 年，在今韩城龙门附近的西龙门山腰处发现旧石器时代人类遗址——“禹门洞穴遗址”，距今约 5 万～ 8 万年。洞穴口朝东，濒临黄河，高出地面约 30m。考古结果显示：“从植物残存物和动物残存碎片来看，当时此地属森林草原型生态环境。其时代应属旧石器时代更新世中期之末到更新世晚期之初，是次于蓝田猿人、大荔猿人的旧石器晚期的人类遗址。”[1]“禹门洞穴遗址”是中华人民共和国成立以来在黄河中游沿岸首次发现的旧石器时代晚期洞穴遗址。

进入新石器时代，古人类的文明进程和生存选择更为提高。这一时期，韩城地区早期的人类聚居已经从西部山地移居到滨河台塬川道地区，从原始游牧生活进化到原始农业生活，表现出明显的“近水聚居”的特点。韩城境内目前已发现新石器时代文化遗址 22 处，绝大多数分布在黄河、澽水、芝水、盘水和亢水背风向阳的二级台地上。新石器时代遗址中，既有仰韶文化遗址，也有龙山文化遗址。濒临黄河的“昝村寨遗址”“史带村遗址”“化石村遗址”和濒临澽水的“芝川北寨遗址”“庙后村遗址”等地，多属仰韶文化，距今六七千年左右。另一部分具有龙山文化特征，距今五千年左右，约占三分之一。

另外，需要说明，早在史前时期，人类就已出现原始信仰、图腾崇拜、祭祀等文化现象，重点倾向于对自然、祖先及“灵魂”等的精神祭祀或寻求庇护的愿望。虽然它是早期人类在生产力水平极度低下，对外在世界及自身认识不足的前提下产生的，但却反映出了人类生存的精神本能，更重要的是它成为一个聚居群体的凝聚和区分于其他聚居群体的重要标志。

韩城地区是人类早期活动的重要区域，在还未真正迈向成熟文明之前，韩城已是一个原始聚落林立、人类密集存在并长期生

---

[1] 秦忠明．韩城史话 [M]．西安：陕西人民出版社，2009：6–7．

存繁衍的栖居环境。在生产力水平极度低下、未有能力实施大规模人工建设的原始时期，“自然”“聚落”“原始信仰”构成了人类聚居的最为基础的本质要素。

2. 夏商周及春秋战国时期韩城人居环境——萌芽期与动荡期

(1) 夏商时期

韩城有“称谓”初始于夏。夏朝，一般认为是多个部落联盟或复杂酋邦形式的国家。伴随着农耕聚落的发展和“国”的出现，相对应的“城”这种聚居形式逐渐确立。其时，中国早期行政疆域以“州”来划分，以自然山川定州界。初设十二州，后并九州。自黑水到黄河（西河）西岸称雍州，今韩城属雍州之域，因隔河邻靠“禹都安邑”，韩城当时处于华夏文明的政治和文化中心区域。相传大禹在韩城龙门疏决山脉，治理黄河（图 2-2）。雍州龙门成为夏时韩城所在地域的指代，龙门因此也称禹门，今附近仍存有“禹王陵”“错开河”“观音洞”“梯子崖”“相公坪”“鸽子堂”等大量古迹，传说为大禹治水时所留，已不可考（图 2-3）；商时期，韩城仍属雍州，但一说称下危。下危是与商共存的少数民族诸侯部落或方国之一，并与商保持长期敌对关系。若此说成立，那么，商代，军事战争与民族文化的碰撞已然成为影响韩城地域人居环境的重要因素。

图 2-2　龙门山图

（图片来源：周若祁．韩城村寨与党家村民居 [M]．西安：陕西科学技术出版社，1999）

图 2-3 龙门现状
（图片来源：作者拍摄）

“禹凿龙门”已然成为韩城生存的、文化的、景观的重要渊源。龙门地区亦成为韩城早期人类聚居和人居环境建设的重心与启蒙单元。

（2）周时期

周朝确立了以“家族—宗族”为主导地位的社会关系和制度。它一方面促进早期“国家”分封制的形成，大量封国或邦国就此诞生；另一方面，也使底层农耕聚落由早期的氏族性质演变为宗族性质，宗族聚落成为春秋后期“村邑”聚居模式形成并历代延续的雏形。

西周初年，周武王之子（名佚传）封于韩，称韩（侯）国。这是韩城之名的最早记载。“韩国故城在今县城南十八里”[1]，但具体城址已无从考证。韩（侯）国有为防范侵略而修筑的长城。

公元前 827 ～前 781 年（周宣王）时，秦仲少子康又受封于梁山，是谓梁（伯）国。梁国故城遗址在今县城南二十二里。周若祁先生在《韩城村寨与党家村民居中》提到：“在今韩城西南 11 公里高门原东角，发现一古城遗址，东起瓦头新村，经堡安村南，至吕庄北，城址东西 1.75 公里，南北 1.5 公里。城依塬而建，位于澽水、芝水交汇处之西的源头上，东距黄河夏阳渡 3 公里，南距魏长城不过 4 公里，此处西倚梁山，东瞰黄河，进可攻，退可守，似应为古梁国故城遗址。”“位于高门原东南端，高门，仪门，华池等附近地名才有所依托，与城一起构筑城邑系统，成为有生命、有意义的实在之物。”《博物记》载：“梁伯好土功，今梁多有城。”“梁都邑城方三里，有坚固的城壁，城邑内左祖右社，前朝后市，并修筑有豪华的宫室、台池和苑园。”[2]除此之外，梁国也筑有长城。

---

[1] 清嘉庆《韩城县志》卷二“建置”。

[2] 周若祁. 韩城村寨与党家村民居 [M]. 西安：陕西科学技术出版社，1999：14.

（3）春秋战国时期

伴随着诸侯封邦国家的发展壮大，其相互之间的冲突和侵占逐渐加剧。由于地处黄河流域早期华夏文明的中心以及河西边地特殊的地理位置，韩城地区，尤其是南部，在春秋战国时期成为军事混战的中心，尤其是在晋、秦、魏等不同诸侯国家统治期间，先后经历了韩原、少梁、夏阳等不同的建置和称谓。

清嘉庆《韩城县志》载："少梁故城，括地志同州韩城县南二十二里有少梁故城，元和郡县志今在韩城县二十三里有少梁故城。"[1] 少梁（韩城）成为河西之地的战争中心与著名的古战场。其西北枕黄龙山地，南邻渭河平原，东依黄河天险。它是关中地区的"北门"。由于地处黄河西岸，少梁自古就是水路交通要塞。继龙门渡后又设有一个重要的黄河渡口（图 2-4）——少梁渡（今芝川镇东，澽水与芝水流入黄河处，后发展为夏阳渡或芝川渡），成为东西晋陕水路交通的又一咽喉和枢纽。同时，澽水河谷形成的二十里川贯通南北，是南北惟一的交通要道。北出南进、西展东拓的地理优势，使少梁在古代列国纷争和群雄割据中，成为兵家必争的形胜要地。

图 2-4　夏阳古渡遗址
（图片来源：作者拍摄）

公元前 358 年（魏惠王十二年），魏国开始在黄河以西与秦交界处修筑长城。魏长城南起于陕西华山北麓，北到韩城境内以南的少梁渡口，成为战国时秦国与魏国的分界线。《韩城县志》记载："魏长城在马陵庄，因山就涧，逶迤甚远。此城址处处有之，

[1] 清嘉庆《韩城县志》卷二"建置"。

合阳、澄城断陇不一。”[1]魏长城遗址后来成为了韩城八景之一（图2-5）。春秋战国时期，南部少梁（夏阳）宽阔地区逐渐发展成为集交通渡口、军事战争、都城建置、文化发展等内容于一体的重心区域。韩城地区经历了少梁渡口、魏时少梁城、秦繁庞城、秦籍姑城、魏长城、秦夏阳宫等多次大规模的人工建设，其根本目的是不同诸侯国为巩固其政治统治而实施的军事防御。军事战争是这一时期影响韩城地区人居环境发展的最大因素。

图 2-5　魏长城遗址
（图片来源：作者拍摄）

3. 秦汉至隋唐时期韩城县域人居环境——定型期

（1）秦汉时期

公元前221年，秦始皇统一六国，在全国实行郡县制。夏阳设县治，属内史地。秦至西汉，夏阳城址延续先秦时期建置，夏阳城在韩城县南二十里。一说北魏以前秦至西汉时期，夏阳城前身即少梁故城，西汉末年夏阳城曾迁址至今夏阳镇夏阳村。今夏阳村有嘉庆五年“夏阳村百人会重修三圣庙新建晋公祠并设书院碑记”碑刻，上载：“秦惠文王始更少梁为夏阳，洎乎西汉末年徙置城于今之夏阳村，故村曰夏阳。”[2]东汉后或魏晋南北朝时期，夏阳城址则迁往今韩城金城区位置。随着国家的统一，战争中心的转移，夏阳故城所在地的军事意义逐渐减退，出于新时期的发展需求，夏阳城址在秦汉后期经历了由南向北的迁移，并发挥着对县域整体环境和聚居形态的中心控制作用。韩城在该阶段由军事

[1] 秦忠明．韩城史话 [M]．西安：陕西人民出版社，2009：32—33．
[2] 吴朋飞．韩城城市历史地理研究 [D]．西安：陕西师范大学，2005：9．

战地逐步走向稳定聚居，县域的政治、军事、经济、文化和聚居中心经历了从南向北转移的历程（图 2-6）。

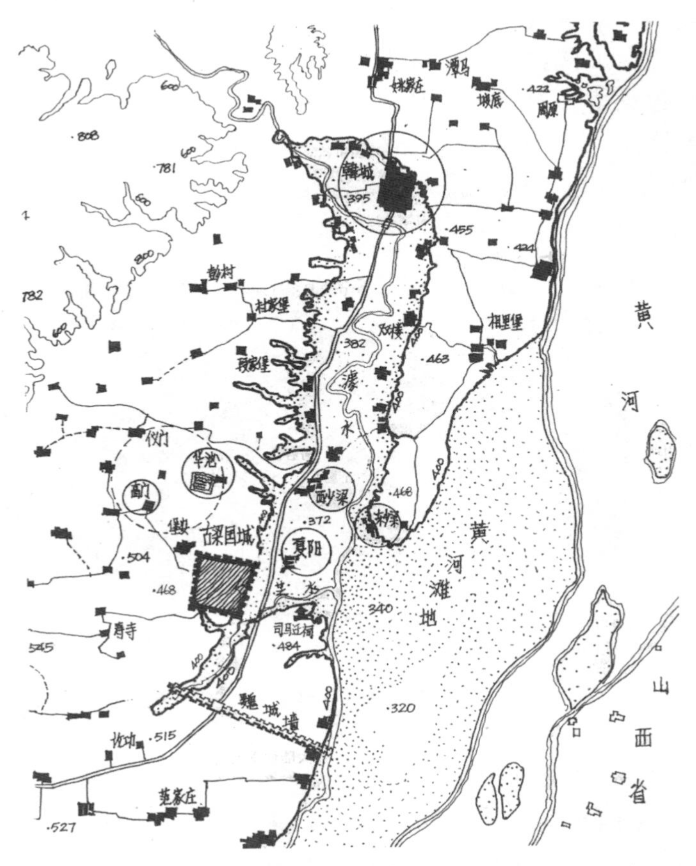

图 2-6　城址变迁图

（图片来源：周若祁．韩城村寨与党家村民居 [M]．西安：陕西科学技术出版社，1999）

公元前 113 年，汉武帝御驾夏阳，东渡黄河，祭祀后土（后土祠在今山西万荣县庙前村西），并在夏阳渡毗邻的“秦夏阳宫”基础上建造了规模宏大的行宫——夏阳扶荔宫。后汉武帝和历代皇帝数十次经夏阳，驻扶荔宫，后东渡祭祀后土。夏阳地区作为交通枢纽，担负起了黄河两岸的交流。此外，公元前 100 年，汉使臣苏武被匈奴扣押，牧羊十九年，终不改节。今韩城新城区姚庄以西苏山上有苏武墓和陵园。“苏柏南柯”成为“韩城八景”之一（图 2-7）。

图 2-7 苏山图
（图片来源：明万历《韩城县志》）

秦汉时期是韩城地方村落大规模建设的初始阶段。今韩城西庄镇和芝川镇即由汉时期的村落演变形成。除此之外，今韩城龙亭村、高门村、华池村、论功村、上庄村、吕庄村、陶渠村、徐村、夏阳村、白村等皆在秦汉时期就已形成。汉时实行重农政策，以自耕农为主的同宗族村落得以迅速发展，并逐渐成为封建社会最为普遍的聚居类型。

（2）魏晋南北朝时期

在魏晋南北朝分裂割据时期，夏阳县建置多次变动。尽管朝代频繁更迭，县域辖属不断变更，但随着中国政治、军事斗争中心的东移和南进，地处西北的夏阳逐渐脱离战争的中心区域，虽然仍有斗争，但已逐步稳定下来。前文已述，至少在北魏时，夏阳县城从夏阳村迁到畅谷水以南，即今天澽水北岸的老县城址。《韩城县志》载："魏时夏阳治在盘水之阴，则今城之初始在魏后矣。"[1]因此可以推定，今天的韩城金城区是在北魏或稍早时期初具规模的。该时期，夏阳县下始设屯。清嘉庆《韩城县志》载："北周十二屯，周书薛善领同州夏阳十二屯监。"[2]"屯"的出现，明确建立了县城与村落之间的过渡和联系，是核心城市对县域整体政治、

[1] 清嘉庆《韩城县志》卷二"城池"。

[2] 韩城市志编纂委员会. 韩城市志 [M]. 西安：陕西人民出版社，1994：52.

军事、粮税等方面进行统筹管理的落实处，也使得县内聚居形态结构更为完善。此外，韩城北部龙门地区发挥着作为黄河咽喉和交通枢纽的战略意义，并始设军事关隘。据传，十六国之前，秦苻坚曾领兵取道龙门渡，赞曰：“美哉，河山之固”，并引汉娄敬：“‘关中四塞之固’，真不虚也”[1]，对龙门要塞的防御形势给予高度评价。夏阳河西之地在魏时由鲜卑族拓跋氏建立的少数民族封建王朝统领，这一时期，汉族与少数民族，农耕文化与游牧文化不断碰撞、融合。

魏晋南北朝时期奠定了司马迁文化在韩城的源起。公元 310 年（西晋永嘉四年），汉阳太守殷济为汉太史司马迁首立祠庙（图 2-8、图 2-9）。司马迁祠位于今韩城县南 10km 处芝川镇东南的山岗上，东邻黄河，西枕梁山，芝水萦回墓前。自司马迁著书于夏阳后，殷济首立祠，此后，历代韩城人在此基础上不断修缮建设，围绕司马迁祠的扫墓、祭祀和庙会活动也就此大规模展开，并历代经久不衰，持续强化和内化了司马迁对于韩城人的精神意义，也使得司马迁祠最终奠定了开势之雄、景物之胜，位列韩城八景之一，成为韩城诸风景名胜之冠（图 2-10）。

图 2-8　太史墓图
（图片来源：明万历《韩城县志》）

[1] 秦忠明. 韩城史话 [M]. 西安：陕西人民出版社，2009：65.

图 2-9　司马迁祠现状
（图片来源：作者拍摄）

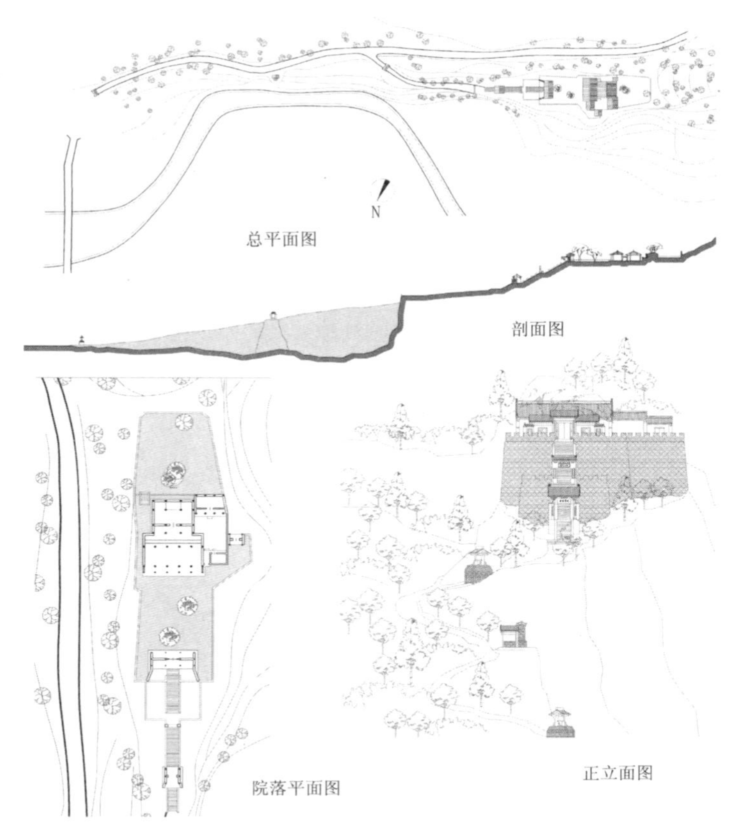

图 2-10　司马迁祠测绘图
（图片来源：作者绘制）

(3) 隋唐时期

隋统一中国后，实施内政体制改革，并重新设置和命名全国行政区划。公元 598 年，夏阳自合阳分出，重新设县。以古韩国改夏阳为韩城县，属冯翊郡。自此，沿用九百余年的“夏阳”第一次改称“韩城”。自隋唐后，韩城县城治所大部分时间保持稳定，未有变迁。这一时期，韩城逐渐由过去战略性质的军事要塞演化为关中地区集政治、经济、文化发展于一体的重要县地。继北周韩城设“屯”后，唐代改设为“乡”。《韩城县志》载：“唐十二乡。”“屯”向“乡”的转变说明其聚居形式内在的独立性逐渐加强。唐代，在韩城隶属同州时，曾在县内设有华池府。《韩城县志》载：“华池府，新唐书地里志同州有华池府。”《水经注》载：“（高门）东南经华池。池方三百六十步（折合今 375 亩，25 万平方米），在夏阳西北四里许。”[1] 可见当时华池规模颇大。据传，清末华池尚有百步见方，池东有吴刚庙，上悬乾隆二十七年制“浓露滴香”匾额，池西有观花台，四周桑柳成荫，古时曾有“华池映月”之誉，今仅剩下一潦池。华池府的设置亦间接证明了隋唐时期韩城县域地位的重要性。

虽然中国古代基于人文的“学习”起源较早，但真正纳入政策制度的教育机构设置和人才选拔，应是在隋唐科举制度创立和发展以后。其时，韩城域内县府设立的教育机构称“学官”，在今文庙。文庙始建不详，据考为唐初（图 2-11、图 2-12）。隋唐时期，佛教盛行。韩城城乡各地亦大建寺观庙宇。韩城县北塬上（今烈士陵园处）曾有佛寺，始建于唐，俗称北阁寺，宋时题名圆觉寺（今已不存）。韩城八景之一的“圆觉晨钟”来源于此。现存建于隋唐的寺观，基本保持完貌的有庆善寺（图 2-13），位于今县城内金城大街东，建于唐贞观二年。

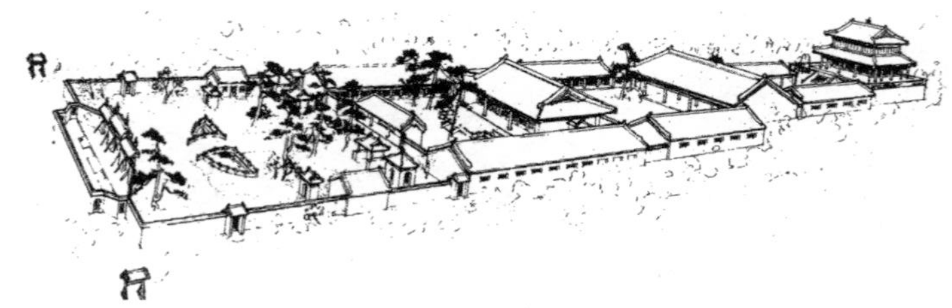

图 2-11　韩城文庙鸟瞰图

（图片来源：赵立瀛. 陕西古建筑 [M]. 西安：陕西人民出版社，1992）

[1] 周若祁. 韩城村寨与党家村民居 [M]. 陕西：陕西科学技术出版社，1999：15.

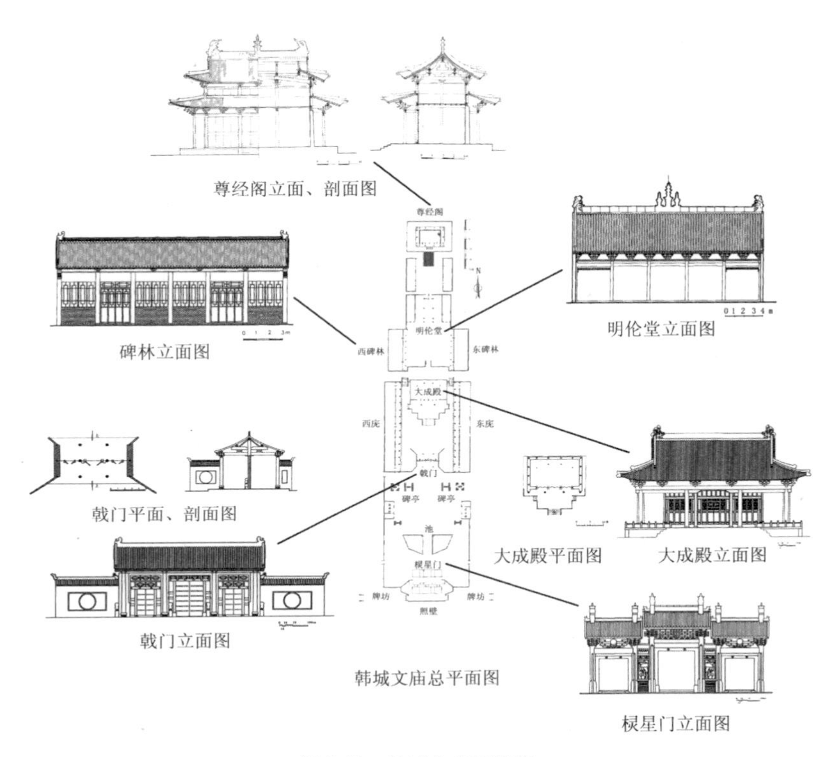

图 2-12　韩城文庙测绘图
（图片来源：赵立瀛．陕西古建筑 [M]．西安：陕西人民出版社，1992）

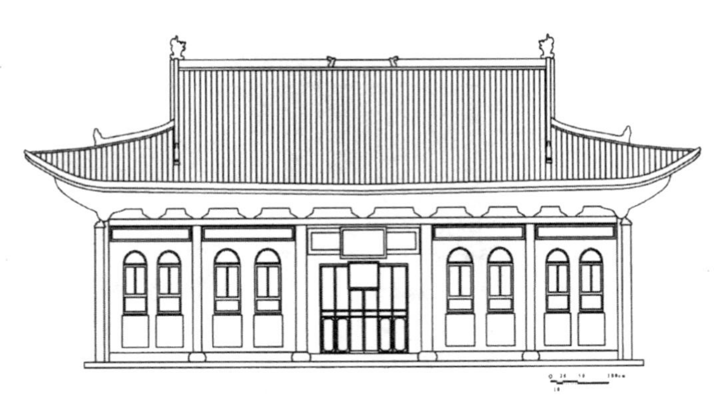

图 2-13　韩城庆善寺大佛殿立面图
（图片来源：作者绘制）

4. 宋金元时期韩城县域人居环境——发展期

（1）两宋时期

宋代韩城属同州冯翊郡定国军节度。这一阶段，县域人居环境得以稳固发展。随着市坊制度的解体，商市由唐时的坊内扩展为一整条街，今韩城南北大街的繁荣就此奠定。这一时期，韩城县下由唐时的十二乡缩减为五乡。乡数量的减少和规模的扩大显然是出于发展和管理的需要。县下村落不断拓展，外来人口持续增加。由于河西边地的特殊战略位置，加上西北山麓多匪寇，韩城村落不仅要满足民众的聚居，还要承担防御的功能。防御性村落称为寨或堡（图 2-14）。韩城寨堡分为两类：一些村位于县域重点和特殊地段，进而可实施全县整体层面的扼守和控制，形成可屯兵屯粮的兵防村落。如宋时建有赳赳寨，位于城北塬上，身处高地，可俯瞰全城，军事价值明显。除此之外，板桥乡有天成寨和寨上村，王峰乡有北寨村和南寨村等，皆处于险要之处，颇具守卫功能。另外一部分则属村落本体防御建设，可称村防寨堡，宋时所建段家堡、杜家堡等皆属此类。由于军事战乱的长期影响和县域自然环境的依托，寨堡建设成为韩城村邑聚居的一大特色，以至于在后明清时期达到高峰。

图 2-14　韩城村寨、堡
（图片来源：作者拍摄）

中国文化的发展在宋代达到鼎盛，受其影响，围绕“文化”进行的建设成为韩城县域人居环境营造的重点内容：1125年，韩城县令尹阳集乡贤和司马后裔，再次对司马迁祠予以修缮和增建，主修献殿和寝宫，并塑司马迁像。宋咸平元年重建圆觉寺，寺顶为凤鸣阁，寺院中有岳武穆庙（纪念岳飞）和其他神庙（今寺已不存）。今韩城西庄镇以西有法王宫墓，系宋真宗派宰相王钦若敕建，后元、清时期都有增建和修缮，直至成为一组规模宏大的建筑群，包括大殿、法王墓、献殿、寝殿、乐楼、戏台和碑亭以及与之毗邻的灵阳观、娘娘庙、三圣庙等。法王庙会更是堪称韩城古庙会之最。政和二年，宋徽宗敕建河渎庙，赐号“灵源”以祭祀。此外，这一时期，韩城境内教育持续发展，涌现出大量“学而优则仕”的中央和地方官员。“耕读传家”逐渐内化成为韩城地区重要的信仰方向，韩城龙门自“大禹治水”后，又孕化出全新的“荣登龙门”的精神内涵，文庙大门照壁上有砖雕“鱼跃龙门图”。

（2）金元时期

1128年，金渡黄河自龙门入陕。韩城没于金。金人主韩近百年，北方各族文化不断碰撞、融合。尽管韩城在金朝统治期间未有战争，但军事防御建设仍是该时期人居环境营造的重要内容。韩城作为金的后方防御重地，地位提升，稳固发展。1215年，韩城升为桢州，领韩城、合阳二县；1164年，金筑韩城土城池。“周长4里59步，高约2丈5尺，城壕深2丈。”[1]这是有关韩城城池建设的最早记录。后金元征战时，韩城县城内各坊为守城者屯兵处所；金时韩城县下设有镇：“金史地里志县有寺前镇”，“金史地里志县有良辅镇”[2]。虽具体状况已不可考，但推断该时的镇具有明确的军事镇守意义。1173年，县北塬上创建潭法塔，因距赳赳寨村仅100m，后称赳赳寨塔，俗称金塔。此处系县城制高点，俗称“韩原锁钥”，具有较大的军事战略意义。金人主韩期间，虽然少数民族游牧文化处于统领地位，但汉族农耕文化依然持续发展，并对县域人居环境产生重要影响。1179年，韩城芝川镇再次修复汉太史公司马迁祠墓，西关地区建有玉虚观，西原村建天圆寺，姚庄村建圆通寺，韩城城池北端的圆觉寺内加铸铁钟（“韩城八景”之一的“圆觉晨钟”

---

[1] 清嘉庆《韩城县志》卷二“城池”。
[2] 清嘉庆《韩城县志》卷二“建置”。

就此形成）。此外，金时韩城设学官教谕，金正年间，文庙增大面积，规整扩建，成为韩城早期的教育机构。女真族文化和汉族文化的碰撞融合是金时期韩城人居环境发展的重要特点。

图 2-15　薛峰土岭
（图片来源：作者拍摄）

1229 年，元兵由龙门入韩，在韩城高龙山天成寨（今名小寨，位于韩城县板桥乡，距县城仅 11km）与金激战，战场遗址至今犹存。天成寨形势险要，成为金人固守韩城的最后据点。元代时一度将韩城城址迁至今县城以西 20km 处的薛峰土岭（图 2-15）。“元韩城故城，府志在薛峰土岭下。”[1] 据此推断：为防兵患，县城治所迁移，原县城址设为桢州府治所。1269 年又废州为县，韩城仍隶同州，县城治所迁回原址。韩城作为“襟喉”之地，元时亦是重兵驻守，县城内建有五营庙，为元兵在城中驻守处所，今仅存东营庙与北营庙（图 2-16）。元代是韩城村邑大规模建设的第一个高潮阶段。今韩城全县元代形成的村落有 206 个，平均每平方公里 0.13 个，并建有不少兵防寨堡，如胡家寨，即周原堡，在城北，东邻黄河，三面陡绝，称为天堑。另外，薛峰乡有土岭寨，元代曾一度设此地为县城治所，足见其军事价值。此外，元代蒙古族统领韩城，但汉族文化依然得以持续发展。元代百余年间大规模建设寺观庙院，使其成为元代文治的一项重要国策。今韩城元代文化建筑遗存最为丰富：禹门口河中巨石鲤鱼岛上建有陕西大禹庙（图 2-17、图 2-18），龙门禹庙风景蔚为壮观（图 2-19、图 2-20）。此外，象山脚下建有紫云观，薛村建有三对庙，周原和昝村建有大禹庙（图 2-21），孝义村建有关帝庙，城内建有九郎庙，昝村乡建有普照寺（图 2-22），郭庄建有府君庙等。蒙、汉文化的碰撞、融合是元时韩城人居环境发展的重要特点。

[1] 秦忠明. 韩城史话 [M]. 西安：陕西人民出版社，2009：80.

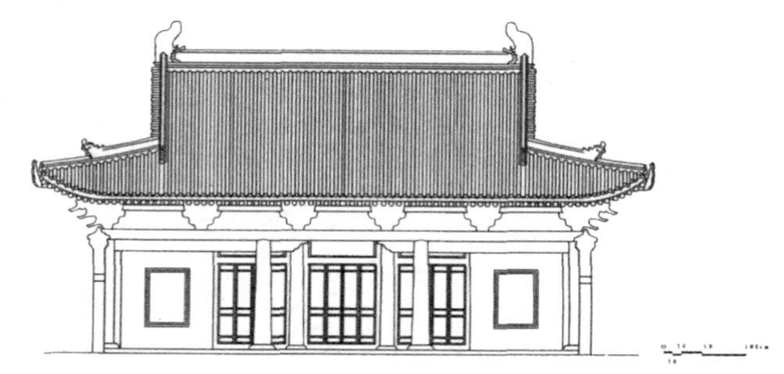

图 2-16　韩城北营庙享殿立面图
（图片来源：赵立瀛．陕西古建筑［M］．西安：陕西人民出版社，1992）

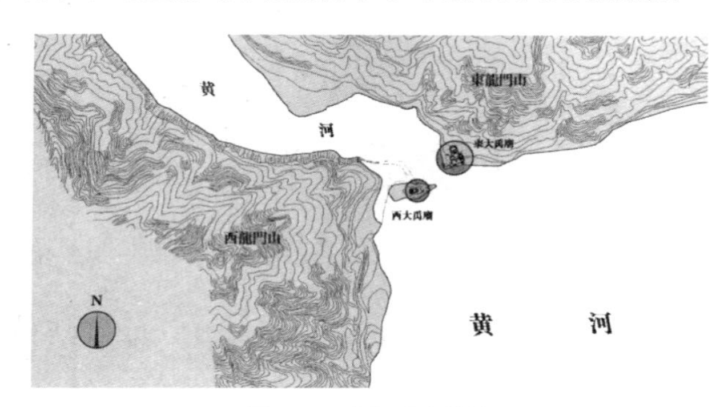

图 2-17　龙门禹庙基址
（图片来源：韩城文庙博物馆提供）

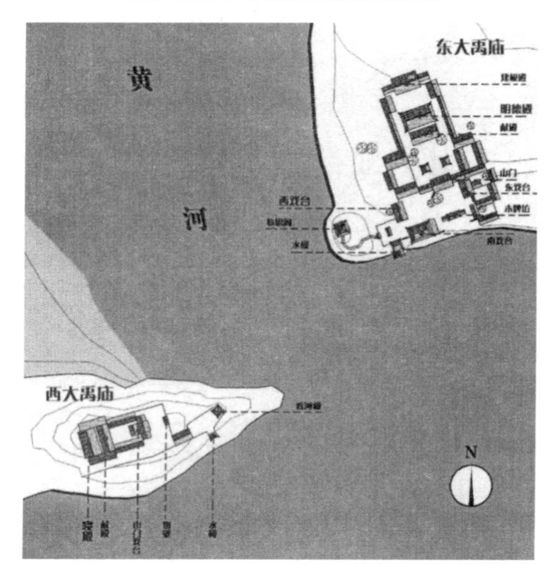

图 2-18　龙门禹庙平面复原图
（图片来源：韩城文庙博物馆提供）

图 2-19　龙门禹庙旧照
（图片来源：韩城文庙博物馆提供）

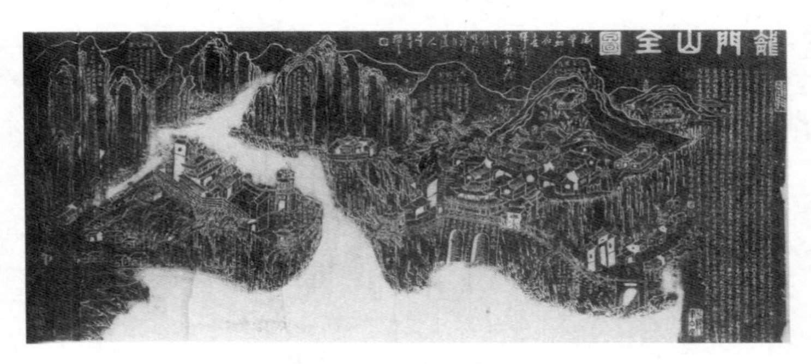

图 2-20　龙门山全图
（图片来源：韩城文庙博物馆提供）

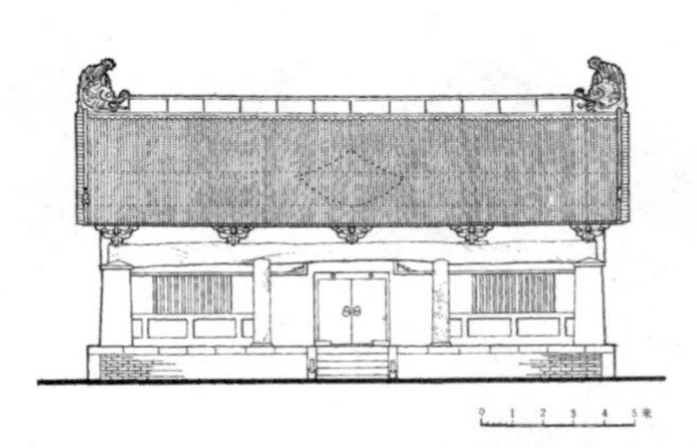

图 2-21　韩城禹王殿立面图
（图片来源：赵立瀛. 陕西古建筑[M]. 西安：陕西人民出版社，1992）

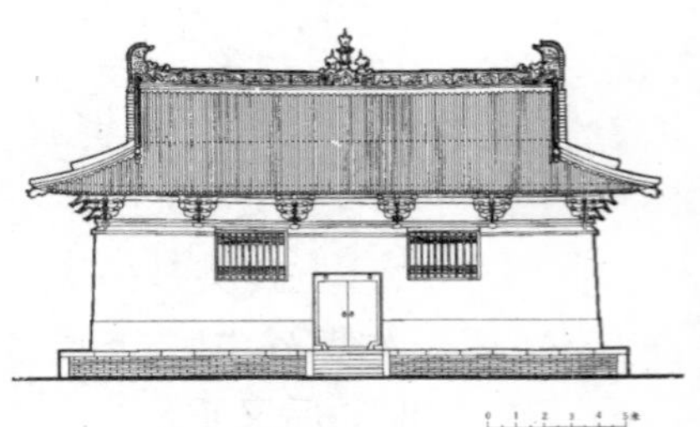

图 2-22　韩城普照寺大殿立面图
（图片来源：赵立瀛. 陕西古建筑[M]. 西安：陕西人民出版社，1992）

5. 明清时期韩城县域人居环境——成熟期

（1）明代

明代是韩城县域人居环境趋向成熟的重要阶段，农耕、水利、交通、人口各方面得以全面发展。明嘉靖年间韩城耕地为 35.09 万亩，万历四十八年为 34.12 万亩。1539 ~ 1543 年，县令马攀龙修渠 51 条，灌田 8500 亩。计："自澽水上游白马滩至今县城东南的城固村，修渠 31 条，灌田 5311.9 亩；盘河自烟泉（在今盘龙乡）起到昝村修渠 4 条，灌田 1950 亩；涧水自亚河头沟（在今板桥乡）起到坡头村修渠 3 条，灌田 37 亩；汶水自东庄坡下起修渠 2 条，灌田 130 亩；瀌水自西河川（在今嵬东乡）起到陈村，修渠 8 条，灌田 805 亩；潦水在雷家河（今嵬东乡杏花村）修渠 1 条，灌田 10.5 亩；沇水在吕庄村西羊头咀修渠 1 条，灌田 204 亩。"《韩城县志》载："邑中水利渠堰多开自马公，衣食一方，世受其福。"[1] 韩城交通状况的正式记载亦始于明代。万历《韩城县志》载："成化初……提重兵驻守榆林。"就更大区域来看，韩城处于陕西东路军需供应的交通饷道上，"经同州、合阳、韩城、宜川、延长等九县，直至榆林"。县内主要交通称递铺驿道。《韩城县乡土教材》载："马车仅可南驶合阳，北达西庄，东北至昝村镇。此外，皆驴驮、负担小道。"[2] 韩城最早的人工建桥记载亦在明代，如庆隆年间在原芝川镇附近司马坡下设有芝秀桥，该桥为韩城南北交通要道。

继金筑韩城土城池后，明嘉靖年间重修。据薛国观《修城疏》记载，初时"仅弹丸一土城，周围四里许"。"自嘉靖年间重修，砖石错杂，城垛土垣仍初。"1542 年（明嘉靖二十一年），知县全文创建四门月城，后废。明万历《韩城县志》载："城延一里二四十三步，袤一里三百二步，环六里六十五步，高三丈，址广三丈三尺，面广一丈六尺。"城壕外围还筑有土墙，高约一丈，称城郭。县城内街道"南门达北门街阔而端，东门达西门街修而蛇"。1630 年（崇祯三年），以砖砌本邑土城墙，上下各三尺，但遇大雨便"下土湿软，上砖头重，每有压倒，时费修补"。1632 年（崇祯五年），县令左萝石"目击东西门之朽敝"，"扩旧制而增之高，不三月而竣其事"，后又重修城门，改命西门为"望旬"。1640 年（崇祯十三年），薛国观倡导重修韩城城池，改土城为砖城。"提请砖砌，费不出民"，历时 5 个月，砖砌城池竣工，为韩城始，并更四城门额：东为"黄河东带"，西为"梁梁西襟"，南为"溥彼韩城"，北为"龙门盛地。"[3] 城内军事防御体系在继续保有元时"五营"的基础上，还修有五座望楼。

---

[1] 韩城市志编纂委员会．韩城市志 [M]．西安：陕西人民出版社，1994：378．
[2] 韩城市志编纂委员会．韩城市志 [M]．西安：陕西人民出版社，1994：319–320．
[3] 周若祁．韩城村寨与党家村民居 [M]．陕西：陕西科学技术出版社，1999：19．

韩城真正意义上设镇始于明代。初位于县南芝川、县北西庄、县东北昝村等地。其中，西庄镇是由汉时村落演变形成，明崇祯年间定名为镇；芝川镇因处于周及春秋战国时期的古少梁城附近，历史渊源久远。1543 年，为防内外兵患，韩城知县马春芳倡修芝川城（图 2-23），现已湮没，城高 3 丈，宽 1 丈余，环城 5 里。1570 年，又筑城门楼，南北城门楼分别书："古韩雄镇"，"少梁古地"。芝川镇因处于特殊的地理位置，在逐渐摆脱军事战乱后，发展成为韩城南部重要的交通和商业中心，甚至是宜川、洛川、韩城等地更大面域的物资集散中心。明代，县下建置为乡，乡下为里甲。明初为四乡五十里。自明起，韩城村落建设已遍布全域，寨堡建设也更为普遍。今全县有明代村落 362 个，平均每平方公里 0.22 个，但大多仍集中于台塬区及川地区，即今西庄镇、苏东乡、夏阳乡、芝阳乡等地区（图 2-24）。其时，宗族村邑规模不断扩大，望族相继出现，族裔分支蔓延，大型甚至巨型的宗族村落逐渐确立。另一方面，西部山区村落建设从数量上看显著增加，甚于川原区。以盘龙乡、林源乡较多，但受地形制约，村规模较小，住户分散。

1371 年，韩城知县周吉诚创建韩城县学。地址在城东门内，谓之明伦堂，南为文庙，北为尊经阁。此外，韩城旧有祭祀县令左懋第的祠宇，在县城南关外，称"君子祠"，即著名的"萝石书院"。1438 年，韩城知县李简捐款并率民众重修太史祠，后张士佩又建献殿三间，以青砖砌墙，碑镶壁中。1571 年，县城内始建城隍庙，1578 年竣工（图 2-25、图 2-26）。

图 2-23　芝川古镇北墙残垣
（图片来源：作者拍摄）

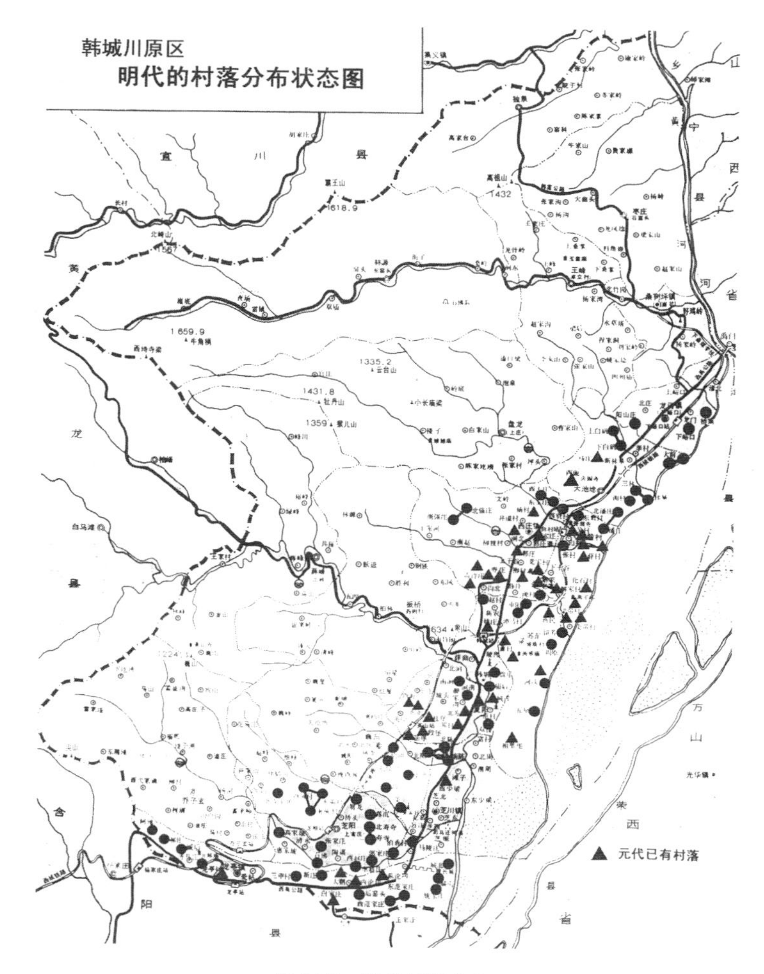

图 2-24　明代村落分布

（图片来源：周若祁．韩城村寨与党家村民居 [M]．西安：陕西科学技术出版社，1999）

图 2-25　韩城城隍庙鸟瞰图

（图片来源：赵立瀛．陕西古建筑 [M]．西安：陕西人民出版社，1992）

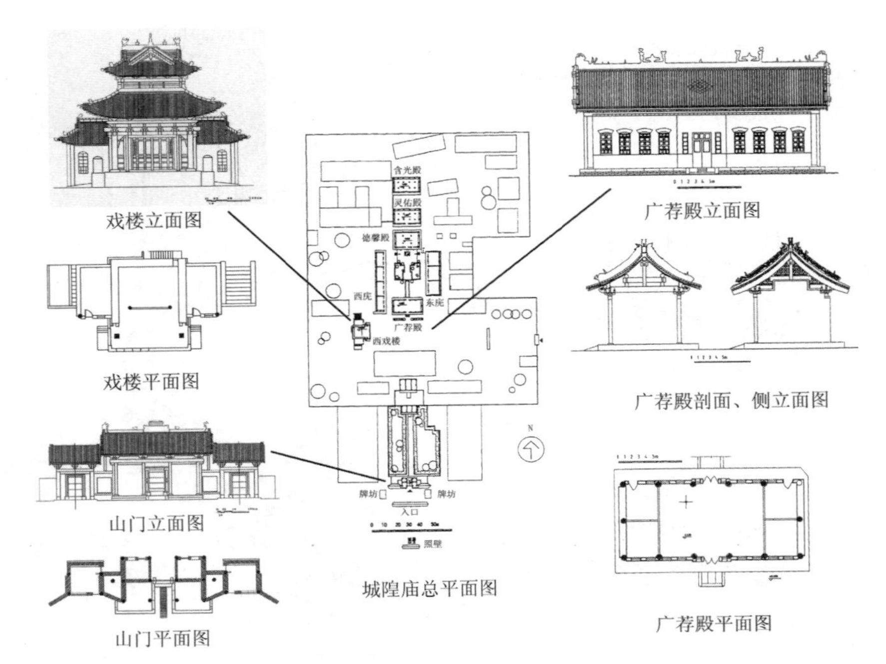

图 2-26 韩城城隍庙测绘图

（图片来源：赵立瀛．陕西古建筑［M］．西安：陕西人民出版社，1992）

（2）清代

清代是韩城经济文化发展和人居环境建设的鼎盛时期。《乡土教材》载："清初，韩城田分四等，上地 1.41 万亩，中地 30.59 万亩，下地 6.36 万亩，下下地 5.22 万亩。合计 43.57 万亩。"[1] 乾隆时期，实际耕地 37.32 万亩，农业耕地面积较明代略有增长，县域内部集市商贸活动也围绕城、镇不断完善和兴盛起来。清代，韩城军事防御实施分防。1655 年（顺治十二年），韩城黄龙山海拔 1783m，距县城西 60km 的神道岭（大岭）处设有继芝川和龙门后的另一个重要军事关隘，并筑柳沟城，设游击营，分防韩城、宜川、洛川、合阳 4 县。韩城交通的发达在清代已奠定，首以沿黄河水运便利。龙门渡口更成为繁华一时的小商都。清康熙《韩城县续志》载："每数十百艘，连尾上下，自韩而合阳、朝邑、同州、潼关、华阴，自河达渭，至于长安……" [2] 除了龙门渡和芝川渡外，昝村东 2.5km 处有昝村渡口，县城东 4km 处渔村之东有渔村渡，苏东乡谢村有

[1] 韩城市志编纂委员会．韩城市志［M］．西安：陕西人民出版社，1994：352．

[2] 韩城市志编纂委员会．韩城市志［M］．西安：陕西人民出版社，1994：326．

谢村渡，与山西万荣县相望。陆路交通也进一步拓展。县域南至合阳，北至禹门口，县城至四乡各镇和较大村庄，均有大路可通。据《韩城县乡土志》载："……东南自车辕坡至谢村、相里堡不过八九里，为河所界。东北自柿谷坡经昝村沿河行五十三里，至龙门、渡河即河津。县西四里许，由土门口入濛水川，三十余里达薛峰镇，又二十余里为乱麻科，循谷水上，逾朱砂岭，达神道岭，共一百二十里入洛川。由韩侯坡北行十余里直达西庄镇，西北入山，循御水源，逾岭，达西沟村，西行经盘池村，至北池山，达宜川之石台寺。邑南行八里为白公铺，再八里为芝川镇。自司马坡至马陵庄分二路通省府，大路南行达合阳，西行自论功村达营铁镇。"[1]

清雍正七年，知县刘方夏重修城垣及城上楼舍、水槽等，次年夏竣工。1702年，刘荫枢在县城南跨濛水修濛阳桥，后同州知府改名为毓秀桥，桥北端有二层楼阁一座，题额"濛阳楼"。桥上还设有三座木牌坊。刘荫枢还拓宽并石砌了城中街道。此外，城内南北大街设有牌坊。街北头为木制，题额"道冠金石"。街南头为石制，题额"西河重镇"。韩城县下在清乾隆年后改为四乡二十八里，并设有芝川、西庄、昝村、薛峰、营铁（今龙亭）5个镇。龙亭镇的历史状况现已不可考，但其俗称营铁镇，推断曾与当地冶铁业有关；民国至新中国成立后，昝村镇和薛峰镇逐渐衰落。随着煤炭开采业的发展，龙门镇和桑树坪镇迅速发展起来。清时是韩城村落建设的高潮期，尤以乾隆、嘉庆、道光、咸丰年间为最。今韩城村落中，大部分在明清形成。1817年（清嘉庆二十二年）韩城有村793个，平均每平方公里0.48个。人口猛增使西北山区成为村落后期发展的必然选择。今韩城有山区村落大致五百余处，明清时期立村的就有四百余处，多数为10户以下的散村。由于自然、社会、内部发展等因素，村址迁徙状况较多，尤以今西庄镇为甚。随着人口的迁移和增加，单一族氏村落逐渐转化为多宗族共居村落。"寨堡"建设在清代亦达到顶峰，多位于地势险要、易守难攻之处。据目前统计，韩城境内现存古寨堡达195处之多。总之，清代村落发展呈现出频繁迁徙、动荡衰亡、分支进一步扩散、单一家族向多宗族共居转化的历程。

---

[1] 韩城市志编纂委员会. 韩城市志 [M]. 西安：陕西人民出版社，1994：320.

清代是韩城文教发展的高峰。县学、书院、义学、私塾等多种教育机构并行。清康熙年间有龙门书院（原在县城内县府东贾家巷中），由知县杨鉴在东司义学的基础上设立，曾改名汪平书院；清乾隆年间有少梁书院，知县傅应奎在原芝川城内创办；清乾隆末年有古柏书院，邑人师彦公在西庄创建。除县学与书院外，均采取官府倡导，民间捐助的方式。义学为地方基础教育。清康熙年间，知县翟世琪创办东司义学，后废。后知县康行僴在城内文庙、东司、城外左公祠、芝川、昝村倡建义学5所。后期又逐渐增加。特别在咸丰、同治年间，先后在庙后、城北、薛曲、英村、坡头、堡安等27个村，新建义学28所，光绪年间又增5所。康熙年间，各乡始设社学。此后，在县南、县北各设社学1所。雍正年间，知县刘万夏在城内、芝川、昝村设立社学3所。私塾是以个人名义设帐教学的场所，较为普遍。清代，仅芝川镇就有私塾9所，党家村更有私塾13所。城乡到处建有魁星楼，村村建有“惜字炉”，皆为韩城地区重视文化教育的象征。此外，庙宇的修建大规模展开，正祀、里祀、社祀等祭祀建构也更为成熟完善。正祀位于县城的文庙、社稷坛、风云雷雨坛等处。据考，清时韩城里祀场所有十余处，除土地庙、后土祠外，还有八腊祠、龙王庙、禹王庙、河渎庙等，这些庙宇在黄河流域均较普遍。清康熙年间，韩城内社祀16庙，有天神庙、三皇庙、东嶽庙、圣母庙、后土祠、关帝庙、娘娘庙、法王庙等。元以后至明清时期，乡里村落兴修宗族祠堂得以大规模发展，进而形成了“宗必有祠，族必有长，以祠统家”的乡里社会状况。随着宗族的扩大和分拓，一些较大的村落家族还设立有各宗支的分祠堂，进而缔造了乡里社会关系的层次结构模式。宗族祠堂成为以血缘为纽带的地域社会关系的凝聚核心。

6. 民国时期韩城县域人居环境——碰撞期

民国时期，韩城伴随着局部战争、革命进程的展开与西方新文化的影响逐步走向转型。随着政局的动荡，韩城上属政区建置不断变化，但县治一直未改。1937年，国共第二次合作后，共产党第八路军经韩城，由芝川渡过黄河，奔赴抗日前线。1940年，我陆军预备第一师二团驻防龙门山。在龙门山靠黄河一侧的悬空山崖下（俗称“鸽子庵”）设防，起名“攘夷堡”，并有《建筑攘夷堡碑记》载：“……禹门一隅，秦晋咽喉，不独可保卫西北，更为将来收复华北必经之道……”[1]抗日战争爆发后，县城城墙拆除。1943年，全县大雨。芝川镇被水淹没，房屋倒塌严重，后又经历多次水灾，直至中华人民共和国成立后举镇西迁。此外，县城集市转到东关，县北西庄镇发展成为县域北部新的商业中心。1937年，韩城全县有村落860个，平均每平方公里0.53个。1935年，渭南至韩城公路修通，但汽车通行较少。新文化与革命形势直接影响着韩城文化教育的发展。清末，废科举，兴学堂，尤其注重女子教育。1911年在文庙明伦堂创立了韩城第一所女子小学堂，称“女子模范学堂”。1912年，县城内陈家巷成立私立崇德女校，后改为县立两级女子学校，翌年迁入宫前巷太微宫，改称宫前巷女子小学校。1940年，学校迁至昝村镇。1917年，韩城县蚕桑职业学校成立，位于县城西门内路北，东侧与旧县署相连，它标志着韩城实业教育的开始。后经多次变革，于民国25年改为彰耀寺小学。此外，西方宗教文化亦在韩城逐步产生影响。

2.3 韩城人居环境发展的特点

2.3.1 一般性特点

1. 自然的依属性

纵观韩城县域人居环境的发展历程，基于自然的基础承载和依赖是持久的，人类的聚居生存永远摆脱不了自然的影响。但这种影响又是多层面、多角度的。虽然自然状况、生产力水平、政治背景、军事形势、民族关系、经济状况、文化需求等因素共同实施对县域人居环境的综合影响，但不同因素的影响力在不同阶段又有主次之分，这使得依属于自然的聚居需求不尽相同，不同的自然属性和功能在不同历史时期发挥着不同的作用。例如在史前原始社会，韩城地区人类的聚居生存更多地体现在“近水”和“择水”的适应性选择上；先秦时期，河西之地成为中原诸侯军事争斗的中心，围绕战争的防御建设成为韩城人居环境发展的重要内容；秦汉至隋唐，韩城地区进入全面发展时期，文化和社会背景的转变必然促使对于自然的改造利用更为全面和进步，县域聚居重心北移，聚落结构趋于完善，文化精神得以积淀；宋金元时期，

[1] 秦忠明. 韩城史话[M]. 西安：陕西人民出版社，2009：146.

少数民族的影响力加强，农耕文化与游牧文化不断碰撞，韩城是伴随着少数民族的统治和军事防御得以发展的，寨堡出现、商市拓展、文化多元融合；明清两代，韩城再度进入全面发展的高潮，基于自然的依托更多体现在农耕水利的发展、矿产的开发、黄河水运的繁荣、区域人口的流动等方面。由于县域聚居承载量加大，村落寨堡扩增，并由川原地区延伸至西北山麓，地域文化也更为兴盛。民国时期，“新文化”、战争与革命形势是影响韩城人居环境的主要因素。由此可见，韩城地区的发展，在不同历史阶段，依属于自然环境的不同功能和属性。但另一方面，当中又自有其一贯性、稳定性和传衍性的规律与特征所在。总体来说，黄土高原与黄河、韩城的自然山水、地形地貌是县域聚居得以存在的平台和依托，是韩城在历史演进中呈现出多样性特点的根源，是县域整体层面人居建设的框架和初本，它直接影响县域聚居形态结构的完善，更使得地域精神文化得以持久凝聚，延承不衰，始终贯通于历史脉络之中。

自然对于人居环境的直接影响主要体现在两个方面：一来它是人类聚居生存的依托，二来它又对人类的生存繁衍构成威胁。县域人居环境总是在依属于“自然之利”，回避于“自然之害”的矛盾中得以发展。就前者来说，水源的获取是聚居生存的首要问题，引水灌溉是农耕田地的生产保障，“近水而居”体现出更大的优势。韩城地处黄河西岸，农业发展较早。自原始社会起，耕地便主要集中在县域东南，尤以境内黄河及其支流附近便于引水，土地肥沃。黄河滩地、澽水川地沿岸以及澽水、芝水与黄河的汇集处成为当时农耕条件最好的地段。秦汉以来，随着引水技术的发展，耕地面积得以扩大，但仍集中在邻近黄河及其支流的川原地段。至明清，水利建设的成熟促使沿河耕地面积进一步扩大，西北山麓地区亦得到一定程度的开垦。但总体来说，受制于韩城自然地形地貌的约束，尽管农耕条件较好，但耕地面积有限，不足40万亩，农业仅够维持县域生存的基本需求。另外，韩城西北山麓有大面范域的森林和草场，林业和畜牧业亦得到较大发展；但另一方面，韩城历史上自然灾害较多。自周起至民国，详见于各类史料记载的较大灾害达593次，以旱灾和水灾发生率较高，其中旱灾占53.2%，水灾占14.5%，虫灾占13.3%，冻、震、风、雹灾占19%。气候的干旱、黄河与支流的泛滥、地震等自然灾害对韩城农业的制约、人工建设的破坏、聚落的迁徙和人口的流动皆有较大影响。

2. 聚居发展脉络

(1)“城”的变迁

“城”是聚居的核心，其选址和建设体现着对韩城地区的全局控制。先秦时期，作为河西边地，韩城南部成为中原争斗的主战场之一。东有晋国可渡黄河进犯，南有秦国大军压境而无险可依。城址选定在县南少梁地区，是出于对战争来向、抵御方向、交通控制等多方面的考虑。城池建设也以防御功能为主导。自秦汉郡县制度确立以来，动荡环境下的聚居状况已无法满足县域稳定发展的需要，且北方少数民族的军事影响逐步加强。因此城址北移，这当中表现出了二度选址和接受实践检验的适应性过程，因此，夏阳城经历了北迁至今夏阳村位置以及再度迁往澽水以南的历程，最终确定的城址位于县南二十里川道北端，这一位置在政治、军事、商业、交通、安全、聚居等方面，具有相对于县域整体的核心性与控制性。一旦城池得以稳定，便持续发展，少有变更，并以核心性统领县域全局；元时一度迁移城址到县西的交通要地和形胜险处，则又是基于短期军事防御的需求。自北魏后县城确址以来，韩城治所偶有变化，但整体上是趋于稳定的。可见，城址的选择，是不同阶段，县域整体发展的核心控制基准，这一职能很大程度上是通过其所处的“关键位置”反映出来的。

(2)镇、村的演进

军事防御是设镇的起源因素。韩城在金时首设防御之镇，至明代，出现了真正意义上的，集政治、军事、文化、商业等功能于一体的完善的“镇”。其中，芝川镇位于县南滨河战略要地，早期防御性更强，由于东达芝川渡口，船运发达，南北向人口往来密集，本身又是重要的商业和手工业区，繁华一时，后期成为韩城南部的区域物资集散中心和聚居中心；薛峰镇位于县西薛峰土岭下，作为战略要地，在元代曾一度是韩城县城的治所；西庄镇由汉时村落演变形成，民国时期发展成为县北的商业中心；营铁镇曾是冶铁的重要基地；昝村镇邻近黄河西岸，设有昝村渡，同时还是通往龙门繁华地区的必经要地。这五个镇皆处于县域内部的“关键”位置，这一“位置”反映出其承担的重要职能，使其成为了仅次于县城的凝聚不同区域村落的聚居中心。

早期的村落多位于县域东南的川原地区，明清以后，随着人口的急剧增长，村落向西北山麓拓展，进而最终遍布全域。但整体上看，川原地区由于近水、适于农耕、地域开阔，具有较好的生存条件，因此村落人数较多，规模较大，呈密集分布。随着宗族分支的蔓延，还出现了不少望族和巨型村落。西北山区村落则规模较小，住户分散，多发展成为以经营林业、牧业为主的“山庄子”。韩城村落形态多样，受制于川、原、丘陵、山地、滨河滩地等不同地形的影响，表现出军事、防御、交通渡口等不同的功能属性以及形态特征。其中，沿黄河一线的村落分布具有显著特色，寨堡密集，形成了独特的韩城滨河景观风貌。

（3）县域聚居重心的变迁

早期，韩城西北山麓是原始人类的密集聚居区域；在原始农业出现后，东南川原、近水沿河地段成为聚落的主要分布位置，并持续稳固下来；“大禹治水”使北部龙门地区得以兴盛和发展；在“封国”出现后，韩城南部澽水、芝水川地成为县域聚居的核心区段，并持续下去；中原内战使县南少梁地区成为战争的中心；秦汉以来，随着城址北迁，县域聚居中心北移，并围绕核心县城得以拓展和稳固下来；此后虽然受军事影响，城址一度变迁，但总体来说，韩城县域聚居的中心再也没有发生过重大变化；直至明清时期，人口急剧增长，虽然县域聚居仍以县城为核心，但人口的密集分布更为拓展分散，出现了以“镇”为中心的次级聚居中心，村落则向西北山麓延伸。综述，韩城县域聚居中心呈现出在自然、军事、文化等因素影响下的不同选择阶段，而县城则是聚居中心中的核心，它的位置和变迁直接反映县域聚居的整体控制。

（4）县域聚居结构的发展

韩城的聚居结构发展大致经历几个阶段：首先，近水而居，呈自然分布的原始聚落是早期聚居受自然影响的客观反映；随着封国的出现，“城—村”反映了初期聚居结构的形成与“城”的核心性质；进入动荡时期后，军事因素成为影响韩城聚居的重要内容，城池更是战略防御的中心；郡县制确立以来，城址北迁，其核心统领作用更为突出，也更为多元；在“城—屯—村”以及“城—乡—村”关系出现后，韩城聚居体系更为完善；而后政府管理和宗族主持在不同类型的聚居形式中达成融合，进而使县域聚居的整体结构更为凝聚。城镇中社、坊结合，村落中则为里甲，“里甲”既承担着政府职能的过渡和落实，也是县下宗族自治的管理模式；当真正意义上的“镇”出现后，“城—乡（镇）—村”的聚居体系走向成熟。另外需要说明的是，军事因素不仅在动荡阶段影响重大，更是持续伴随着县域聚居的整体发展，聚落的军事性质一直存在，关、戍、寨、堡建设也极为普遍。

3. 文化的积淀

韩城地域文化的形成和发展大致经历了以下几段历程：在史前原始社会，韩城是黄河流域仰韶文化和龙山文化的重要承载；夏以后，黄河流域龙门以南与河东晋南地区是早期华夏文明的中心，对韩城的影响极其深远。“禹凿龙门”更是韩城地域的文化源起；先秦时期，韩城是中原诸侯争斗的主战场，人口频繁流动，尤其受河东山西晋文化的影响；秦汉郡县制确立后，汉族农耕文化稳固发展，以儒家精神为代表的汉族农耕文化就此传衍开来，司马迁和其所写的《史记》奠定了韩城地域文化的深厚渊源；魏晋南北朝时，北方少数民族来犯，游牧文化与农耕文化在韩城出现碰撞，但这并未影响韩城本土汉族文化的传衍和发扬；隋唐科举制度创立以后，韩城“人文教育”的传统传播开来，“文人精神”和“士人精神”逐渐内化成为韩城地区重要的信仰方向，“龙门文化”也就此推拓出“读书进士”的意义；宋代是汉族文化发展的黄金时期；金、元少数民族主韩期间，游牧文化与农耕文化的碰撞融合在韩城进一步加深；至明清，县域文化发展走向成熟和鼎盛。在“官方教化”与“宗族传衍”两条线索下，耕读传统更为风行。韩城地域文化的发展始终处在多元、冲突、交融的状态下，但却一直维系着不断积蓄和传衍的清晰脉络，未有更断。

2.3.2 韩城的特殊性

1.“边地”特征

韩城在区域地理环境中所处的位置非常特殊。首先，它位于晋、陕黄河区段的交界处，即黄河流域中游晋、陕段南北一线西岸；其次，韩城处于黄河晋陕峡谷一段的南端，是黄河龙门－潼关小北干流部分西岸北起的第一个县，它位于两个截然不同的黄河河段的交界处；最后，韩城是黄土高原东部，关中地区边北部台塬和陕北黄土丘陵之间的过渡地带，呈现出关中向陕北过渡的地貌特征。总体上看，在宏观区域环境中，韩城处于南北向和东西向上过渡性、特殊性的“边地”位置。作为“边地县境”，特殊的自然地理位置将韩城架构在黄河两岸的联系中，直接决定了韩城的军事防御特征、文化多元特征和晋、陕两岸的交融特征。

2．军事性与防御性特征

军事战争和防御建设成为韩城地域文化的重要内容，文物古迹反映出的文化现象多与历代边地战争或防御要塞相关。在分裂割据、战事频繁的春秋战国时期，韩城“河西之地”成为附近诸侯国之间军事冲突的主要区域之一。而每每在汉族与北方少数民族的战争中，韩城作为河西边地的防御作用也便体现出来，要么地位升高，下辖邻近县域，要么迁州治于此。自周以后，历朝历代皆设有城、关、镇、寨、堡等不同形式的军事据点。北部龙门地区和南部芝川地区作为军事关隘的抵御作用更为突出。城防的修缮、镇的设立、大量兵防、村防寨堡都是首先以军事防御为基本目的。从本质上说，中原汉族内部的频繁争斗、汉族与少数民族的激战，都证实了韩城作为滨河“边地”，在区域环境中东西向和南北向上的军事战略意义。这便是韩城发展至今，仍能强烈感受到作为河西边陲重地的文化倾向以及在人居建设中处处渗透着以防御性功能为主导的根本原因。

3．交通枢纽性

韩城是联系晋、陕的纽带，自古以来就有官道通往山西，是陕西至山西乃至北京的重要门户。韩城本地经济的繁荣和工商业的迅速崛起得益于多方面的因素。其根源就在于其所处的黄河“边地”特征和区域“枢纽”特征。韩城水陆交通极为发达。境内黄河带动了南北一线的物资运输和商贸往来，加强了韩城南北向的地域交流。加上本地矿产资源丰富，韩城燃煤不仅供应本地，更通过黄河、渭水运往各地。此外，沿河渡口则承担着东西向的交通联系，亦是繁华的商贸交易场所。秦、晋两岸的交流自古就极为频繁，韩城与河东山西向来有着密切的联系。过渡性的区域地段奠定了韩城在南向、北向和东向的枢纽性质和中转作用，受利于便捷的区域交通，韩城是包括关中东北部和陕北宜川、洛川等地在内的范域的重要物资集散中心。总之，特殊的地域边界和枢纽位置，发达的水陆交通、黄河两岸的交流、人口的频繁迁徙，是韩城得以发展的重要推动力。

4．工、商业优势

韩城在汉代时砖瓦生产已很兴盛，铸造业发端较早，主要得益于其矿藏优势。韩城位于渭北“黑腰带”东北部，地下蕴藏丰富的煤炭和铁矿资源，尤以西北山麓中上峪口、大象山、龙门山、硙子山川、冶户川等地矿藏深厚，因此煤铁工矿业发展起步较早。秦汉以来，已有铁矿和煤炭开采以及冶炼技术的出现，并设有夏阳“铁官”和铸铁“炉院”。至隋唐，煤炭开采已颇具规模并沿黄河航运销往都市。明时设立的营铁镇（今龙亭镇）以及中华人民共和国成立后设立的龙门镇和桑树坪镇，都是基于铁矿和煤炭的开采得以迅速发展起来的。

左懋第在《常平仓议》中道：“韩城地十，七其山；人十，三其贾。”“韩民好商贾，弃本务（农业），余由汴雒来韩，途所至，华衣裳而迎道左（路边）者，皆韩人也。”韩城自古有“南敦稼墙，北尚服贾”之说[1]。南部地区适于农耕，北部山区则由于农业发展受限，不少人选择外出经商。韩城县城内一度有“苏、牛、薛、张”四大家，城外四方则有“东丁、西杨、南胡、北党”四大家。他们绝大部分是外出经商致富，归乡后带动本地经济发展。由于处在特殊的滨河“边地”，黄河两岸的交流，发达的水陆交通，加上耕地面积有限，韩城商业迅速膨胀起来。黄河水运促使韩城境内的沿河渡口发展成为繁华的商贸集市场所。其中，尤以龙门地区为最，隋唐时期已颇具规模，至明清则更为盛大，码头店铺林立，货场商号近百家，定期举办庙会，一度成为“物阜民熙”的小商都。县城是境内全域的商业核心，吸引着各个镇、村的人口和物资往来，城内南北主街最为繁华。芝川古镇与西庄镇分别是县域南、北两大重要的商业中心。此外，大量集市庙会分散于城镇内外，定期举行。

5．地域文化的多元性、冲突性与交融性

韩城地域文化的基础来源于黄河流域汉族中原文化。从文化地理学的角度来看，东西晋、陕文化有着十分密切的联系。黄河在达成陕西、山西两省地域分界的同时，更承担着两岸居民的频繁交流和文化的联系共融。韩城位于中国早期文化源起的核心区域，深受中原文化的影响，并与河东山西文化保持着一种长期的

[1] 韩城市委员会，文史资料委员会．韩城古城［C］．内部发行，2004．

交织融会。“山西的南部和陕西的中部，长期处于黄河流域中原文化的中心地带，对周边的地区有一种文化的辐射力、吸引力和凝聚力。”[1]韩城在建筑形态、语言和饮食习惯上都与河东山西，尤其是晋西南保持着一定的共性。

就南北向来看，韩城南北跨越了两个文化区域，即中原文化区域和游牧文化区域。以龙门为界，以南呈现中原文化的特点；龙门以北，与陕北接壤，成为汉民族抵御北方少数民族的边防前哨。作为中原文化和游牧文化区域的过渡地带，韩城表现出两种文化冲突、交融的特点。但韩城一方面吸收融会了少数民族的生活习俗，另一方面却并未被其完全吞噬。相反，本身自有的传统精神固执地承袭下来，反而影响着统治者的管理。地域文化的包容性和坚守性是并存的。

无论是基于东西向以黄河为轴心的中原文化的沁养以及受河东山西的影响，还是基于南北向以龙门为界的汉族农耕文化与少数民族游牧文化的碰撞融合，韩城历史地域文化环境都呈现出一种“表象”的矛盾：一方面人口流动大，对立冲突强烈，战乱匪寇等不稳定因素影响深远；另一方面却又总能秉持一种稳固的地域精神内核。尽管地域文化呈现出多元的状态，不同文化类型在历史传衍过程中亦呈现出动态发展的历程，但本土文化的积淀、晋文化的影响、周边地域文化的交流以及游牧文化的侵袭并未形成相互彻底抵制，进而侵吞其他文化的现象，也未形成杂糅模糊的文化乱状。相反，在多元复杂的文化冲突和交融中，仍然可以依稀感受到清晰的文化脉络结构以及贯通历史、一脉相承的地域精神传统的继承发扬。不同民族的碰撞融会、黄河两岸的交流，都持续内化和涵养了韩城人的地域精神，也由此奠定了韩城人生息繁衍的地域文脉。这就不得不感慨传统中国文化与本土人居环境强大的包容承载力和自我生命力了。从本质上看，黄土高原与黄河这两大自然条件是韩城地域文化得以产生、发展和变迁的基础。韩城文化环境表现出多元融合的特征，取决于其所处的过渡性的特殊的“边界”位置。

[1] 王树声．黄河晋陕沿岸历史城市人居环境营造研究[M]．北京：中国建筑工业出版社，2009：19．

2.4 发展规律总结

韩城的演进是伴随着在韩城聚居生存的人类的繁衍生息得以拓展的。自然承载、农耕水利、军事战争、交通状况、工商业发展、县域建设、聚居结构、文化精神的形成以及风景营造等构成了县域人居环境的综合内容。就发展变革的角度来说，大致可分为以自然为生存依托的启蒙阶段、军事混战的动荡阶段以及稳定发展阶段。当然，不同阶段内部亦有反复，不同的人居功能在不同的历史阶段也发挥着不同的作用。但另一方面，就延续传承的角度来说，无论是哪个阶段，韩城所处的黄土高原、黄河流域以及河西边地的特殊地理位置与自然环境的承载，都是县域人居建设的物质基础。而“韩城人之所以成为韩城人”的文化内涵自奠定起，就在不断演进的过程中永恒地成为了贯穿历史的县域人居建设的精神根源。纵观韩城地区的历史进程，其县域人居环境的发展规律主要可以概括为 10 条：

（1）自然是韩城人居环境的“存在之本”，县域的聚居生存在不同历史阶段，受不同外在因素的主导影响，依托于境内黄河与山水地貌等自然环境的不同功能属性。

（2）安全是韩城县域聚居生存的首要因素，亦是人居建设的重要原则。它贯穿在人居环境形成发展的全部历程中。基于安全的考量源于自然和人类社会两个方面。

（3）韩城所处的特殊边界地理位置决定了其必然受到军事战争的深远影响。这不仅造成了文化与社会环境的动荡和碰撞，防御建设更是渗透在县域人居环境的每个层面。

（4）政治、军事、交通、经济、文化、工商业等社会因素是韩城县域人居环境的重要推动力，如国家政治中心的变迁，政策制度的下达，军事侵犯的方向等都直接影响韩城的发展。

（5）立足于更为宏观的区域视野，韩城县域和周边地区有着极为密切的联系。尤与河东山西关系特殊，水陆交通的便捷，人口的频繁流动，宗族血脉的覆盖，军事战争的影响，商贸运输的往来，文化的交流等因素促使两地打破黄河的地理分界和行政分界，呈现出独特的对立统一性。

（6）就地域文化来说，韩城县域一方面呈现出多元文化的交融，河东晋文化、少数民族游牧文化、民国时期的革命热潮和新文化等均在韩城融会显现；另一方面，韩城自有的地域本土文化较为早熟，更以强烈的凝聚性穿越时代而被执着地固守下来。与此同时，县域既有华夏民族整体文化的积淀，又从未缺失地域内部“韩城人之所以是韩城人”的“精神个性”。

(7) 县域建设的诸多方面均是首先以整体范畴通盘考虑，无法割裂成相互独立的部分，且“牵一发而动全身”。与此同时，更为关注不同层面之间的相互联系以及全局视野下局部重点、关键地段的审视。正是鉴于此，这些“关键地段”常常是集多种属性于一体，表现出多元功能的融合。

(8) 就县域聚居结构来说，不同的聚居形式受到不同外在因素的主导影响。县城是县域的核心，它的存在和位置，对于县域人居环境的发展具有极其稳定的统领性关键作用。镇是县域不同区域的中心，既是上层城市职能的落实，又是下层大量村落的凝结。城与镇所处的“关键位置”反映出其所承担的重要职能。村落则基于不同地域特征，反映出不同的功能倾向（军事、防御、交通渡口等）和形态。城、镇、村整体呈现出一种向心凝聚的、层级性的结构关系。

(9) 韩城县域人居环境的形成和发展，在外在因素和本体客观功能的影响下，还存在有一条隐性线索，即人文精神的落实和传承。县域所有的“实体”内容均不同程度地承载着文化内涵，甚至相当一部分是专门针对“文化”而设。

(10) 在中国传统社会里，存在着特有的人居建设模式和人员结构。韩城县域发展秉持了“政府职能”与“宗族血缘”两条线索，二者相互渗透，彼此补充。而“文人阶层”承担着两种社会关系的过渡和融合，他们是领导县域人居环境营造的重要力量，其学识和修养在某种意义上决定着县域规划和设计的形态。

小结：本章首先论述了中国传统社会中“县”的重要意义。通过对本土“县”文化的深层解读，明确“县”的基层性、稳定性与独立完整性。由此提出，县是国家治理的基础，是国体、政体得以稳固的保障，是民众生息的承载，是联结政府与民众、中央与地方、城市与乡野的人居环境基层单元。数千年来，省、府、州多有变迁，但县域却相对稳定。县已然成为一个自然的、文化的、经济的、社会的集合单元，成为中国本土的一大特色。

正是基于此，本书以韩城县为对象，回顾了韩城县域的发展历程。在此基础上，首先总结了其发展的一般性特点：第一，虽然在不同的历史阶段，受到政治、社会、军事、民族冲突等不同因素的主导影响，但县域人居环境的演进都依赖于地域自然的承载，且基于不同阶段和不同因素的影响，对自然的利用是不同的。第二，县域聚居中心经历了由南向北的迁移，反映出了从军事战争的动荡阶段向稳定发展阶段的演进历程。这一历程集中体现在城址的变迁上，城市是“城—乡（镇）—村”结构的核心。城、镇等关键聚落所处的“位置”，很大程度上决定了其所承担的职能，并形成了一种“核心发散”的整体控制意象。县域村落基于不同的分布位置，亦表现出军事性、防御性、交通性等不同特征。第三，尽管长期处在多元文化的交织、冲突和碰撞下，但韩城地域精神始终呈现出不断积蓄、传衍和内化的清晰脉络。

韩城县域的发展更多地反映出其本身固有的“特殊性”。正是由于处在晋、陕黄河沿岸的“边界”，韩城在东西向与南北向上均呈现出强烈的“边地县境”特征，进而形成了军事性与防御性的需求，区域范畴的交通枢纽意义，黄河两岸的频繁交流和密切联系等。河西秦文化与河东晋文化，汉族农耕文化与少数民族游牧文化，在韩城不断碰撞、冲突，在长期的交融过程中，逐渐内化并显现出清晰的地域传统和精神脉络。本章最后通过对韩城县域发展的研究，总结归纳出 10 条本土人居环境的发展规律。

3 县域环境的整体人居格局

人居环境的构成要素主要包括自然、聚落、文化、风景、支撑网络。这些内容虽然是相互独立的不同方面，但其内在密切关联且彼此影响。本土营造，正是以自然与文化这两大因素为基础，首先发掘出关于“自然”的“环境结构”和关于“人”的“文化结构”，并将二者结合起来，相互扶持，建立一种主观与客观相结合的秩序逻辑，进而引导聚落、风景与人居支撑的建设，最终形成一个有因果、有依存、完善全面却又不乏诗意的人居环境有机整体。

3.1 山水空间格局

3.1.1 山水环境的空间构成

韩城地处黄河中游西岸，西北部海拔较高，多山地和丘陵，森林草场规模较大；东南部海拔较低，为黄土台塬、河谷川道以及黄河滩地。山麓中多河流自西北向东南最终注入境内的黄河。韩城地区具有丰富的地貌条件，山、丘、塬、川、滩兼而有之。总体上看，县域自然环境的空间构成要素主要包括：山地、丘陵、台塬、川谷、黄河沿岸边地、黄河以及境内诸多河流（图 3-1）。

1. 山地

韩城西北部为黄龙山地，面积约 469.41km^2，地质构造上系山西吕梁山系在陕西境内的延伸，海拔多在 1000m 以上。其间被呈放射状分布的河流分割，峰高谷深，山体多呈梁状，自西向东延伸。黄龙山主脊呈现出面向东南的弧状分布，在韩城境内山岭可分为南北两个主脊。南面的巍山、香山、尖山等可归到韩城、合阳、黄龙三县交界的梁山，北面的西子峙山、猴儿山、牡丹山、八郎山、高祖山等均可归到北侧主脊——大岭，该处也是县域境内的最高点，海拔 1783m（图 3-2）。

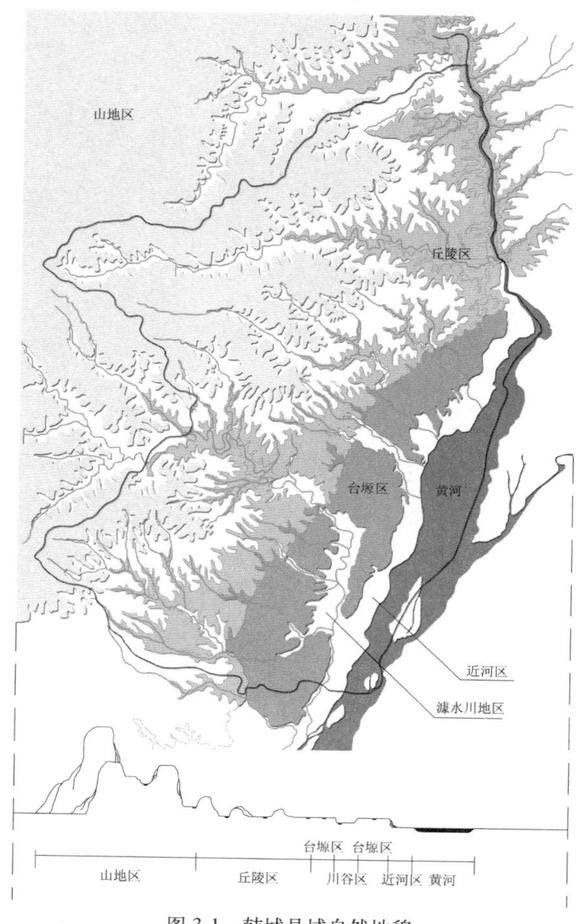

图 3-1　韩城县域自然地貌
（图片来源：作者绘制）

2. 丘陵

丘陵沟壑区位于山地区和台塬区之间，总面积为 669.17km^2。由于本区位于凿开河、盘河、濊水、芝水等主要水系的中下游，又是白矾河、汶水、泌水、沆水等小流域的发源地，全境均在断层褶皱构造带上，地形破碎，起伏大，沟壑多，加上雨水侵袭，水土流失严重，丘陵沟壑区又可分为“沟谷洼地”和“沟间隆地”两大类。“干谷”“支沟”“毛沟”比比皆是，梁状山丘多西北—东南走向，“墚”“峁”“坪”随处可见，众多地名、村名由此而得。沟梁高差一般为 100 ~ 300m。这一区域的知名山体有龙门山、苏山、象山、狮山等。

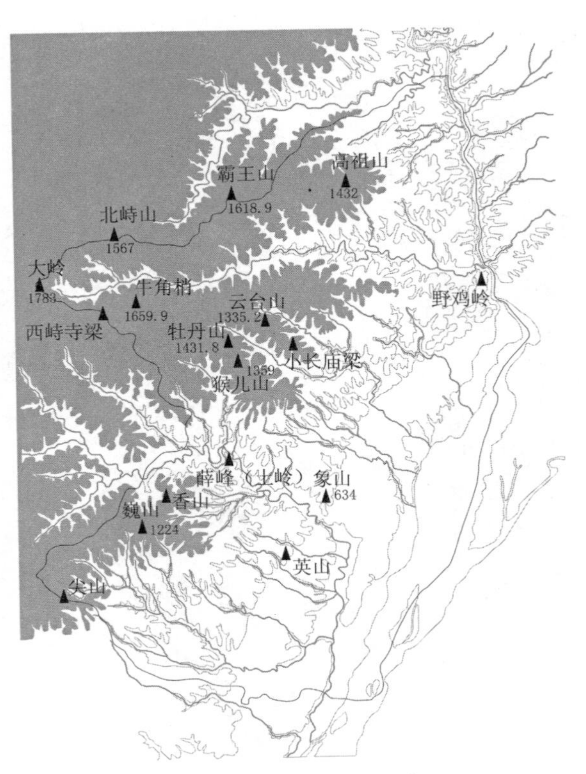

图 3-2　县域知名山岭分布
（图片来源：作者绘制）

3．台塬

黄土台塬是由黄河高阶地上覆盖黄土形成，分布于韩城丘陵区的东侧、东南侧，塬面西高东低，大致呈阶梯状。东西宽 10 ~ 20km，南北长 50 多公里，面积约 269.96km^2，呈狭长带状展开于黄河西岸。这一地段较为平缓，自北向南被河沟分成 16 块，其中规模较大的有 4 块，由北向南依次为苏东塬、英山塬、高门塬、马陵庄塬（芝塬）等。

4．川谷

川谷是由境内较大河流冲击形成的凹陷地域，尤以县域东南的濠水川地规模最大。濠河川地泛指濠水与芝水流域的下游河谷川道，北自老城区，南至司马迁祠下，俗称“二十里川”。这一地段土壤肥沃，井渠灌溉方便，南北长 11km，东西宽 2 ~ 5km，面积为 52.5km^2，是县域聚居最为密集的区域。其中，南部少梁盆地处最宽，芝川口是全县陆面最低处，海拔 357m。芝川口以东为濠水、芝水与黄河交汇处，地势平坦，土质肥沃，渠灌、井灌便利，自然条件优越。

5．近河滩地

黄河滩地是指在禹门口以南，随着黄河河面逐渐开阔，河水流速减缓，挟带的泥沙大量沉积，形成了边滩和心滩。韩城境内禹门口以下河床约为 160km^2，其中水面仅占 163280 亩，沙滩有 55009 亩，老滩泥地有 25821 亩。黄河滩地开阔平坦，地下水位较高，蒿草遍生，草场资源丰富。另外，老滩位置较高，一般情况下不易被淹，历史上早有耕种。

6．黄河与境内支流

韩城境内 10km 以上的较大河流主要有：黄河、澽水、盘河、凿开河、芝水、泌水、白矾河、堰庄河、院子河等（图 3-3）。境

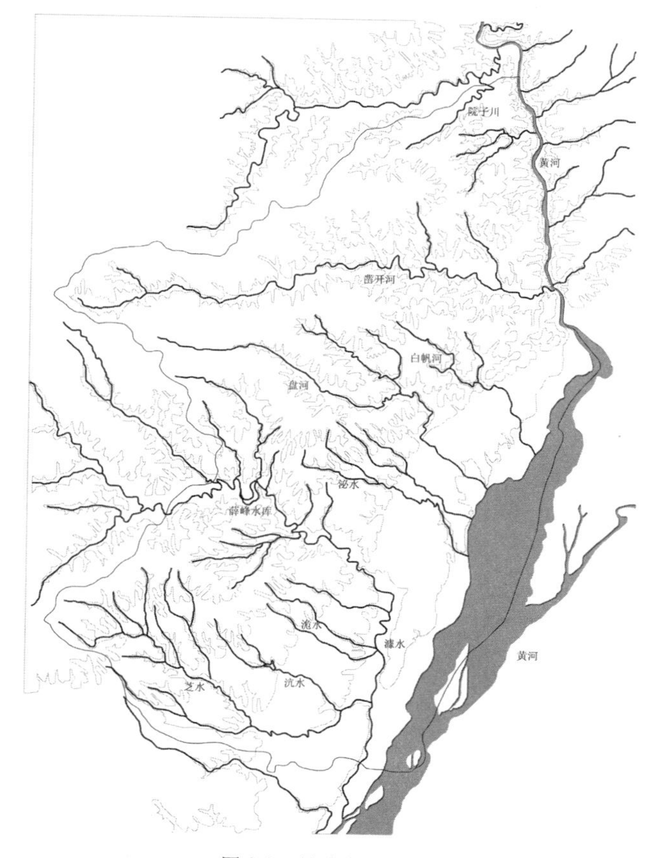

图 3-3　县域水系分布
（图片来源：作者绘制）

内河流多为黄河的一级支流，流向一般为由西向东或由西北向东南，大致平行注入黄河。其中，澽水全长 86km，境内流程 35km。发源于黄龙县大岭南麓高头川的北九沟，在老城区南侧，急向南拐，基本上自北向南，在县南司马迁祠东南汇入黄河，为韩城境内最大的黄河支流。澽水下游川道地势开阔，灌溉条件好，成为韩城农业发展和后期人类聚居最为优越的地段。

3.1.2 山水环境的空间格局

韩城地域的自然山水集结形成了客观的空间反映。正是这些特有的“山水空间”，承载着政治、军事、防御、交通、文化、聚居等不同功能，将韩城的地域性、县域人居环境的独特性突显出来。通俗来讲，这些“空间”是一种客观存在，韩城的发展潜移默化地受其影响，由其决定。但是同时，本土人居环境营造正是首先有意识地，主动“发掘”出这些特定的空间和空间的意义（图 3-4），而后将人居功能与山水空间结合起来，形成一种有所依存的人居设计和人居建设。

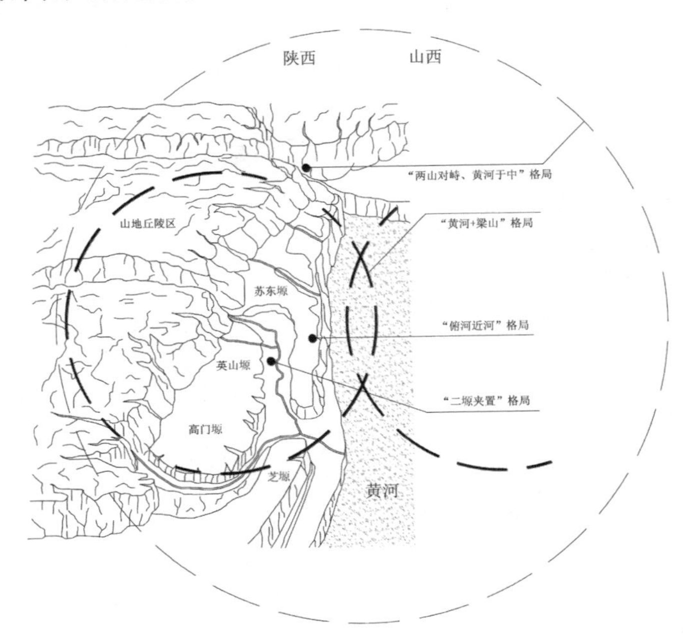

图 3-4　县域山水空间格局
（图片来源：作者绘制）

韩城地域的自然山水要素并不是相互交织的，而是明确地呈现出自西向东的分布顺序，依次为山地区、丘陵区、台塬区、川谷区、台塬区、沿河边地、黄河。境内河流多发源于山地区，经过不同自然区域后，最终注入黄河。不同的地域特征，反映出不同的功能属性，决定了不同的聚居状态。基于韩城地区的自然地貌，大致形成了下述四种较为典型和普遍且影响较大的山水空间格局。

1．“两山对峙、黄河于中”格局

由于处在滨河“边地”，黄河对韩城的影响极其深远。从空间上说，秦、晋两岸山塬高耸，黄河低陷，由此形成了一种内向的、对峙的格局。黄河不仅是两岸的地理分隔，更起到了两个边界处的轴心凝聚作用。从本质上说，这种空间特征和空间意义是影响韩城人居环境营造的深层内因。长久以来，韩城的军事性、防御性、文化多元性、交通枢纽性以及深受河东山西的影响，很大程度上皆来源于此。县域人居环境的规划设计，就有了一种“趋向于黄河”的意象，在两岸的对峙中，营造共同的联系性、凝聚性。黄河沿岸的聚落、风景、支撑建设，都是放置在“两岸对峙、黄河于中”的宏观格局中进行考虑的。例如秦、晋峡谷南端，县北龙门地区两岸的禹庙建设，就是基于这种空间格局的典型反映。

2．“黄河＋梁山”格局

韩城东部的黄河与西部的梁山，是县域内部尺度最大的自然要素，且又处在东、西边界的位置，它们共同形成了一种内聚的、稳定的、安全的领域，成为韩城县域的空间承载（图3-5）。这一“山水格局”反映出三层意义。第一，历史环境下，韩城的军事防御需求极为强烈。黄河与梁山正是其东向防御和西向防御的天然屏障。两线的防御建设正是以自然山水为基础，最大可能地控制住黄河与梁山的形胜要地和交通要道，进而形成了西北山麓的神道岭，黄河沿岸的龙门关、芝川渡三大关隘。其次，山水格局体现出完备的生存意义，“依山”是安全的考虑，“近水”是聚居的必备需求，“黄河＋梁山”格局正是韩城地域赖以生存的物质保障。第三，基于安全和生存的意义，山水格局反映出一种理想性、精神性、文化性、标准性、普遍性的价值，进而得以推广至不同层面。县域的黄河、梁山，在聚落层面就演变成为境内不同河流与山塬的空间关系。

图 3-5 县境全图
（图片来源：明万历《韩城县志》）

3．“二塬夹置”格局

韩城西北山麓和丘陵在由西向东延伸的过程中逐渐降低，形成了开阔广大的南北纵向台塬。同时，东面黄河流经晋陕峡谷后，河床骤然舒展，河水冲击致使西岸地势增高，形成宽阔的沿河塬地与冲击滩洲。在近山台塬与近河台塬之间，澽水贯穿其中，加剧了两边台塬的地势，形成了南北纵向长约 10km 的川道地貌。这一区域地势开阔，便于取水，农耕条件优越，避风防洪，成为韩城历史上最为繁华富庶的人居空间场所。除了澽水川地外，县域内较大河流冲击形成的川谷，多成为适于人居的场所。川地聚居在韩城县域人居环境中，极具普遍性和典型性。从空间上说，川谷区地势较低，两边塬地高耸，形成了“凹陷”“夹置”的意象。位于川谷区的聚落往往倚靠一边塬地，面向河流，建构完整的山水格局。同时常常利用倚靠山塬的制高点，设置塔、庙等标志建筑，这样就在川道两边的塬边上形成了极具特色的沿塬景观。

4．“俯河近河”格局

韩城县域东部的沿河台塬，地势较高，平整开阔，适于聚居。但是基于韩城特殊的滨河“边地”性质，这一区域受到黄河与河东的影响也最为直接（图 3-6）。

图 3-6　沿河塬地景观
（图片来源：作者拍摄）

例如在军事战争时期，这南北纵向一线成为抵御河东进犯的第一道屏障。因此，聚落，甚至风景建设都带有强烈的防御性。寨堡密集，并多控制沿河山塬的制高点，形成了韩城在黄河沿岸的特殊风貌。此外，黄河水运带动了南北向和东西向的交流，滨河地带就具有了交通枢纽、商贸往来、物资集散的重要意义，因此沿河多设渡口，集市繁荣，庙会兴盛，人口密集。进一步来说，黄河在县北龙门地区河道较窄，在县南芝川口附近水域开阔，水流较缓，适于渡河。这两个地段是黄河在韩城境内最窄与最宽的位置，它们成为秦、晋往来的重要咽喉。韩城对于滨河沿岸一线的控制，很大程度上反映在对这两个"点"的控制上。

上述提到的四种"山水空间格局"，总体上呈现出由宏观向中观、微观的递进。它们不仅相互独立，同时在一些特殊的地域位置，如濮水出山口、芝川口等处，往往兼具几种空间格局。这些地区以强烈的典型意义，成为后续人居环境规划设计的"关键位置"。

3.2　聚落空间格局

聚居是人类生存的本能和保障，它虽然不能代表本土人居环境的全部内容，却是其中最为核心的部分，受自然的影响最大，与人类和人类社会的关联也最为紧密。自县确立以来，"县域"就以极其稳固的形式承担着内部不同聚居类型的体系化发展。

3.2.1　城

县城是县域聚居结构的核心。早在先秦时期，城池便是一个地区政治、军事、文化的统领。郡县制确立以来，县城不仅实施县下的管理，还承载着上级建置的过渡和落实。韩城县城的核心性是多元的，但在不同历史阶段，受不同因素影响，其核心统领性侧重于几个不同层面和角度，即地域的核心性、聚居的核心性、政治的核心性、军事的核心性、交通商业的核心性以及文化的核心性等。就地域而言，县城所处的位置决定其各项职能是否能够最大程度地发挥以及快捷有效地落实到域内的所有角落，并被迅速传达回来。在这个基础上，先秦以前，城址选定在韩城南部芝川少梁地区，城池是战争区域中的军事核心。秦汉以后，动荡背景下的城址无法满足新时期的需要，因此县城北迁，城址则转为稳定发展背景下的县域核心。当然，地域核心并非指县域空间的中心，而是相对于聚居地段而言。韩城东南部川原地区是县域聚居最为密集的地段，县城则位于聚居的中心。在这个大范畴里，县域聚居重心的变迁无不伴随着县城的变迁。就政治来说，县城是地方政府管理职能的核心，是统领乡、镇，进而将权力落实到村邑的源头。各项政策制度均由县城传往县域的四面八方，粮税赋役也经由各乡镇再集中到县城。就军事来说，县城是防御的核心。它的位置和变迁直接关乎来犯敌人的方向和全局整体的防御重心，而其他据点则在外围林立，构成防御阵线，对县城起着拱卫作用。就交通和商业来说，黄河水运和沿河渡口是韩城商贸运输往来最为繁华的地段，因此县城邻近河西边地。城址所在又是县域交通网络的核心控制点，均衡通往各大乡镇。同时，县城还是县域商业布置的重心和规模最大的商业集市所在。最后，县城是地域文化的源起处，是地方精神的凝聚点。

3.2.2 镇

镇是城、乡之间在多种因素影响下而凸显的纽带和重点，其形成与发展表现出以下特点：首先，军事防御是设镇的起源因素。韩城在金时首设防御之镇，虽然它并不能算作县域聚居结构中真正意义上的镇，但就此奠定了镇的守卫意义。明时设有芝川镇，基址位于韩城历来的战略要地，最初就是为防内、外兵患而设。其次，镇皆处于县域内部的关键位置，进而发展成为仅次于县城，围绕县城的，不同区域的文化、交通、工商业中心，如县南芝川镇、县城、县北西庄镇三点构成了韩城南北陆路交通的主要方向。芝川镇东达芝川渡口，船运发达，南北向人口往来密集，本身又是重要的商业和手工业区，繁华一时，成为韩城南部的区域物资集散中心和聚居中心。西庄镇由汉时村落演变形成，民国时期发展成为县北的商业中心。营铁镇曾是冶铁的重要基地。昝村镇邻近黄河西岸，设有昝村渡，同时还是通往龙门繁华地区的必经要地。最后，相对于城、乡来说，镇的形成和发展有其特殊性：虽然政府职能和宗族管理在城、乡内达成融合，但县城内仍以政府职能为主导，乡内则以宗族关系为主导。而在镇内，两种社会关系则趋向平衡。同时，镇与城、乡均有某种层面的契合性。县城是县域聚居的一级核心，镇则是二级核心，城、镇均处于县域内部在政治、军事、交通、经济、文化等因素影响下的关键位置。同时，乡、镇之间亦有密切关联。它们都是相对于城而言的，地域性、社会性、民间性的存在，是城与村之间的过渡性聚居形态，且等级和规模相当。鉴于此，镇融合了政府职能和宗族关系，落实了城的拓展和乡的凝结。

3.2.3 村

村邑是县下最为基础和广泛的聚居形式，也是乡土小传统文脉得以延承的历史舞台。它的形成和发展主要依托四条基本线索：自然的承载和制约；宗族关系的确立和土地的私有；军事、交通、商业等的影响；人口的增加和外来人口的流入。自然因素是原始聚落形成的主导力量，大量原始聚落在稳固确立以后，就成为了村庄的前身。因此川原近水的开阔地域成为早期村落的密集分布区。随着人口的增加，村落必然由川地向平原、沟壑甚至山麓延伸，但较为分散。据《韩城市志》载："龙亭、芝川、芝阳、夏阳等 9 个位于川原地区的乡镇中，元代以前共有村落 103 个，平均每平方公里 0.21 个。明清增至 245 个，平均每平方公里 0.6 个；而在乔子玄、嵬东、板桥、薛峰等 10 个位于山区的乡镇中，元以前村落仅为 87 个，明清后猛增至 453 个，平均每平方公里 0.27 个。"[1] 川原地区多为集村，以小麦、玉米等旱作农业为主，住宅多为院落和厦房。沟壑区和山地区则多为散村，常称为山庄子，以水稻或山林业为主，住宅主要为窑洞。此外，自然灾害对村落的破坏

[1] 韩城市志编纂委员会．韩城市志 [M]．西安：陕西人民出版社，1994：181．

也很严重，其中，黄河泛滥或河床淤积导致水位上升是韩城地区村庄损毁、衰亡或迁移的最大因素。

宗族关系的确立和土地的私有应该是春秋以后村邑形成的社会内因。血缘关系是村落内部延承的重要线索。初期，以姓氏冠名的同族村落规模较小，在逐渐发展的过程中，位居川原的小村基于优越的自然条件演变成为大型望族，如张、李、段、赵、魏、解、刘等均为韩城望族。与此同时，望族分支不断扩散，另行选址，建立新村。如薛姓望族，西魏时受封迁居夏阳，历代为官，元时已是韩城地方势力庞大的宗族，至明时，可称韩城巨族，分支不断扩散，几乎遍布韩城全域，清代仍陆续有山西薛氏宗族分支迁往韩城。这些望族人丁兴旺，经济富裕，文化意识强，成为维系韩城地域乡土小传统的重要力量。随着人口增长和其他家族的迁入，单一家族聚居的同族村落后期逐渐减少，进而多发展成为数姓家族共居的村庄，但宗族社会的内部运行机制保持未变。总体来说，宗族村落的发展情况较为多元，一些家族自建村以来，直至清末，始终聚居一地。如党家村、解家村、薛村、杜家堡、梁带村、郭庄等都是从早期小村逐渐发展成为明清时期的大村，可清楚看到其持续延承的完整脉络。而有些家族则因内部衰败，进而被其他家族取代。还有一些则因宗族矛盾、兵匪侵扰、自然灾害等因素衰亡或举村迁徙。

军事、交通、工商业等因素也对村落发展产生了重要影响。由于长期的战乱动荡，普遍性的防御需求和防御建设是韩城地区村落聚居的显著特点。大量的寨、堡、屯等军事设置成为村落的代名词。一方面，县域内部的交通要地和形胜险处作为军事据点，发展成为兵防寨堡，如宋时的赳赳寨、天成寨，元时的周原堡、土岭寨，清时的屯儿村等；另一方面，几乎村村皆修有抵御兵匪、储备粮财的村防寨堡，发达的水路交通和工商业往来也是村落形成和发展的重要推动力，本地的富裕村族，如当时所谓“苏、牛、薛、张”及“东丁、西杨、南胡、北党”八大家，皆为外出经商致富的典型，尤与河东山西往来密切。同时境内沿黄河渡口的繁荣亦促进了村落的发展，如龙门村就是因处于龙门渡附近，由船工集中而渐渐成村。昝村、渔村、谢村等沿河村落，皆有渡口抵达河东山西。煤铁开采、冶炼烧砖等工业类型也成为一些村落发展的重要支柱。

人口的频繁流动是韩城村落发展的另一个重要特点。受自然、战争、交通、商业等因素的影响，韩城地域呈现出大量外来人口迁入的状况，如：高氏，原籍陕北延长，宋时迁移韩城；吉氏，祖居合阳县百良镇，元时迁居韩城。韩城尤与近邻山西人口往来最为密切。除了上述提到的山西薛氏分支迁韩外，还有王氏，其先祖聚居山西洪洞县，明时迁居韩城。韩城与山西的交融远超过一般的地缘关系，这当中除了黄河等自然因素的维系以及军事、交通、商业等的往来外，大量迁居韩城的山西居民亦发挥着重要作用。如薛瑄为山西河津人，明代大儒，理学继承者，对韩城的影响已上升至礼教精神和宗法传统。秦、晋两岸皆有共同宗族，并相互往来密切，因此血缘关系超越了黄河的地缘分界，这应是韩城与山西密不可分的重要原因之一。

综述，韩城村落的发展是以乡土宗族小传统脉络为主导的。家族血缘关系不仅成为县域人居环境建设的重要力量，也通过"文人"阶层和里甲制度承担着政府管理的过渡和落实。更为重要的是，它深刻孕养和持守着韩城地域"耕读传家"的人文渊源。在村落形成和发展的历程中，一些得以稳固下来，一些则因无法继续满足生存需要而迁徙或衰亡，多样因素在不同阶段发挥着不同的作用。而在村落动态的演进历程背后，必有其内部坚守的重要原则和客观发展规律。

3.2.4 县域聚居的结构建置

"县城"和"村落"分别位居县域聚居结构的体系核心与末梢，"城—村"也是初期的聚居形态；魏晋南北朝时期始设"十二屯"，它更倾向于城、村之间政府管理机制在县下的过渡，重点针对军事防御和粮食储备等功能的实施，就此，"城—屯—村"的聚居形态得以确立；唐以后改设为"十二乡"，乡的出现一方面继承了"屯"的政府过渡职能，另一方面则加强了村落的凝结，将县域内部划分为不同的地域单元，同时更为关注这些"单元"在经济、文化、民生等方面的整体性和内里发展。与此同时，城内设"坊"。这样一来，县域聚居形态就演变成为"城（坊）—乡（村）"关系，城的直接控制对象由村变为乡。宋时改"十二乡"为"五乡"，间接说明经济发展促使地域单元的凝聚性加强，自身规模和承载力加大，同时县域政府职能的效力和控制范畴也在加强。明清时期，"五乡”又减为“四乡”。与此同时，城、乡内部又有了更为细致丰富的结构变化：一方面，城内出现宗族关系，“社坊”并行；另一方面，政府职能也渗入到乡内，“里甲”设置得以确立，并由最初的四乡五十里逐步减到四乡二十八里。“社坊并行”标志着县城内行政划分与宗族关系的融合，“里甲”的出现则说明血缘关系和政府职能在乡内并驾齐驱。至此，城的控制又自乡延伸至村落，并形成了“城（社、坊）—乡（里甲、宗族村邑）”相互融合的聚居形态。民国以后又设“区”，其意义与明清时期的“乡”类似。

此外，县域内部还有帝王行宫、庄园、军事守城、关戍等其他聚居形式。帝王行宫是皇室巡查、祭祀的暂居处所，庄园是官贵阶层的封属之地，军事守城和关戍则是基于交通要地和形胜险处而专门设置的守卫据点。它们皆是在政治、军事等特定历史背景和影响因素下形成的，具有特殊功能属性的聚居形式，也是韩城县域聚居的必要组成部分。

3.2.5 县域聚落的空间格局

韩城县域聚居结构的形成和发展是在自然基础之上，逐步推演建立的。当中又经受了政治、社会、军事、交通、工商业、文化等多方面因素的影响。但是，纵观历史，县域聚落整体结构的形成，自有其一贯的规律和特点。

1.“向心凝结”格局

钱穆先生提到：“西方都市其形势常是对外的，它们都市中之工商业，必求向外伸张，以求维持此都市之存在与繁荣。因此都市与都市间，也成为各自独立而又互相敌对之情形。中国都市则由四围农村向心凝结而成，都市与农村相互依存。农村既是大片地存在，都市与都市也相互联络融和合一。因此西方帝国主义，同样是向外伸张。而中国历史上之地理推扩，则亦同样只是一种向心凝结。帝国主义之向外伸张，外面殖民地可以叛离而去。中国文化之地理推扩，则在其文化内部，自有一向心凝结之潜力存在。……因此，作为农村凝结中心的城市，亦自与相互争存的城市不同，而联带有其稳定性。”[1]

可见，城、镇、村等历史聚落形成了一种向心凝结的整体意象，

[1] 1961 年，钱穆应邀在香港讲演，题目：中国历史研究法 第七讲 如何研究历史地理。

城市是这一结构的核心，城统领镇，镇联结村，不同的聚居形式相互依存、相互联系，在全局整体上达成融合，最终使四围村邑通过乡镇凝结汇总至县城，县域地理的推拓表现出一种明显的向心性（图3-7）。这种逻辑反映出本土聚居的真实性、客观性与科学性。从本质上讲，这一特点来源于本土共同的认识观、文化观和价值观，其根本在于本土文化内部自有其向心凝结的精神潜力所在。

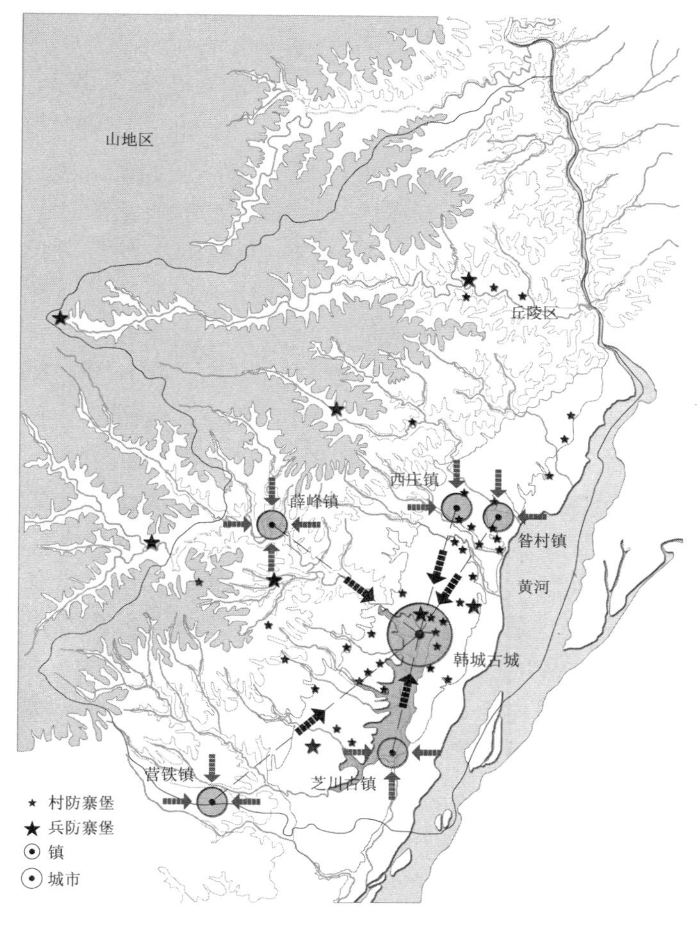

图 3-7　县域聚落向心凝结格局
（图片来源：作者绘制）

在县域人居环境营造中，其关键问题就在于：如何通过空间来落实和达成这一源自精神文化价值的聚落结构的逻辑秩序？不同的聚落类型具有不同的性质、职能，反映出不同的需求。官方性和民间性两条地域文化线索，共同渗透在不同的聚居形式中，进而呈现出相互的主次关系、影响关系、融合关系。本土营造的智慧集中反映在：并不急于对聚落本体进行塑造，而是首先根据不同聚落类型的性质和职能，将其架构在一个关键的、合适的“位置”上，通过这一“位置”的自然属性，极大程度地决定和满足聚落的需求。随后的聚落建设都是紧紧围绕这个“位置”的特征，契合这个“位置”的属性，依存于特定的地域环境来展开的（图3-8）。清代王概在《芥子园画谱·山水卷》中提到：“凡山水中之有‘堂户’，犹人之有眉目也，人无眉目则为盲癞，然眉目虽佳，亦在安放得宜。”[1]这里提到的“安放得宜”，即是针对“堂户”的性质决定的。“选址”的意义即在于此。在早期战争阶段，韩城县域县南少梁地区是争斗的主战场，城市是军事战略的核心。城址选择于此，是出于对黄河西岸的控制以及对河东防御和南向防御的需要。在稳定发展时期，城市是县域政治、经济、文化等多方面的核心，原有位置已无法满足这些需求。因此城址北迁至澽水川道北端，这一位置是县域密集聚居的中心，在行政、防御、交通等方面极大程度地满足了综合性的“核心”的需要。同理，县域内不同的镇，基于不同的地域位置，体现出防御、商业、交通、工业等不同属性，成为不同区域联结村落的、次于城市的二级核心。基层村落也由于分布在不同的位置，表现出不同的性质。其中，防御性是韩城地区村落的重要需求。县域战略要地、交通要塞和山水形胜之险处，是防御的关键位置，皆设有兵防寨堡，起初多是官方政府基于县域安全而设置的“据点”，设有军事机构并驻有部队，是县域防备体系的控制性网点。随着战争形势的变化，一些据点的军事作用逐渐降低，民众聚居的生活性加强，进而转变为村落，俗称环城十八寨，它们以县城为核心，环绕构筑外围防御阵线。从某种意义上讲，本土营造正是首先发掘出了这些关键的、特定的“位置”，契合了不同聚落类型的性质和需求，并紧紧围绕地域环境的特征与聚落的性质进行建设，将人文的意义与自然环境的意义统一起来，最终便“自然而然”地显现出向心凝结的整体秩序。

[1] （清）王概，王蓍. 芥子园画谱·山水卷 [Z]. 1982.

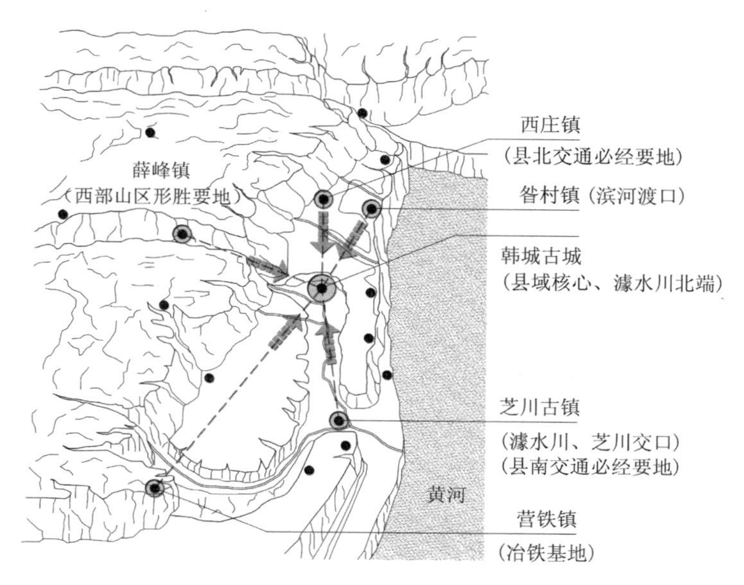

图 3-8　县域"关键"聚落选址
（图片来源：作者绘制）

2．"沿河纵向防御"格局

在韩城县域，黄河沿岸特殊的边界地理位置和交通咽喉性质，以及特定历史环境下的军事战争形势和社会动荡，都给韩城地区的安全保障带来了极大影响，进而促使其形成了特有的聚落防御建设——"寨、堡"，尤以沿河地区最为显著。根据历史记载和现状调查，韩城地区知名寨堡多位于县域东部、黄河沿岸塬地，呈南北纵向分布，尤其是县北龙门与县南司马迁祠两个防御性交通节点所夹控的南北一线。这些大量密集的"村防寨堡"与"兵防寨堡"一同构筑了韩城地区在黄河西岸的防御阵线（图 3-9）。从本质上说，韩城县域聚落的空间格局所呈现出的"趋向于黄河"的意象，正是基于更为宏观的晋、陕黄河流域层面，以黄河为轴心的向心凝结。

3．"近水"格局

水源的获取是人类生存的第一需求。近水地区为农耕灌溉提供了便利。但在受益于水利的同时，还须防御黄河水患。鉴于此，韩城地区的聚落多位于县域东南沿黄河及其支流的川原地区。基于自然的生存原则一旦确立，便成为后世历代的基础标准，进而在不同阶段，同时经受不同因素的影响而持续稳定。

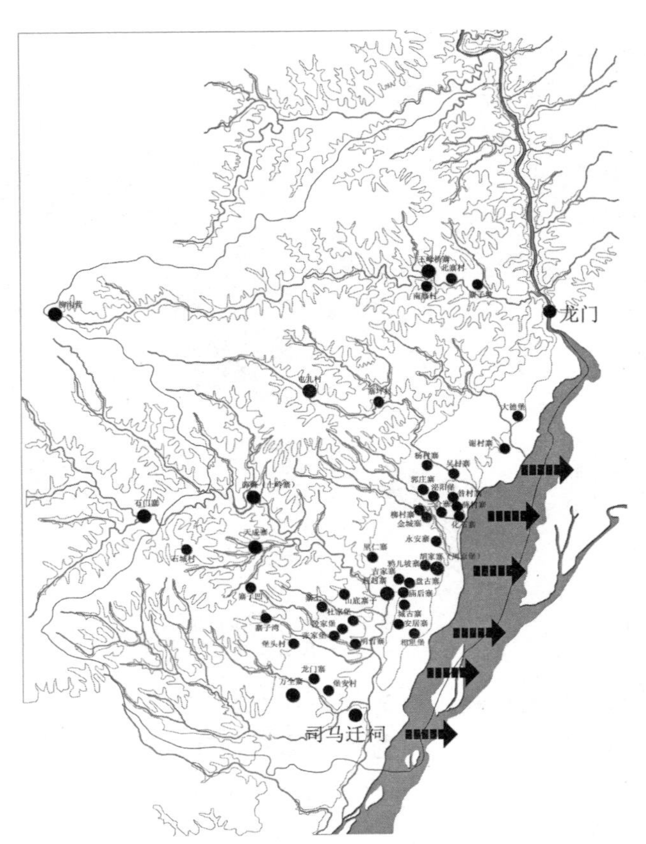

图 3-9　县域知名寨堡分布
（图片来源：作者绘制）

3.3　人文空间格局

地域文化的形成和发展必然首先受到自然、社会等多方面因素的客观影响，但本土人居环境的人文意义在于：人类聚居生存的空间、实体构筑、行为习惯以及传统风俗等内容背后，必有其以文化为主导的内因和执着的精神追求所在，并且持续不衰。韩城县域在多元文化不断碰撞、冲突、交织的历史背景下，形成了强烈的地域精神凝聚：文教水平发达，孕生有大量重量级文化人物，耕读传统持续不断，地域风俗活动极为盛行，文化遗存也非常丰富。作为“文史之乡”，韩城县域的文化建构反映在不同层面。

3.3.1　县域文化的多元特征

自然是文化产生的基础，地缘关系决定了文化的发展方向。

韩城位于关中地区东北隅，黄河西岸边地，处于汉族农耕文化与少数民族游牧文化的过渡区，是晋、陕交通的重要咽喉和枢纽。特殊的过渡性地理位置和“边地”特征必然导致其文化的多元融合（图3-10）。具体来说，表现在以下几个方面：首先，黄河流域是华夏文明的发源地，韩城地域文化的基础来源于黄河流域的汉族农耕文化与中原文化。其次，黄河维系着秦、晋两岸的频繁交流与密切往来。韩城一方面深受河西秦文化的熏染，但另一方面，又不可避免地受到河东晋文化的影响，晋、陕两岸有着密不可分的文化关联。再次，由于特殊的滨河“边地”特征，韩城长期处于军事战争的中心，加上发达的水路交通和商贸往来，带动着区域人口的频繁流动，周边不同的地域文化在韩城形成了胶着、碰撞的复杂局面。最后，北方少数民族曾长期统韩，游牧文化对韩城的影响也很深远，如女真族、羌族、蒙古族、回族等。此外，就韩城县域内部来说，基于山区、川原区、近河区等不同的分布位置，其文化习俗亦有差异。总体来看，自然环境决定了韩城的文化环境。黄土高原与黄河是县域聚居生存的基础承载，韩城在区域环境中所处的过渡性边界位置决定了其文化的多元性与复杂性。

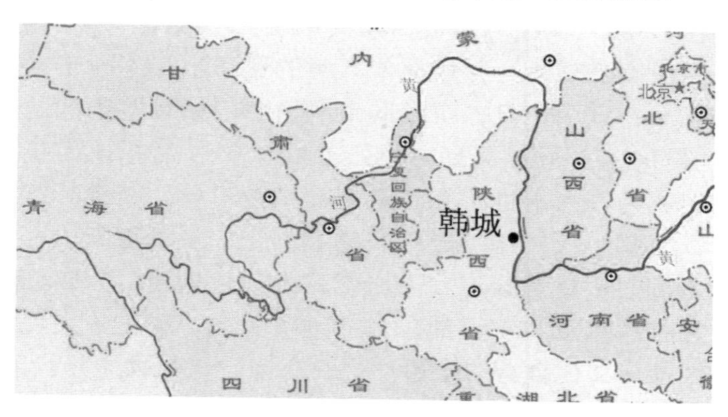

图 3-10　韩城的区域地理位置
（图片来源：秦忠明．韩城史话［M］．西安：陕西人民出版社，2009）

3.3.2　地域精神的内化——包容吸收和坚守固持

在多元复杂的地域文化状态下，韩城表现出两种辩证统一的对待文化的方式：一是吸收性和包容性。二是坚守性和固持性。一方面，韩城并不拒绝“外来文化”，相反，“新文化”总能够被不断地吸收内化，进而成为本土文化的重要组成部分。如河东山西晋文化、少数民族文化以及民国时期传入的西方新文化，都对韩城产生了持续深远的影响。当然，这种影响并不完全来自地域的主观和积极吸收，甚至相当一部分都是在被动和消极状态下，“不得不”接受的。但是，韩城总能够以极其强大的包容承载力，将它们与本土文化进行融合，这种“融合”并非杂糅，而是渗透和附着在本体文化系统的不同层面上，并未撼动地域精神的结构和主干。另一方面，韩城本土文化较为“早熟”，但其一经确立，便呈现出持续发展的稳固状态，历时千年而未有间断，地域文化根基被执着固守和延续传承下来。农耕一直是韩人生存之本，“读书进士”则是韩人重要的价值取向，“耕读文化”虽然并非韩城县域特有，却在韩城有着极为盛大的传承和发挥。先秦时期韩城便有设帐教学，隋唐以后文庙创立，并在后世历代持续修缮，祭孔活动转入官方。金时设教育机构，明清两代学习之风更是散播于城乡村野，县学、书院、义学、私塾遍布全域，宗族家训、门楣题字随处可见，重量级文化人物不断在韩城的沃土上诞生。时至今日，仍有大量文化专家出自韩城。中原文化在韩城地域持续推拓发展出新的内涵。如“龙门文化”，得源于特殊的黄河地理状态和“大禹治水”的人文熏陶，是韩城重要的文化渊源，这一内涵自确立以来，便不曾衰逝，并伴随着人类的聚居生存不断丰富并拓展出新的意义。直至今日，奋发向上的“龙门精神”仍然是韩城人孜孜以求的心灵慰藉。又如“司马迁文化”，自太史公及其《史记》诞生，便成为韩人永世纪念和追逐的精神对象。西晋时首筑司马迁祠后，历朝历代皆持续进行修缮和祭祀，从未更断，金元少数民族统治期间，更是政府官方出资，大规模扩建。“司马迁精神”已然成为韩人永远也不可能忘怀的地域灵魂。种种人文现象，折射出韩城本土文化自有的生命动力，在坚守与吸收的并行传统上，奠定了韩城的地域文脉和地域精神。

3.3.3 文化发扬的基本途径

地域文化的形成和发展秉持着“官方教化”与“宗族传承”两条基本线索。事实上，韩城县域人居环境建设的所有内容，都依循这两条脉络，缺一不可。只是文化建设实乃当中要义，针对这“两线”的发挥也就更加突出。就政府而言，“教化”是县域治理最为重要的内容之一：道德精神的宣扬、祭祀等文化活动的展开、传统的继承、人文的兴盛、教育的发展、人才的培育，均在官方的导引下得以落实，政府职能的大传统文脉表现出从中央直至县域地方的文化建设的“统一性”；就乡野而言，一方面承载着政府职能的落实，另一方面，又以宗族血缘关系为纽带拓展着文化发展之路：祠堂是宗族和村落的精神凝聚，各种文化风俗和乡社祭祀活动不断展开，“家训”承担着县域居民最为基础的精神导向和价值观选择，民间力量还是人居环境文化建筑营造的重要基础，如司马迁祠，除了元代为政府斥资建设，其余时间皆为民众自发行为。韩城县域人居环境的文化形成和发展，很大程度上来源于“群众基础”和民间的“自觉”，而这种“自觉”又是以宗族血缘关系为纽带发挥效应的。宗族小传统文脉更倾向于县域本土文化的“个性”展现。当然，“官方教化”与“宗族传承”并不是割裂的，而是相互渗透、彼此补充的状态。以“文人士大夫”为主导的文士阶层，承担起了核心价值的导向以及二者之间过渡、联系和融合的责任。

3.3.4 县域文化的人居承载

地域文化的建立和传衍不仅是县域民众在自然承载下进行生存的客观反映，更是韩人基于精神追求的本能意识和主观责任。“文化发扬”被积极地落实在县域居民的生活行为和人居建设“实体”当中。反过来说，人居环境的所有内容都承担起了文化传统的记载、延承和地域精神传扬的责任，进而塑造出充满意蕴的县域文化氛围，同时影响后人。在以“人文精神”为主导的传统背景下，韩城县域人居环境的不同内容表现出基于文化表达的不同形式，大致可分为五类：

首先是以自然为对象的文化表达，这是根本。自然是中国文化的渊源，“天人合一”是中国文化的最高宗旨。韩城境内的黄河与山水环境不仅是人类聚居生活中文化的客观反映，还承载着独特的地域精神。西北山麓中的梁山、巍山、象山、横山等，川原地区的黄河、濮水、芝水、盘水、错开河等，都与县域人文的发展有着密不可分的联系。这些自然对象记载着地域文明的历史演进，更在“文人”的深厚拓展和精心装点下，诉说着“天地境界”和“人类心灵”的通达。

其次，县域聚居结构是文化凝聚的核心。城、镇、村等不同的聚落类型，承载着相应的礼乐精神、善恶精神、伦理精神。县城内以县衙、文庙、城隍庙为核心，镇内以府君庙、土地庙、关帝庙为核心，乡野中则以祠堂为中心。它们虽然功能较为多元，并非专门针对“文化”而设，却承载着县域不同聚居形式在文化发扬和精神传承上的凝聚作用。

再次，专门针对“文化”来实施的人居建设，是人类精神需求的直接落实，更是韩城县域人居环境的重要组成部分。这些“文系设置”，大致可分为五个部分：一是佛寺、道观等宗教建筑的营造；二是文庙、城隍庙、社稷坛、邑厉坛、风云雷雨坛等祭祀建筑的营造；三是书院、文风塔、魁星楼、惜字炉等人文和教育建筑的营造；四是以大禹、晋赵文子、司马迁、苏武、白居易、左懋第、薛国观、马攀龙等大量“重要人物”为对象的纪念建筑的营造；五是法王庙、河渎庙、龙王庙等地域文化建筑的营造。这五大部分基本构成了韩城人居建设“文系设置”的主要内容，是地域文化精神基于“物质实体”的凝缩。当然其功能互有关联，如文庙既是祭祀建筑，又是人文教育建筑，同时还是纪念儒家孔圣的重要场所。司马迁祠同样是纪念建筑和祭祀建筑的合一。这说明以“人”为主导的地域精神还渗透在文化功能内部的不同层面中。

另外，关于人居建设的支撑内容虽然是以安全、民生等客观功能为主导，受到政治、经济、军事等外在因素的影响，但其背后依然隐含着文化的传承和精神的导扬，如韩城在城池、水利、道路、桥梁、防御建设甚至商业等内容背后，均能感受到“物质实体”所承载的人文信息。与之相关的“人”“事”“发展历程”和“道德精神”不仅被树碑立匾进行记载，更在不断震颤和刺激着县域居民及外来人员的精神心灵，并被后世历代持续传衍开来。这些出于安全和民生的“武系”设置，亦是韩城县域精神的重要承载。

最后，韩城县域官方和民间组织的各种活动亦是地域文化的重要组成部分。官方以祭祀为主，表达对自然、先祖、社稷、至圣先师等内容的崇敬和传承使命。民间活动则更为丰富，就社会性而言，除乡祀、社祀外，庙会最为普遍。以法王宫庙会为例，耍神楼、秧歌、社火等形式多样，同时法王宫门上有匾，从左开始念为“法王行宫”，从右开始念为“宫行（刑）王（枉）法”。韩城民众在丰富自我生活的同时，还用特有的方式表达着基于人文精神的自有态度。此外，就家庭性而言，源自生活的，诸如婚、丧、嫁、娶等传统习俗，皆有地域文化的深刻烙印。

3.3.5 县域人居环境中文化建设的精神目标

韩城县域人居环境缘何要如此殚思竭虑地拓展文化，又为什么特别重视人文精神的涵养？这说明当中必有其文化所带来的优势，进而能够满足韩人所追逐的终极目标。这一目标也当是人居环境的灵魂所在：首先，兴盛的文化和浓厚的文化氛围是“优秀”人居环境的核心与重要标准。文化是人类“诗意地栖居”于自然的根本。古人认为，“外在形式”背后必有其“内在精神”的灌注，这一精神是以文化为载体渗透在人类聚居生存的环境当中，充当着“灵魂”的角色。因此，文化的兴盛就成为统筹艺术之美和经济繁荣关系，进而衡量聚居环境好坏的核心标准。其次，文化传承是重要的历史责任。一方面，人居环境的建设并非一朝一夕，是历朝历代不断完善的持续发展过程，同时必然伴随着地域文化的发展。纵然受到多种外在因素的影响，文化的演进可能出现滞后，在地域中的内化融会也需要一个漫长的历程，却从来不会断割。“历史的印迹”和“人文精神”附着在人居建设的每个角落，县域环境承担着记载和反映“真实历史”的客观使命。另一方面，持续发展中必当要坚守一些固有的规律和内容，基于文化所呈现的“精华部分”更应是超越时代而永续流传的。“道德精神”是文化建设的信仰灵魂，“仁善”是中国文化之本，是“治世救人”之责任使命所在。这一核心功能永远也不该失去价值，也就必当成为历代延承的县域人居环境营造的重要传统。理性支持的道德文化、生命繁盛与人文荫翠的统一，是韩人在持续千年的生存繁衍中最为重要的根源价值。再次，文化环境是化育人才的基础舞台。韩城地方教育不仅存在专门的功能设置，更为重要的是，县域环境本身就是一个孕育人才的熔炉。这种“教化之气”渗透在人居环境建设的方方面面，成为韩城“人杰地灵”、涌现出大量人才的根源。最后，地域文化是韩城民众聚居生存的精神凝聚。基于这种凝聚性，人居环境的“实体”背后承载着人们的情感寄托、归属意识以及建设家乡的责任感和使命感，进而使韩城成为民众聚居的精神家园。与此同时，“县域”才能呈现出“独特性”和区别于其他地区的“差异性”，才能更鲜活，更有生机，更有性情，更具生命意象。这种“存在”便是“韩城人之所以成为韩城人”的重要依托。总之，韩城县域人居环境的根源指向是“人”，它所反映的是对人生、性情、心灵、理想、才华、道德、风骨的追逐，进而最终升华至民族精神的延续。

3.4 风景空间格局

3.4.1 本土人居环境视野下的“景”与“韩城八景”

传统人居环境中的“景”，蕴含着人对自然的体验、认知、解读、再创造，它试图完善人与自然相互关系的熔炼，寻求“自然之境”的人伦道德与精神境界，附着人类生存生活的传统和印迹，最终使原初的“自然场”演化成为关乎“人”的“文化场”与“生命场”，体现“天人合一”的意境特征。

“八景”[1]是针对特定区域范畴的“景”的精华与凝缩。这些景致在漫长的历史演进中，在人类聚居的影响下，最终成为区域规划层面的“风景体系”。因为数字上的限制，“八景”的取舍要“登其最著者”，方能体现其价值，更凸显在地域全局视野下的设计目标和原则。“韩城八景”是针对韩城县域形成的风景体系。就目前掌握的资料看，有四种说法，分别是三版“韩城八景”与一版“韩城十二景”。现总和所有景致内容为：禹门神迹、园觉疏钟、濠水朝宗、韩祠芳草、左院棠化、象岭春晓、龙泉秋稼、苏岭黛色、横山烟雨、少梁堤柳、韩原古道、太史高坟、长城塞雁、高门巍秀、嵬峰摩霄、香山云寺、猴山秋韵，共 17 处（图 3-11）。

图 3-11 “韩城八景”现状
（图片来源：作者拍摄）

[1] “八景”之称始于宋代，后来名胜之地也多用四言句列称其景物为“八景”。

这些景致开发形成于不同历史阶段（表 3-1），从春秋战国至明清近代，而被归纳总结称为“韩城八景”或“韩城十二景”，则始于明清。

“韩城八景”的建设时间和代表人物　　表 3–1

景点名称	建设时间	建设代表人物
禹门神迹	夏、汉、三国、元、明、清	大禹等
太史高坟	汉、西晋、宋、金、元、明、清	殷济、尹阳、李简、翟诗琪、张士佩等
园觉疏钟	唐、宋、金、明、清	康行僩等
濡水朝宗	清	刘荫枢等
横山烟雨	明、现代	郝净玄、牛海峰（皆为道士）等
少梁堤柳	春秋战国	秦国、魏国
长城塞雁	春秋战国	魏国
龙泉秋稼	唐、清	马攀龙等
左院棠化	明	左懋第等
韩原古道	春秋战国	（古战场要地）

资料来源：作者根据资料整理绘制。

3.4.2 县域“八景”的确立原则

1. “八景”的自然基础——自然美学原则

“韩城八景”首先依托于自然地理环境，以对县域“知名”山水的“寻胜”和“二次创作”为基础。这些山水首先具有传统自然美学认知下的艺术特质（表 3-2），如巍山的雄壮，香山的瑰丽，横山的幽深，龙门山的奇险，苏山的翠映，象山的红霞，猴山的俊秀，黄河的雄浑，濡水的奔腾，龙泉的清雅，芝水的蜿蜒等。同时，它们往往在县域环境中占有重要地位，处于标志性位置。经过人们的长期游赏、体验、提炼和艺术表达后，渐渐达成美的“共识”，确立景之意象。自然美学原则是“八景”确立的第一个原则。

“八景”的自然山水依托　　表 3–2

“八景”	禹门神迹	太史高坟	横山烟雨	园觉晨钟	濡水朝宗	龙泉秋稼	狮山象岭
山水依托	黄河、龙门山	芝原、芝水	横山	北原	濡水	濡水、龙泉	象山、狮山
“八景”	苏岭黛色	香山云寺	高门巍秀	长城塞雁	少梁堤柳	猴山秋韵	嵬峰摩霄
山水依托	苏山	香山	高门原	芝原	西原、芝水	猴山	巍山

资料来源：作者根据资料整理绘制。

2．“八景”的人文基础——文心原则

“八景”呈现出一种特有的“中国式”的文化意蕴，包含着深厚的文化意义或人文精神，甚至有相当一部分“因文化而生”。大体来看，“八景”指向的文化内容可分为四类（表 3-3）：一是以自然为对象的“山水文化”；二是以“人”为主题的纪念文化；三是宗教文化；四是地区重要的历史遗迹文化。这些文化类型并不是孤立存在的，它们在很大程度上相互融会，表现出多元的特点。“八景”是不同文化内容的精华凝缩。“文心”原则是“八景”确立的第二个原则。

“八景”的人文内涵 表 3-3

文化类型	“八景”
以自然为主题	禹门神迹（龙门）、太史高坟（黄河）、横山烟雨（横山）、龙泉秋稼（澽水、龙泉）、澽水朝宗（澽水）、象岭春晓（象山）、高门巍秀（高门原）、嵬峰摩霄（巍山）、猴山秋韵（猴山）、苏岭黛色（苏山）、香山云寺（香山）
以“人”为主题	苏岭黛色（苏武）、韩祠芳草（韩侯）、禹门神迹（大禹）、太史高坟（司马迁）、左院棠化（左懋第）、香山云寺（白居易）、龙泉秋稼（马攀龙）、澽水朝宗（刘荫枢）
以宗教为主题	园觉疏钟（佛教）、香山云寺（佛教）、横山烟雨（道教为主，三教合一）、龙泉秋稼（佛教）
以历史遗迹为主题	少梁堤柳（古少梁城）、韩原古道（秦晋古战场）、长城塞雁（魏长城）

资料来源：作者根据资料整理绘制。

3．“八景”与县域聚居——人居原则

“八景”的自然地理分布 表 3-4

地理类型	“八景”
位于山地区	香山云寺、嵬峰摩霄、猴山秋韵
位于丘陵区	苏岭黛色、禹门神迹、横山烟雨、象岭春晓、龙泉秋稼
位于台塬区	太史高坟、园觉疏钟、少梁堤柳、长城塞雁、高门残照、韩原古道
位于川道区	澽水朝宗、左院棠化、韩祠芳草

资料来源：作者根据资料整理绘制。

除了依托于自然山水之外，“八景”还和县域聚居有密切关系。韩城地区大致可分为西北山地区、中部丘陵区以及东南部的黄土台塬区、河谷川道区（表 3-4）。山地区距离人类密集聚居区域较远，景致以自然山水为主；川道区是聚居的主要区域，景致则多与聚落相关；丘陵区和台塬区是县域密集聚居的发散区域，同时拥有大量山水为依托，成为景致分布的主要地域。由此可见：一方面，景致多处于县域密集聚居区周围；另一方面，多数景致又并非处于聚居主区内部，而是与其保持着一定的空间关系，在外围林立。韩城南部的澽水“二十里川道”是县域聚居的密集范围，“八景”体系中，仅有 3 处景致位列其中，再除去偏远山地的 4 处景致，剩下的 10 处景致均处在县域密集聚居区外围且“可被控制”的空间范围里。

进一步来看，在县域聚居主区内部，澽水“二十里川道”的南端为汉代以前，韩城地区中心城市——古少梁城址所在，其东部是芝川古镇址所在，“八景”体系中，有 5 处景致处于其上或周边；川道北端是汉代以后，韩城县域核心聚落——古县城所在，有 8 处景致处于其上或周边。上述 13 处景致分别是由韩城地区前后期的两个县域核心聚落来“控制”的（图 3-12）。因此，“八景”体系的确立，很大程度上是与县域核心城市的规划设计一并考虑的。“八景”是以城市为核心，向自然的延伸和渗透，是城市人居单元的环境扩展。人居原则成为“八景”确立的第三个原则。

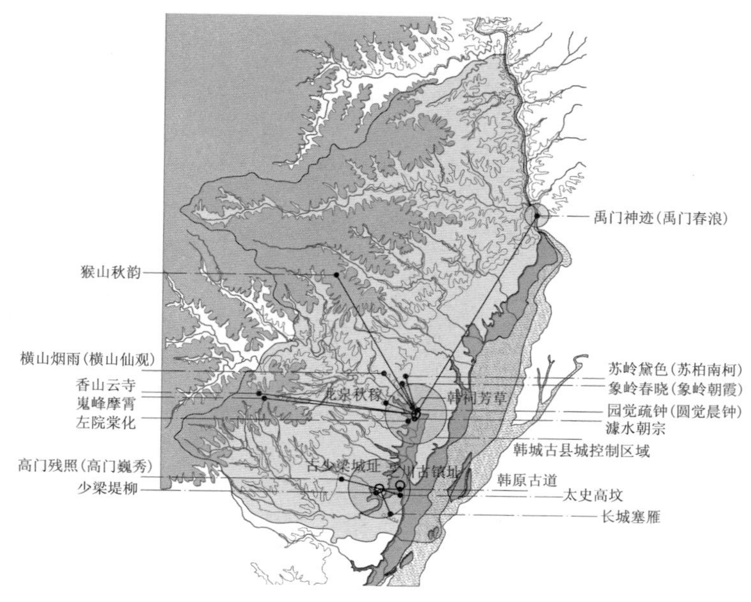

图 3-12　县域“八景”与核心聚落
（图片来源：作者绘制）

4．“八景”的功能属性——聚居支撑原则

“八景”并不是孤立存在的，除了与聚居的特定关系外，站在全局视野下，它还直接关系到县域整体的防御、交通、水利等具体功能（图 3-13）。“八景”中，禹门神迹和太史高坟分别是韩城北部和南部防御河东进犯的关键点，韩原古道和长城塞雁则是抵御南向侵袭的重要位置。少梁堤柳是韩城县域早期核心城市——古少梁城的关键防御口，濊水朝宗与园觉疏钟则是韩城后期核心城市——古县城的防御点。与此同时，上述 7 处景致均处在韩城南北交通主道的关键位置，呈线性分布。它们在承担进一步军事防御功能的同时，还是县域交通组织的重要节点。除此之外，禹门神迹和龙泉秋稼还是县域防洪水利建设的典范。鉴于此，“八景”在县域人居环境中具备重要的客观功能，进而成为人居支撑体系的组成部分。在“形胜思想”的全局整体视野下，一些景致因处于“关键位置”，还复合多项功能。基于各种聚居支撑的需要，它们发展成为地域独特的形胜防御景观、交通景观、水利景观等。聚居功能支撑是“八景”确立的第四个原则。

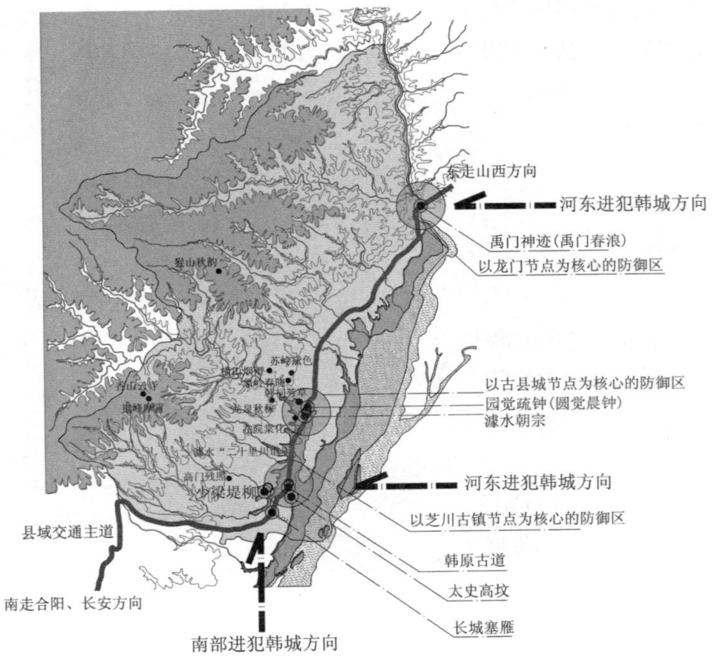

图 3-13　县域“八景”的交通、防御
（图片来源：作者绘制）

5. 县域“八景”与乡土精神——地域原则

“八景”是针对一定的区域范畴而言的。它是人居环境在特定地域内部，在全局视野下，以聚居为核心向外拓展的，统筹自然、文化和人居支撑的整体性控制、关键性选择和凝聚性创造。从某种意义上说，“八景”是地域人居环境的升华。“八景”之确立，或者在自然体系、文化体系、聚居体系以及人居支撑体系相互融合的状态下，发挥关键作用及凝聚作用，或者在各自体系的某一方面特别突出，对县域人居环境的影响颇大。

正因为“八景”体系是针对特定区域范畴而言，它所回馈的是地域自有的山水、人文、传统习俗等。如“韩城八景”中，禹门神迹折射的大禹精神，早已内化成为镌刻在韩人血骨里的文化基因。太史高坟上，司马迁著书《史记》的艰苦历程，更是韩城民众永不忘怀的信仰根基。苏岭黛色、龙泉秋稼、左院棠化、澽水朝宗所对应的苏武、马攀龙、左懋第、刘荫枢等本土名士，对韩城的深刻影响是持续不断的。同时，少梁堤柳、韩原古道、长城塞雁等所有景致均承担着记载和传承县域历史发展的责任。县域“八景”以自有的“独特性”和“精华性”达成民众聚居生存的“凝聚性”，它承载着人们的情感寄托、归属意识以及建设家乡的责任感和使命感,进而确立了“韩城人之所以成为韩城人”的乡土精神。

3.4.3 县域八景的营造方法

1. 以自然为基础的设计草本——“寻胜”

风景营造的首要任务便是在“设计意识”下，关于自然的典型性选择和体验——“寻胜”（图 3-14）。如禹门神迹 :“河水至此山直下千仞，其下湍澜惊如山如沸，两崖皆断山绝壁，相对如门，惟神龙可越，故曰龙门。[1] 太史高坟 :“北绕秀水，清涟有声，南距通衢，悬崖多栢。西北梁山层峦列座，东面黄河巨浸回澜，盖胜概也。”[2] 澽水朝宗 :“县城西五里许，两峰矗立，澽水出焉……眺梁山，听澽水，耳触成声，目遇成色，吁亦伟矣哉……”[3] 园觉晨钟 :“在北门外，高爽宏丽，为一邑胜概。”[4] 横山仙观 :“迤川西

[1] 清嘉庆《韩城县志》卷二“建置 · 山”。
[2] 郭宗傅《重修司马公祠记》，引自明万历《韩城县志》卷八“艺文”。
[3] 李星曜《重修澽水桥记》，引自清嘉庆《韩城县志》卷十三“碑记”。
[4] 清嘉庆《韩城县志》卷三“形势”。

北，群峰沓互，石奇如沏，涧底泉声弄筑振环，山有石洞……”❶苏岭黛色：“古径盘曲，而上有老柏三百余柯，皆南向，其麓多柿树，霜后满山红色可爱。”❷龙泉秋稼：“在濊水之阴，冬夏澄碧……前为方池，有松偃盖其上，旱祷有应。”❸……

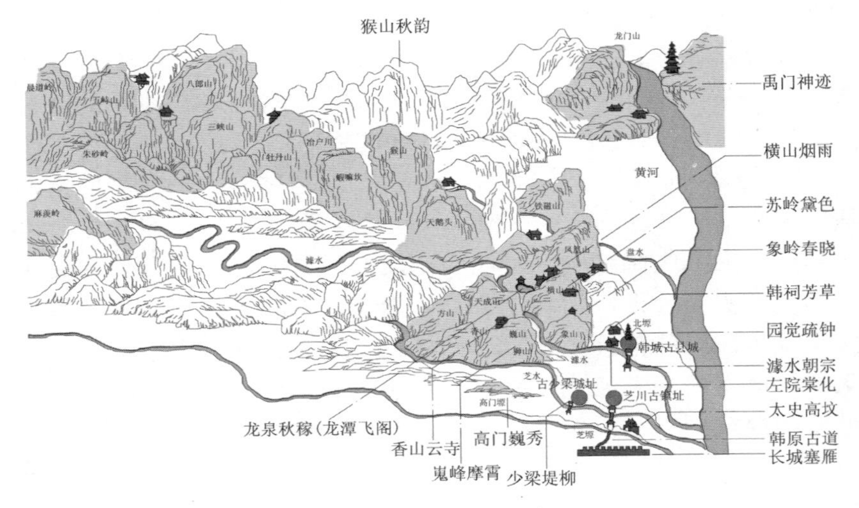

图 3-14　县域八景寻胜
（图片来源：作者绘制）

这些景致或处于冠山“孤高”之地、滨河“临险”之地、倚山“就势”之地、挑崖“险绝”之地、亲水“仙境”之地、开拓“平缓”之地、绿荫“映翠”之地，或处于围合“聚气”之地、导引“贯气”之地，同时还是“纵深远望”“滨河俯瞰”“对望彼岸”“收纳全景”的绝佳观景位置。古人在县域环境当中游走、体验、发掘、提炼着自然之“意象”。对于这些特殊关键位置的确立和解读，虽然并非出自设计，却成为后续“八景”营造的设计基础和前提。

2.“寻胜意象”和“时序导引”下的建筑营造

“八景”中的建筑营造，因处于特定的自然空间位置，在凸显和提点景观意象的同时，形成了微妙的意境氛围。如禹门神迹：“……禹门之上，禹庙在焉。神之至者其精不息，物之大者其气必神……盖门也……”❹太史高坟：“……于是直荣光之澳，觇禹凿之

❶ 清嘉庆《韩城县志》卷二“建置·山”。
❷ 清嘉庆《韩城县志》卷二“建置·山”。
❸ 清嘉庆《韩城县志》卷二“建置·水”。
❹ 左懋第《禹庙序》，引自清嘉庆《韩城县志》卷十“艺文”。

山，面汾阴之脽，纵望遐观，岂不快哉！……”[1] 龙泉秋稼（龙潭飞阁）：“……公暇，延诸士大夫于岭南青龙阁，阁悬崖，俯瞰渠堰，分流如带，畦苗蓊郁，远达河滨，诚韩邑之奇观也……”[2] 苏岭黛色：“然风雨晦明，与太史司马公高塚南北相望，岂非十九年之浩气孤忠，贯金石，陵星岳，振万古而长存哉？……古栢阴肃，南向其柯，有碣岿然，于唯苏子……”[3] 文星塔：“……盖从来奥境名区，天工居其半，人巧亦居其半。……而次章曰：作之屏之，修之平之，启之辟之，攘之剔之，则知人力之培补为不可少云……”[4] 澽水朝宗：“桥之北有亭，可以瞩远。其南则有小石桥三孔，以为卫桥，前后又各竖坊以表之，驱车过此……今韩绅士来请记，并献所绘图，余披览之，如置身梁山澽水间，因思桥当澽流所聚，风气钟美，草木秀发，实与邑人士精神志意相感通，爰名其桥曰：毓秀，而纪其梗概如此。”[5]……

“八景”之建筑契合着自然之“意象”，抒怀着人文之“精神”，呈现出升华了的“意境”氛围。风景建筑的营造，展现了人在其中游走、寻胜、立意、建设、登临、体悟的基本过程，同时也为人远望、俯河、纪念、凝思、娱乐等行为活动提供空间承载，并引发了新一轮周而复始的、持续发展的、向外拓展的艺术创作历程。建筑创作并非风景营造的终极目的，但它却在点化“寻胜之意象”，进而达成天人合一之道，升华完善生命境界的历程中，实现了更高的使命价值。

3．“景”的形成

“景”的形成取决于人在“寻胜”历程中的“意象”确立和“意境”生成。这里存在两种情况：一是环境场所中，一些“特定”的自然山水空间形态本身即具有某种典型艺术性、文化性的意象和意境反映。它是经过人的“发现”、“发掘”得以确立的，如嵬峰摩霄、高门巍秀、猴山秋韵等是针对巍山、高门塬及猴山，在特定时间、空间、气象状态下，反馈于人的视听感官的意象和意境体验。二是针对一些“特殊”的地域空间位置，在反映出某种“意象”

---

[1] 尹阳《修太史祠记》，引自明万历《韩城县志》卷八“艺文”。

[2] 薛亨《省溉效禊二亭记》，引自清嘉庆《韩城县志》卷十“艺文”。

[3] 康乃心《重修汉典属国苏子卿祠记》，引自清嘉庆《韩城县志》卷十三“碑记”。

[4] 冷崇《创建文星塔记》，引自清嘉庆《韩城县志》卷十三“碑记”。

[5] 李星曜《重修澽水桥记》，引自清嘉庆《韩城县志》卷十三“碑记”。

的同时，还需要通过人工建设的“点化”和“强化”，方能呈现出意境特征，如禹门神迹（图 3-15）、太史高坟、园觉晨钟、横山烟云、龙潭飞阁等，分别立足于“滨河雄浑”之处、“冠原俯瞰”之处、“倚山孤高”之处、“隐翠幽谷”之处、“挑崖险绝”之处。这些空间位置本身具有特定意象，通过禹庙、司马迁祠、圆觉寺和金塔、横山道观、龙泉寺等人工建筑的设置，意象特征即升华为意境氛围。上述两种情况均以人在“寻胜”历程中对“自然意象”的发掘为基础。换句话说，“景”是被发现的，其形成具有客观性。另一方面，景致的确立不仅关乎景致本身，还涉及人在游览路线中停驻时的观景位置以及俯瞰、远望等视线方向。例如县城北端的“园觉晨钟”，其本身是相对于周边、低平开阔的观景位置来“欣赏”的，但因身居高处，亦成为俯瞰县城，甚至收纳县域全景的绝佳观景点。又如“横山仙观”，是立足于山谷对面的特定位置和特定视线方向，遥望形成关乎山、树、雾和建筑的绝美图景。与此同时，其本身亦是欣赏对面景致的重要位置。景致不是孤立的，它是贯穿在人的行进和停驻，时间、空间的转换，观景位置的转换以及视线的转换过程中，对“看”与“被看”的对象同时发掘和塑造（图 3-16），进而形成的一种层级的、整体的环境关联（表 3-5）。

最后，风景的形成还受到中国文化美学的深刻影响。“寻胜”是意象的发掘；“营建”是对意象升华后，意境的塑造；“人文”则是对意境直观、凝练的另一种艺术表达以及与观景者自身生命体悟的融汇，并实施对景致的二次影响。“八景”皆以凝练点题的四字命名，还有大量针对景致形成的优美诗词。如康行僴（清）在《横山观祷雨》中这样描绘横山烟云：“地以幽而胜，山惟静乃灵。画图入花树，空翠逼池亭。云气石间出，水声松杪听。愿将精洁意，直为达青冥。”又如程必昇（清）在诗中这样描绘龙门禹迹：“云连山万叠，峡劈水千寻。断岸分秦晋，急流亘古今。桑田归圣德，刋鑿寄天心。何怪三辰雨，纷纷尽是金。”再如诗《青龙阁》对龙潭飞阁的描述：“飞阁依危障，瀛高步欲惊。犀虚潭底影，水走涧中声。白日悬孤照，苍山对还晴。吹箫人伴我，说是小蓬瀛。”[1] 诗歌与景致的联系极为“真实”，又使人有更为特别的艺术体验。“寻胜”“营建”与“人文”，三者是合一的。就指向来说，三者的“真实”联系性在于：

[1] 清嘉庆《韩城县志》卷十四“诗”。

均为针对“意境”的发掘、塑造和表达而言（而非“实体”）。就表现方式来说，“寻胜”与“营建”贵在成画，“人文”贵在成诗，诗中有画，画中有诗，相映成趣，最终将意境推向更高的美学表达。

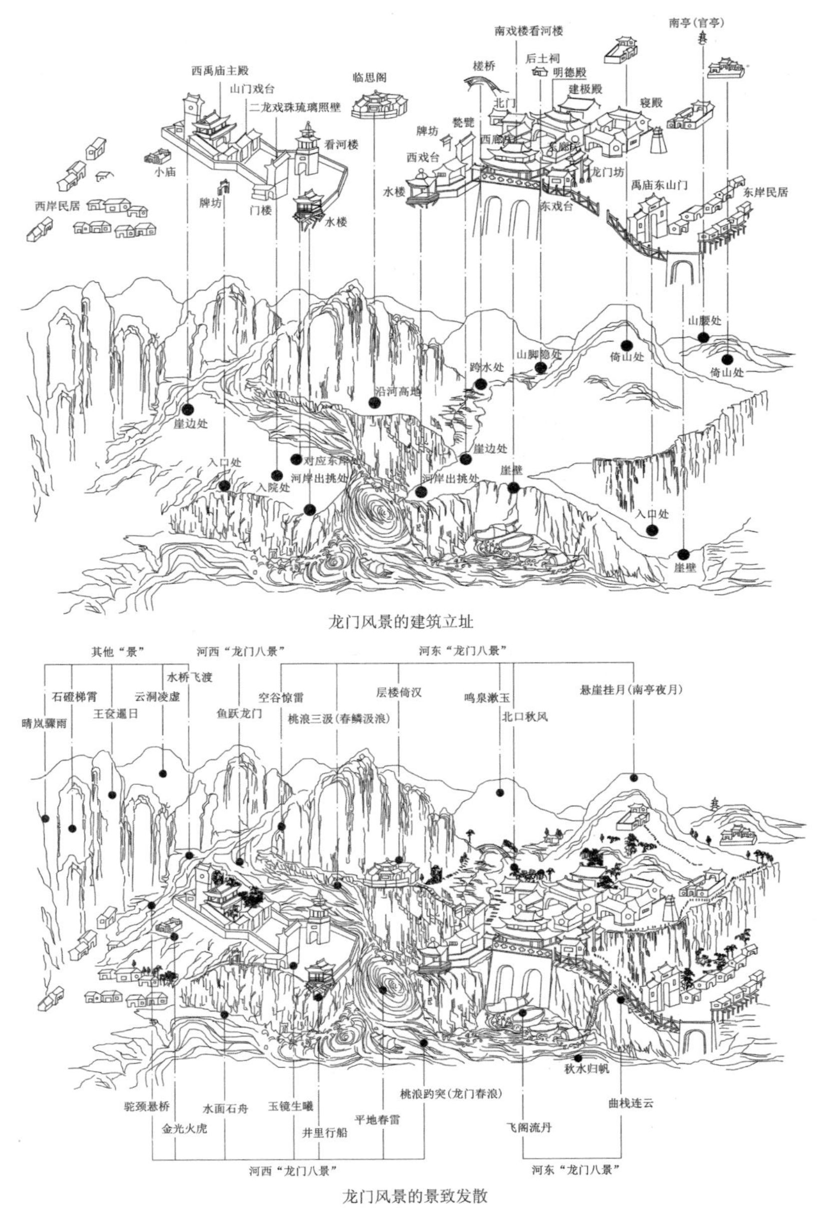

图 3-15　龙门禹庙风景营造
（图片来源：作者绘制）

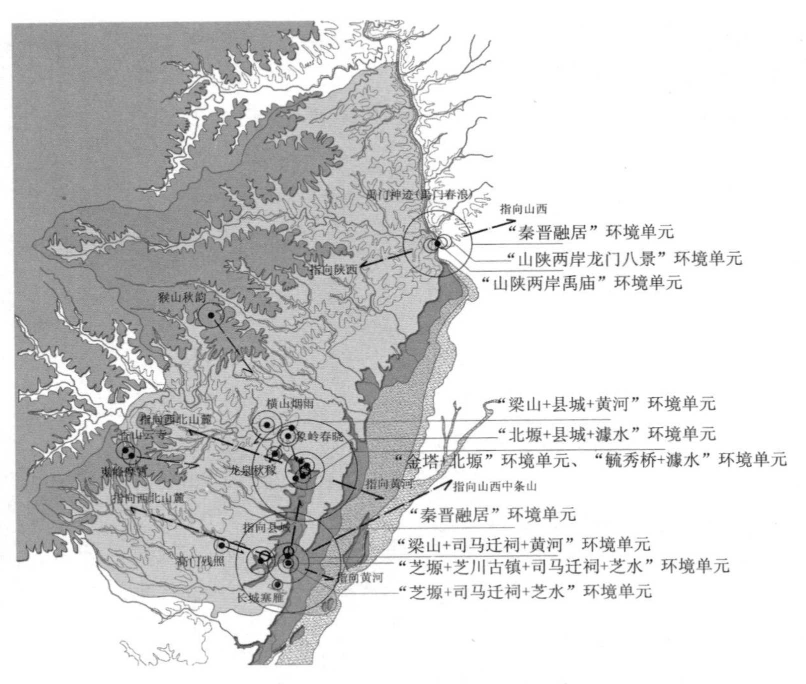

图 3-16 “八景”的视线关系和层级特征
（图片来源：作者绘制）

八景环境单元构成与层级 表 3–5

八景	层级一	层级间联系	层级二	层级间联系	层级三
禹门春浪	龙门山、禹庙、黄河	核心发散模式	“龙门八景”	在设计上的对应、对比	山西、陕西“秦晋融居”
园觉晨钟	北塬、金塔、钟	关键组成部分	古县城人居环境单元		
龙泉秋稼	龙泉、亭	类似的山水单元范式	濡水、龙泉寺	关键组成部分	象山、狮山、龙泉寺、濡水
濡水朝宗	濡水、毓秀桥、濡阳楼、	关键组成部分	古县城人居环境单元		
狮山象岭	象山岭、亭	关键组成部分	象山、狮山、濡水川谷	视线图景	象山、狮山、濡水川谷、城
横山仙观	横山山岭、道观建筑	视线图景	横山、道观、山谷、对山		
太史高坟	芝塬、司马迁祠墓、芝水	类似的山水单元范式	梁山、司马迁祠墓、黄河	视线图景、人文意象	山西中条山“秦晋融居”
少梁堤柳	西塬、古少梁城、芝水	类似的山水单元范式	梁山、古少梁城、黄河		

资料来源：作者根据资料整理绘制。

综述，“八景”并不仅仅是中国古代文人基于人文创造的孤立存在的“文化景观”，而是在全局视野下针对特定区域，以聚居为核心向外拓展，统筹自然、文化和人居支撑的风景体系的规划设计（图 3-17）。从某种意义上说，“八景”是地域人居环境的整体性控制、关键性选择、凝聚性创造以及乡土精神的代言。

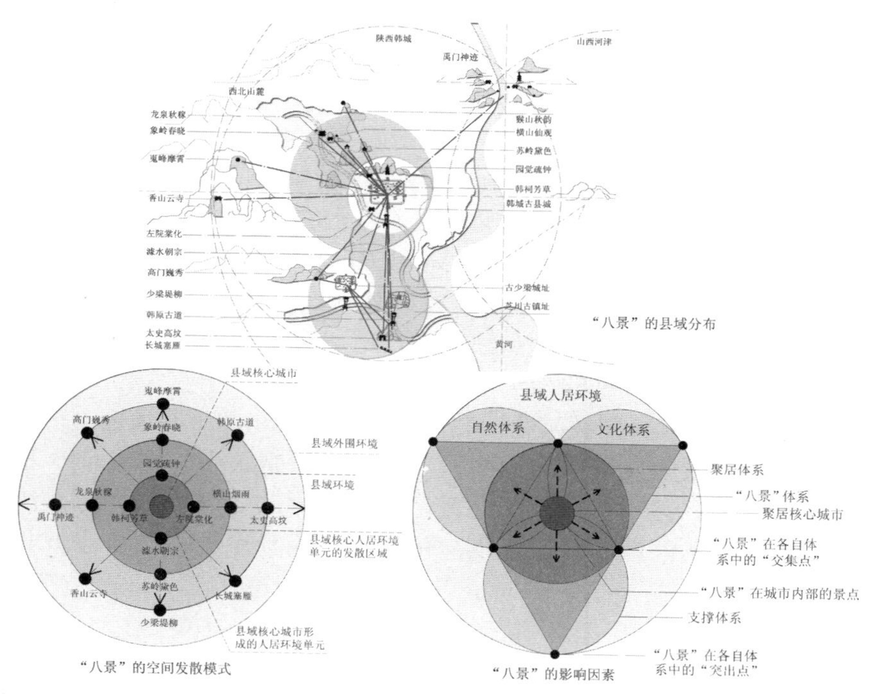

图 3-17 “八景”与县域人居环境关系
（图片来源：作者绘制）

3.5 人居支撑网络

3.5.1 交通

交通是联系县域居民通行、军事、运输等多项功能的纽带和基础。韩城所处的地理位置决定了其不同层面的交通枢纽性和便捷性。

第一，就水路交通来说，境内黄河水运是韩城在区域视野下贯通南北、联系东西的重要途径和枢纽。沿河北上，可直达陕北榆林地区；南下则串联起合阳、朝邑、同州、潼关、华阴等众多沿岸城池；越河而东又直抵山西。基于黄河的依托，水陆交通主要倚靠沿河设置的渡口得以实现，进而承担起人口流动、物资运输、抵御军事侵袭、商贸往来以及文化交流等多项功能。首先，北部龙门地区，自夏大禹治水以来，就成为了华北进入西北的第一隘口，亦是韩城东走山西河津的通道。魏晋南北朝、隋唐、金以及民国时期，龙门皆为重要的军事渡口。在稳定阶段，龙门渡又是黄河中游著名的物资交流中转站和码头。据载："民国十八年（1929年），输出各种货物29种，其中煤炭为41047吨，停泊船只常达四五百，商贸繁荣，水运发达，盛况空前。"[1]其次，县南芝川地区亦有重要沿河渡口——芝川渡（夏阳渡、少梁渡），该处直抵山西万荣县，是先秦时期，中原诸侯征战的关键地段，也是秦、汉、元、明、清，直至民国近代时期的重要军事渡口。此外，芝川渡还是秦汉历代皇室自长安赴山西祭祀后土的必经中转之地，附近修有皇家停驻的行宫——夏阳挟荔宫。芝川渡因水域旷阔且水流平缓，成为促进山、陕两岸政治和民间交流的重要联系纽带。另外，韩城境内除了上述提到的两大沿河渡口外，还有若干小型渡口，如昝村渡、渔村渡、谢村渡等，它们皆为抵达河东山西的通道。

第二，就区域陆路交通来看，韩城首先是关中东部通往陕北的必经之地。在明代，榆林地区是重兵驻守的防御要地，韩城位于通往榆林的陕西东路军需供应饷道上，而县域内部薛峰乡屯儿村是抵达陕北的要道。同时，韩城至以西的洛川和以北的宜川，均要翻越境内山麓，至洛川必经神道岭，至宜川则有两条山路可通。其次，韩城又是南走合阳至华阴，沿渭河直至关中长安的重要枢纽，而县南芝川附近的司马坡则是通往省府的必经要道。综上，韩城在区域视野下的陆路交通主要联系北部、西北部的延安、榆林地区以及南部、西南部的关中地区，这些通道落实着韩城与周边地区在人口流动、物资运输、抵御军事侵袭、商贸往来以及文化交流等方面的重要作用。

第三，立足于韩城县域内部的交通设置，川原地区开阔平坦，交通便捷，山区则崎岖难行。县域主道路一般沿主要河流方向设置，其中，自今老城区到芝川口附近的二十里澽水川道，不仅是县域聚居的重心，也是交通最为发达的地段。而在该范围内，县南芝川附近是先秦早期战争环境下的区域交通中心，而秦汉以后，新

---

[1] 韩城市委员会，文史资料委员会. 韩城古城［C］. 内部发行，2004.

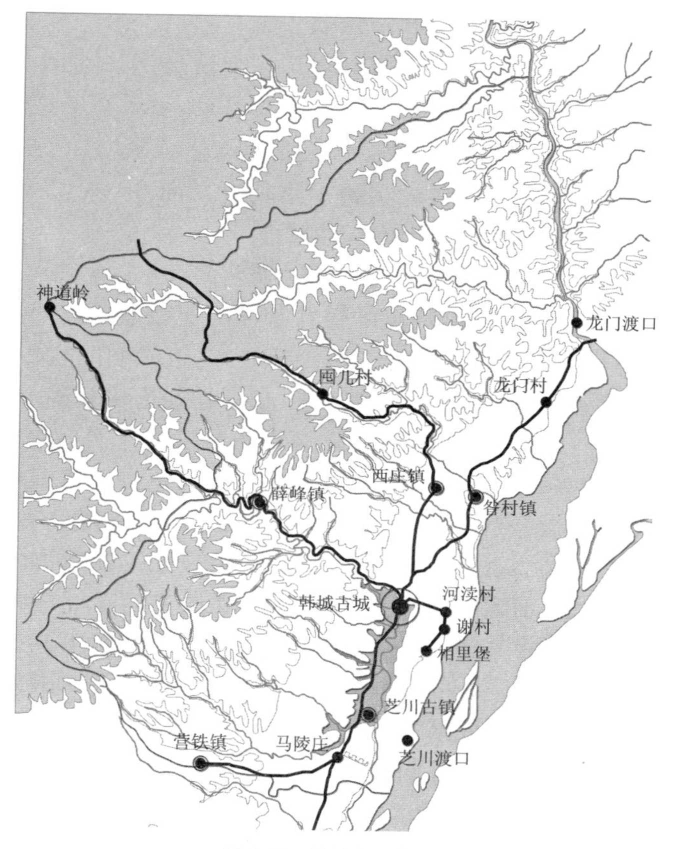

图 3-18 县域交通体系
（图片来源：作者绘制）

县城址则是县域交通网络的核心控制点。以此为发端，经大路通往境内各乡镇和大型村庄，其距离皆基本控制在步行一天以内即可到达的范围内。自县城北达西庄；东北至昝村镇，进而沿黄河至龙门；东南至谢村、相里堡，直达黄河岸边；南行八里到白公铺，再八里为芝川镇，后西行自论功村达营铁镇，皆设有大路。此外的交通设置则为山路和小道。在这样的交通体系中（图 3-18），县城是一级核心，它的位置和变迁直接关系到县域路网的整体均衡控制以及县内其他聚落的交通组织状况。自县城经大路通往的镇，则是交通体系中的二级核心，它们或者处于县域交通要道，或者实施更低层级的交通分流。如芝川镇和西庄镇就是韩城南北陆路交通的必经之地，也因此成为韩城县域南北两个重要的商贸中心和物资集散中心。此外，还有一些据点（镇、关、寨、堡等）则是基于军事考量而设置在交通要道的自然形胜险处，也应归属到路网体系的二级核心中。在一级核心和二级核心控制的交通体系中，韩城内部的道路组织延伸扩展至县域境内的所有村落。在设置道路的同时，县域还存有邮驿、铺递。它们一般位于县内交通体系的核心控制点上，完成实施军事驻守、命令传达、邮政物资寄存以及人员短暂停留休憩等多项功能。

第四，由于县域城、镇、村等聚居类型多近水，毗邻河道，“桥”成为韩城人居建设中跨越河流的极其普遍的交通设置。如县城南邻澽水，在清代跨河设有毓秀桥（澽阳桥），是进入南门的必经通道；芝川镇毗邻芝水，在明代修有芝秀桥，是进入芝川城南门的通道，也通往司马迁祠，更是韩城南北陆路交通要道，与司马坡相连，成为南走长安的必经之地。此外，凡各村镇，跨水则多修有桥。修桥补路多为民间自发行为，由文人、士人和富商带头出资，百姓兴建。

总之，韩城通达的交通依属于其所处的过渡性地理位置，黄河是贯穿南北和东西的媒介，沿河渡口则是实施交通联系的重要站点。就区域陆路交通来说，韩城又北达陕北，南走长安。这样一来，在宏观视野下，就奠定了河西韩城与其北部、南部以及河东三个方向上的区域过渡和枢纽，这是韩城在政治、军事、经济、文化等诸多方面表现出多元性和综合性特点的内因之一。县域内部的交通体系则主要受到自然地貌环境的影响，通过宏观的黄河流域层面来把控县域内部层面的交通流线和关键位置，利用核心县城、镇等关键聚落的均衡控制，实施军事、运输、人口流动、商贸往来等多方面的功能。

3.5.2 防御

《孙子兵法·始计·第一》载：“兵者，国之大事，死生之地，存亡之道，不可不察也。”韩城自古是“变乱通道，兵家必争”之地，军事战略意义明显，以防御功能为主导的人居建设成为统治者和地方居民的重要任务，并且是以渗透在县域人居环境整体和不同层面内部的体系形式得以呈现的（图 3-19）。

第一，河西边地韩城本身就是区域视野下东西向和南北向上的防御重心和边陲重地。每每面临军事侵袭，其镇守意义便凸显出来。统治者必然首先提升韩城地位，加强县域的整体防范功能。要么迁州治于此，要么改县为州，统领周边合阳等地。

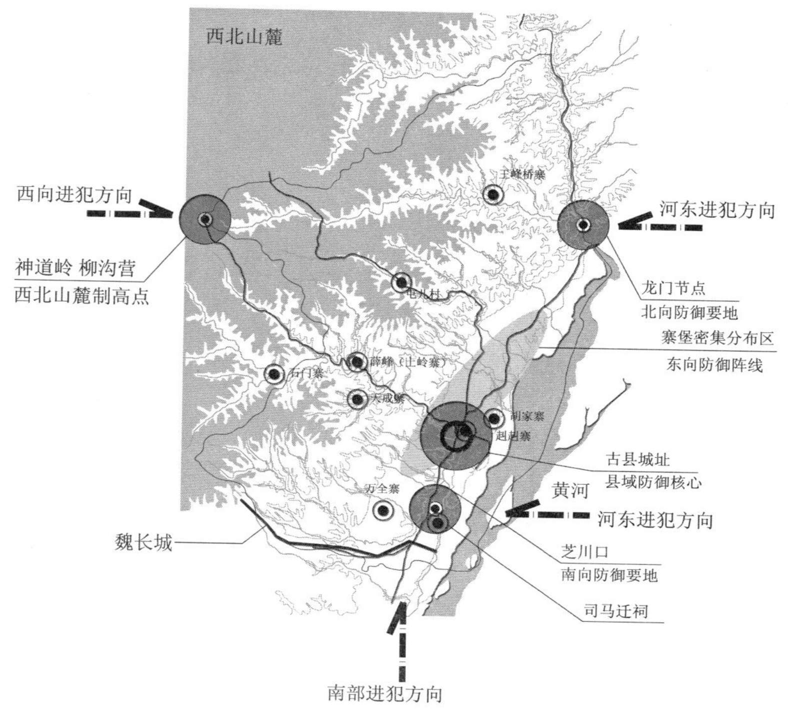

图 3-19　县域防御体系
（图片来源：作者绘制）

第二，黄河是韩城抵御来自河东进犯的首要天险，西北山麓则是抵御西面和北面侵扰的屏障，韩城本身的防御性正是倚靠这两大自然因素得以实现的。但另一方面，韩城以南却无自然之险可依，于是魏长城等人工防御建设便由此展开。

第三，为了控制黄河与西北山麓，必然加强对于其重点地段和交通要道的守卫。韩城北面扼守黄河的龙门地区，为华北进入西北的第一隘口，在政治、经济、军事上都有着非常重要的战略地位，历来为兵家必争之地。县南少梁地区（今芝川镇东附近）亦是东西晋陕穿越黄河的重要渡口，先秦时期一度成为中原内战的中心，芝川附近的司马坡还是通往西安的必经要道。清嘉庆《韩城县志》“星野志”载：“续志云：雍秦西薄玉关，东临蒲坂，延袤远矣。以际一邑真不啻弹丸黑子者。然然少梁龙门实据山河之要，危秦扼晋，古惟奥区。”[1] 除了控制黄河的龙门与少梁，韩城在西北

[1] 清嘉庆《韩城县志》卷首“星野志”。

山麓中距县城西 60km 的神道岭处设有另一个重要的关隘，分防韩城、宜川、洛川、合阳四县，是控制韩城西面的重要据点。这三处军事要地不仅立足于韩城本身的防御，更是区域整体视野下的扼守咽喉。

第四，在军事战争的动荡背景下，防御功能甚至成为聚落设置的先导因素。韩城境内的险要扼守之处和交通要道（包括上述提到的三处关隘），不仅设有兵防，更是聚落存在的内因。其中，“县城治所”是核心，它的位置和变迁直接关乎来犯敌人的方向和全局整体的防御重心。其他聚落则在外围林立，构成防御阵线，对县城起着拱卫作用。韩城所有防御聚落皆处于战略要地、交通要塞和山水形胜之险处，一处不守，便会牵一发而动全身，严重威胁县域整体的安全。因此，必然形成以“县城”为核心，包括区域防卫据点和县域内部防御据点的一套完善的守卫体系。当然，这种防御体系是动态发展的，随着战争环境的变化，在自然、文化、社会等因素的影响下，韩城核心县城的位置发生变迁，一些聚落的防御性质稳固下来，在形成新的防御聚落的同时，部分则变迁或消亡，多数在长期的发展演进过程中，逐渐添加新的功能，形成综合性的聚居生存意义下的镇和村。

第五，在县域防卫体系的基础上，韩城还存在有基于聚落本体的防御设置。“城”是县域核心聚落，守卫意义重大。一方面依靠自然形胜之险，另一方面则注重城防建设，它是保障县域核心聚落的人工手段，是抵御、阻击敌人和承载自身军事力量的实体。与此同时，芝川镇亦建有城池。就韩城村落防御来说，当其位居开阔平坦地段，无险可依，且本身望族规模较大，偶会修筑村防城墙，但极其少见。多数情况下，则在村址以外，就近另行选择险要之处，修建村防寨堡，在兵匪侵扰之时，屯储粮食财物，保障生命安全（图 3-20）。“寨堡建设”与“村寨分离”在黄河流域秦晋两岸乡里村落中偶见，但并不普遍。而韩城几乎村村建寨，寨、堡、屯等名词本为军事设置，后成为村邑的代名词，足见军事动荡对于韩城的深远影响。

第六，韩城作为河西主战场，必然是重要的军事驻地。在县域防卫体系中，各个重要据点都设有守军和军事机构。其中，尤以核心县城为重。金时县城内各坊为守城者屯兵处所，元时城内设有五营，为元兵驻守处所，皆位于关键部位。东、西、南、北四营位于四城门附近，中营位于县署附近。明清时期，城内修有五座望楼，城四角各一，居中为将军楼。此外，明代城西南邻澽水，设有教场和演武场，清代迁至城东，是军队和平民进行操练的场所。

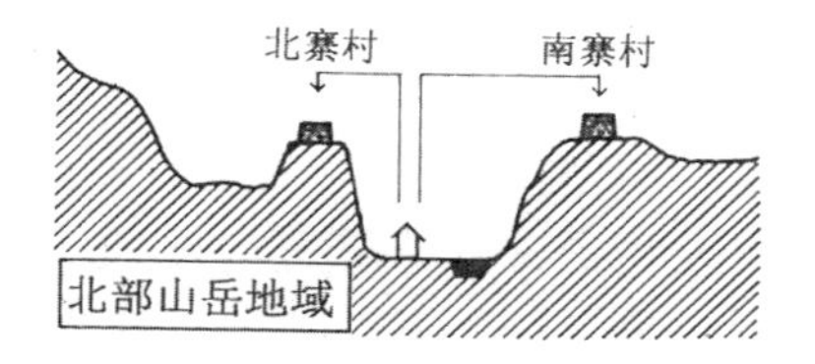

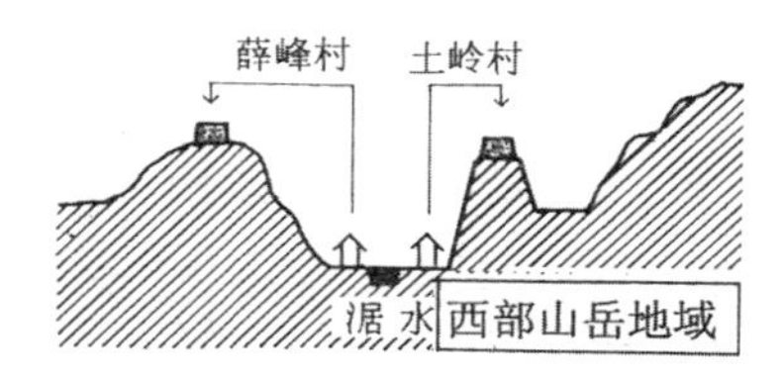

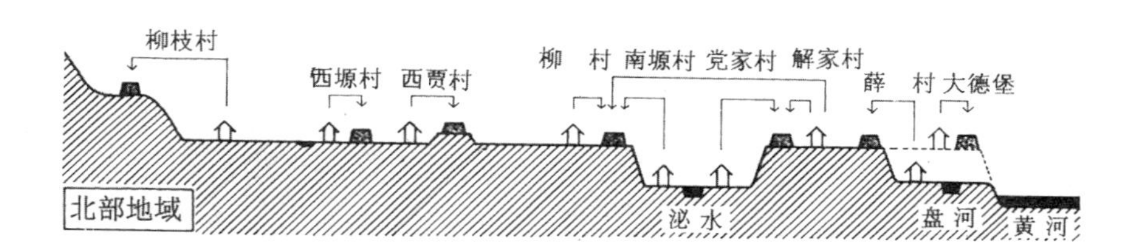

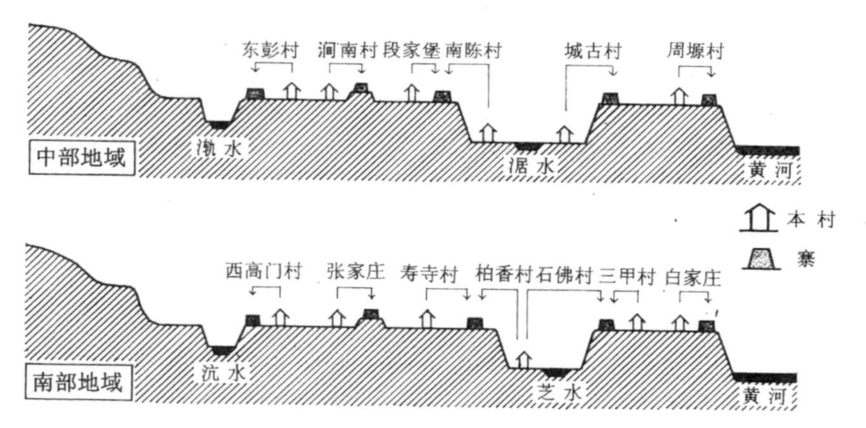

图 3-20　村落寨堡分布
（图片来源：周若祁．韩城村寨与党家村民居［M］．西安：陕西科学技术出版社，1999）

总之，军事防御是韩城县域人居建设的重要内容，韩城所处的自然环境与地理位置既决定了其本身的战略意义，又成为了其防御建设的依托。境内黄河、西北山麓与长城是区域视野下天然和人工的防御基础，三大关隘则是在区域视野下的自然之险和交通要道的控制，为加强这种控制，县域所有“关键地段”皆设置军事性质聚落，进而形成以县城为核心，外围林立关、镇、寨、堡等其他据点的防御阵线和拱卫体系。不仅如此，城、镇、村等聚落内部亦有其完善的从自然到人工的防御建设和军事设置。当然，不同的历史时期、不同的战争环境和外敌来犯方向，决定了县域不同的军事防御重心。但总体来说，基于韩城的边地性质，战略和防御考虑不仅自成体系，更渗透在人居建设的每个层面和环节中。

3.5.3 水利、给水排水与防洪

水是人类聚居生存的第一需求，这种需求在早期完全依托于对自然的选择，在有限受益于水利的同时，人类还必须承受自然水患的威胁。随着社会的发展，基于自然的选择逐步走向基于自然的改造，“治水”开始成为传统中国人居环境建设的一大重点。

1. 水利建设

韩城水利建设起源较早。秦汉时期，董翳引盘水，陈平引黄河水，灌溉邻近田地，成为韩城引水灌田的首例；隋唐以来，西韩州治中云德臣，率百姓自龙门修渠引黄河水灌田，被正式载入史册；明朝洪武年间至清朝康熙四十二年，韩城先后修渠69条，引澽水、芝水、潦水、汶水、涧水、盘水等灌田万余亩。仅明代县令马攀龙就修渠51条，灌田近万亩。此外，张士佩亦开挖“陶渠”，引芝水灌田。韩城聚居重心在县域东南沿黄河的川原地区，基于黄河与澽水的治理最为频繁。“韩之山川人物能甲于关中者，惟此川（澽水川道）富殖之利甚多，富殖之利惟此川之水是赖。”[1]“引水灌田”主要靠修堰和开凿水渠。明代县令马攀龙治澽水以来，自县城西5里土门口而下，沿河“堤为五堰”，再导渠分流，进而大幅度保障了两岸农耕田地的用水需求。自此，“所住居民种稻树果，利用甚饶今，昔人以韩城为小江南是也”。与此同时，亦形成了优美的景观环境。“……于岭南青龙阁，俯瞰渠堰，分流如带，畦苗蓊郁，远达河滨，诚韩邑之奇观也。薄暮言旋，阁径崎岖，公眺河北柿园有茂荫可备游憩……山川耸结，林木丛密，芳馨映带，不亚兰亭。今灏气澄空，清风漾波，激水泛觞，形神萧洒，亦一时胜会也……”[2]水利建设不仅是引水灌田，保证农耕田地的生产，更有利于环境的改善。另一方面，历朝历代凡带领百姓治水修渠的重要人物，皆“立亭”、“树碑”，“精神不没，风流宛在，宜韩

[1] 王翰《修土门口头堰记》，引自清嘉庆《韩城县志》卷十“艺文”。
[2] 薛亨《省溉效禊二亭记》，引自清嘉庆《韩城县志》卷十“艺文”。

之人不能忘也”。

韩城历史城市中挖有城壕，不仅是防御的需求，也有灌溉的需求。《韩城县续志》载：“明嘉靖三十五至三十六年，韩城有土门口二堰渠堰，自上门右龙潭起径上门薛曲，带城北之半，东至北关西观音堂入城濠，绕西关而南东出庙后村共灌田 900 亩。”❶又载：“光绪二十二年间知县侯鸣坷修缮城垣并四城楼，又浚城池改水道，由西关文昌楼出。堪典家谓之反弓，连年棉花不登，后恢复故道，绕西南城，由庙后村出，年谷始如常顺成。”❷由此可知，韩城护城河水所流经之地，只有城壕的一半，即由北关流入，经西关至南关东，再从庙后村出（图 3-21）。限于历史资料有限，具体情况已不可考。

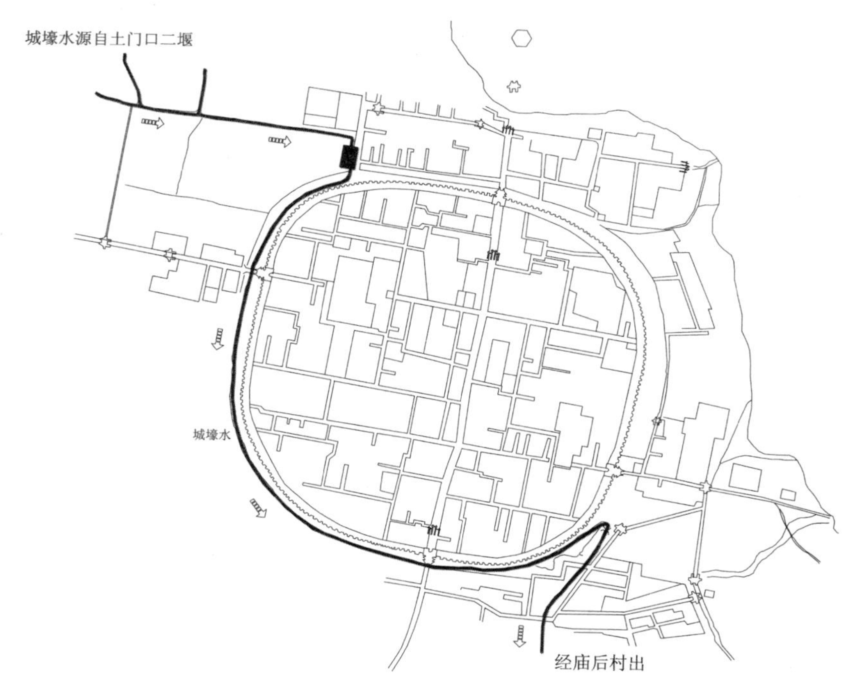

图 3-21　韩城古城城壕用水走向
（图片来源：作者绘制）

2．给水排水

韩城地区的取水多靠凿井。城、镇、村中多有井房，并祭水

❶ 清康熙《韩城县续志》卷三“水利 · 濾水”。
❷ 民国《韩城县续志》卷末“纪事”。

神龙王。凿井取水也是黄河沿岸历史聚落供水的主要途径。此外，也有借河引水的方式。据现有资料来看，韩城地区的排水处理并不十分考究。一般雨水从宅、院中汇集到巷道，然后汇集到主干道，最终通过城门排出，或者流入村落的潦池中（图 3-22）。潦池收集雨水，不能饮用，但可以满足洗涤等平日的生活用水需求。

图 3-22　党家村上寨潦池
（图片来源：作者拍摄）

3．防洪

韩城地区有关治水的记载，多与黄河有关。由于靠近黄河，防洪自然是县域人居建设中十分重要的事情。自夏起，北部龙门地区便以“大禹治黄河水”首开人居建设之先河，并奠定了地域文化的源起。传说“禹凿龙门”的故事发生在韩城与河津交会处的龙门。《水经注》载：“龙门为禹开凿，广八十步，岩际镌迹尚存。”又据《吕氏春秋》《淮南子》记：“昔日大禹，北劈龙门而终事梁山。”[1]龙门因此又称“禹门”。为纪念大禹，秦、晋两岸分别在东、西龙门山建造大禹庙，隔河相望。大禹治水后，韩城历代持续进行黄河防洪建设。至明清，鉴于黄河泛滥严重，刘荫枢与师彦公先后完善了龙门处的河水治理。

“治理水患”的关键在于聚落的选址，同时防洪建设多以疏导为主，并加筑堤岸。基于黄河本身的特点，所谓“三十年河东、三十年河西”。由于泥沙大，沉积多，对聚落的侵蚀和破坏严重，因此，韩城地区的沿河聚落，最重要的就是解决黄河的侧蚀和淤

[1] 王树声．黄河晋陕沿岸历史城市人居环境营造研究 [M]．北京：中国建筑工业出版社，2009：154．

积问题。此外，鉴于黄河的严重威胁，黄河沿岸历史聚落形成了特有的“祭河”文化与“镇河”文化。韩城地区常常在滨河沿岸建有河渎庙。由于大禹治水的传说，韩城亦多见禹庙，大禹成为治水之神，民众祭祀禹庙以此获得庇佑。所谓“镇河”，是指利用道教“五行生克”的观念，来实施对黄河泛滥的抑制，多用铁牛来镇河。据传，原芝川老城被淹没以前，在河畔即有铁牛。

小结：本章以自然、聚居、文化、风景、人居支撑等五个方面为切入点，来探讨韩城县域整体环境的人居格局。首先，基于韩城的地理位置和地貌特征，形成了“两山对峙、黄河于中”，“黄河＋梁山”，“二塬夹置”，“俯河近河”等多种较为典型的自然格局。这些山水空间是韩城长久发展过程中，决定其军事性、防御性、交通枢纽性、文化多元性、黄河两岸的交流性以及聚居结构特征等内容的深层内因。本土营造，正是首先发掘出这些具有典型意义的典型空间，而后将人居功能与其结合起来，形成一种有所依存的人居设计和人居建设。其次，县域聚落呈现出向心凝结的整体结构，其根本在于本土文化内部自有其向心凝结的精神潜力所在。本土营造，并不急于对聚落本体进行塑造，而是首先根据不同聚落类型的性质和职能，将其架构在一个关键的、合适的“位置”上，通过这一“位置”的自然属性，极大程度地决定和满足聚落的需求。随后的聚落建设都是紧紧围绕这个“位置”的特征，契合这个“位置”的属性，依存于特定的地域环境来展开的。聚落向心凝结的精神结构正是通过这些特定位置形成的环境结构来落实的。再次，韩城具有显著的文化多元特征。文化内部自有其“包容吸收”和“坚守固持”两线并行的强大能力，进而奠定了韩城地域的精神文脉。其根本在于本土文化观和价值观的深度、高度和发展意义。另外，县域风景并不是孤立存在的“文化景观”，而是在全局视野下，以聚居为核心向外拓展，统筹自然、文化和人居支撑的整体的规划设计。从某种意义上说，“八景”是地域人居环境的整体性控制、关键性选择、凝聚性创造以及乡土精神的代言。“八景”既有先天存在基础，又须经过人的发现、提炼和创造，表现出“寻胜”“立意”“营建”“登临”“体境”“再创造”“文学表达”等持续设计历程。最后，就韩城县域的交通、防御、水利、给水排水、防洪等人居支撑内容，进行了详细探讨。

由此提出，本土营造的智慧，就在于以自然与文化为基础，首先发掘出关于“自然”的“环境结构”和关于“人”的“文化结构”，并将二者结合起来，建立一种主观与客观相统一的秩序逻辑，集科学性、文化性、艺术性于一体，形成一个有因果、有依存，完善全面的，却又不乏诗意的人居环境有机整体。

4　韩城聚落类型与营造模式

宏观层面下，县域人居环境营造的核心内容是“聚居”。“聚居”是人类生存的本能，“聚落”则是人类聚居需求下的更低层面的自然、人、社会、居住、支撑以及风景组构形成的人居环境单元。受到自然、社会、文化等多方面因素的影响，聚落的形成和发展表现出不同形式，进而形成了不同的聚居类型，其相互之间又依存于某种内在关系，共同构建韩城县域聚居体系。从规划设计的角度来说：首先，不同的聚落类型反映出不同的营造方式和特征。其次，不同类型的聚落营造，相互影响，相互补充。最后，基于共同的文化价值观，县域聚落呈现出“相通相融”的设计智慧和营造模式。

4.1　聚落类型

4.1.1　聚落类型的划分目的和角度

无论是从动态的历史进程看，还是从相对静止的“历史断面”看，聚落的形成和发展都是极其复杂的，进而表现出多样性特征。从不同的角度出发，就会形成不同的聚落类型。唯有通过相对客观和综合的划分方式，才能找寻到关乎韩城县域聚居格局的“典型”聚落，进而更深层次地认识不同聚落的营造机理、特征和典型意义，并且发现串联不同聚落的规划设计线索和营造模式。

1. 聚落的自然环境类型

从聚落所在的自然环境出发，大致可分为川谷聚落、塬地聚落、近河聚落、山地聚落、丘陵聚落五类。

（1）川谷聚落：川谷聚落多位于河谷川道之中，表现出内聚性特点。澽水、芝水、盘水、泌水等水系的长期侵蚀，与河谷地壳的缓慢升降相互作用，进而形成了“中间低陷，两边高起”的地貌空间特征。川谷聚落又分为两类：一类位于较大水系冲击形成的“川地”中，如瀁水与芝水流域的下游河谷川地，俗称“二十里川”。这一地区开阔平坦，土质肥沃，便于农耕灌溉，聚居条件优越，聚落较为密集。另一类则“窝聚”在较小水系冲击形成的狭长沟谷之中，俗称“屹崂”。

川谷聚落与其所依托的水系形成了“近水”和“滨水”的关系，同时，又往往邻近或者倚靠一边高地，形成了“据塬”和“倚塬”的关系。川谷聚落与自然山水相互交叉，就形成了“据塬近水”“据塬滨水”“倚塬近水”“倚塬滨水”四种类型（图 4-1）。

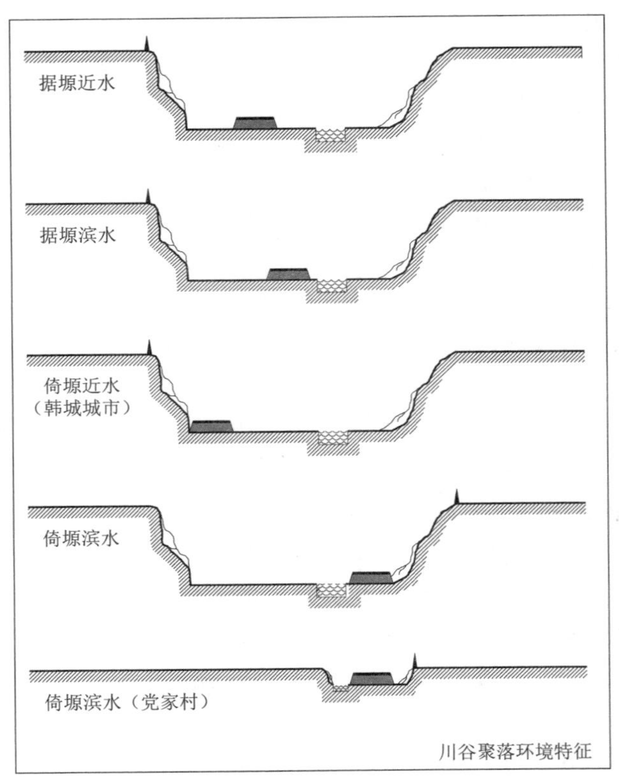

图 4-1　川谷聚落环境特征
（图片来源：作者绘制）

其中，“据塬近水”是指聚落位于水域和邻近一边山塬中间，但与水域、邻近山塬均有一段隙地。这类聚落形态较为规整，并通过视线、轴线等方式建构与自然环境的契合关系。“据塬滨水”是指聚落濒临水域，与河水的形态关联较为紧密，同时保持与山塬邻近的空间关系和视线、轴线关系。“倚塬近水”是指聚落倚靠一边山塬，和水域保持邻近距离。这类聚落数目较多，往往利用倚靠山塬的制高点，设计塔、庙等标志性建筑。韩城城市即是该类聚落的典型。“倚塬滨水”是指聚落在倚靠山塬的同时，又濒临水域，进而形成了山、水和聚落在外在形态上的整体关联。沟谷聚落多为“倚塬滨水”的形式，较为典型的则有西庄镇党家村。

（2）塬地聚落：塬地聚落多位于河谷川道两边，开阔平坦的黄土台塬之上，具有居高远望的形势特征。澽水、澇水、芝水将县域东南平整的台地划分成为四个较大塬区，由北至南依次是：苏东塬、英山塬、高门塬、马陵庄塬（芝塬）。其中，以澽水河谷为基准线，东部的苏东塬近邻黄河，沿河纵向延伸。西部的其他塬区则与山地丘陵接壤。

原地聚落处于平整台塬之上，形成了“冠塬”的关系，同时和环境中的水域形成了“俯水”“近水”“滨水”“望河”四种关系，进而最终确立了“冠塬俯水”“冠塬近水”“冠塬滨水”“冠塬望河”四种形势类型（图 4-2）。其中，“冠塬俯水”是指聚落处于河谷川道两边，垂直距离达 30m 的高台上，俯瞰川中河流。这类聚落多处于以河谷川道为轴心的塬区边地，并沿边设置标志建筑，防御性较强，也因此形成了颇具特色的高台边地景观。“冠塬近水”和“冠塬滨水”是指塬区聚落和塬上河流保持近邻、滨靠的空间关系。这类聚落往往规模较大，形态也较为规整，西面遥望山麓，近水和滨水空间是营造重点。“冠塬近水”聚落以西庄镇为典型。“冠

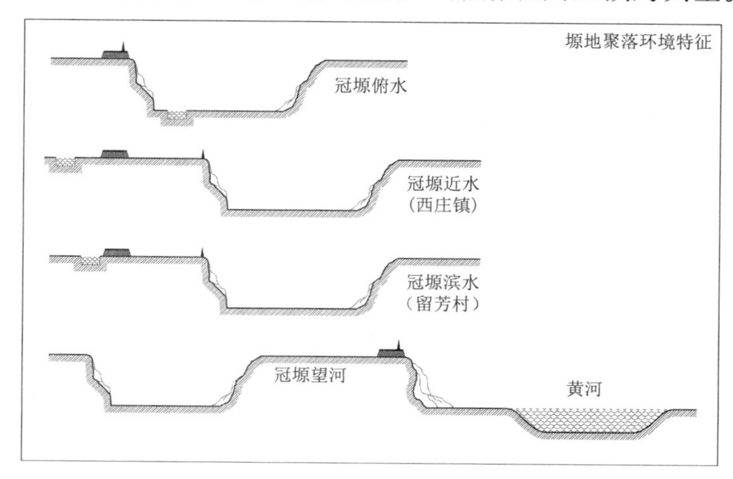

图 4-2　塬地聚落环境特征
（图片来源：作者绘制）

塬滨水”聚落则以苏东乡留芳村最为典型。“冠塬望河”是指聚落处在黄河沿岸，南北纵线的高台边地上。例如苏东塬东部，这一区域是东望黄河的绝佳位置，黄土高台地貌又使其成为黄河东向防御的主阵线。因此，聚落营造多沿边设置标志建筑，同时表现出强烈的防御特征，更形成了蔚为壮观的黄河沿岸纵深景观。

（3）近河聚落：近河聚落多位于黄河中下游沿岸南北一线的滩涂之地，与黄河的关系最为紧密。一方面，由于地势较低，受到河流摆动、河水侵蚀、洪汛危害的影响较大，聚落数量相对较少。另一方面，又承载着黄河东向交通、防御等重要的人居功能，进而形成了渡河聚落、防御聚落等不同的近河聚落类型。

由于靠近黄河，聚落与河水的关系为“近河”“滨河”。黄河滩涂以西为高起的黄土台塬，聚落与山塬的关系为“倚塬”“据塬”。结合聚落与河、塬的关系，就形成了“据塬近河”“据塬滨河”“倚塬近河”“倚塬滨河”四种形势类型（图 4-3）。其中，“据塬近河”是指聚落位于黄河与黄土台塬中间，但与黄河、山塬间均有一段隙地。这类聚落往往较为规整。邻近山塬的“特殊”位置、标志性风景以及黄河沿岸的形态都直接影响着聚落的定位和布局。昝村镇即是该类聚落的典型。“据塬滨河”是指聚落濒临黄河而建，

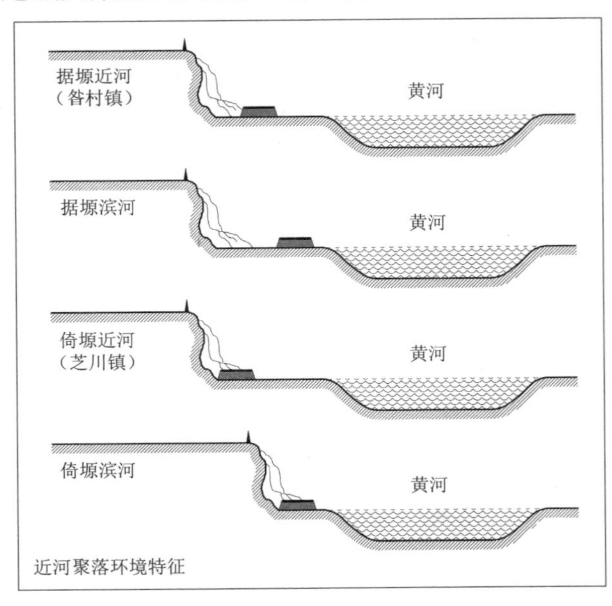

图 4-3　近河聚落环境特征
（图片来源：作者绘制）

同时邻近山塬。受到黄河水患的威胁，这类聚落数量较少，常常是为了满足黄河心滩、边滩的耕种而设置的。“倚塬近河”是指聚落倚靠黄土台塬而建，同时邻近黄河。相对而言，这一类的近河聚落数量较多，并往往利用倚靠山塬的制高点设置标志性风景建筑。另外，“倚塬近河”的形势特征更有利于形成渡河聚落与防御聚落，如芝川镇、谢村、河渎村等。“倚塬滨河”是指聚落倚靠山塬、濒临黄河而建。这类聚落多为早期形成的村落，规模也较小，如梁带村、史带村等。

（4）丘陵聚落与山地聚落：随着明清时期县域人口的急剧膨胀，韩城西北部大面积的丘陵区和山地区逐渐形成了大量的丘陵聚落和山地聚落，它们数量较多，但多数规模不大，或分散或集中地“隐没”在山林之中。由于地势较高，部分丘陵聚落和山地聚落常常处于自然形胜之险处和交通关口要地，进而承载着重要的军事防御功能。

韩城西北山麓中的聚落与山体形成了“冠山”“倚山”“据山”三种关系，与河水形成了“俯水”“近水”“滨水”“望河”四种关系。理论上说，结合聚落与山水的关系，可形成12种形势类型。但在韩城地区只有7种，即“冠山俯水”“冠山望河”“倚山俯水”“倚山近水”“倚山滨水”“据山近水”“据山滨水”（图4-4）。

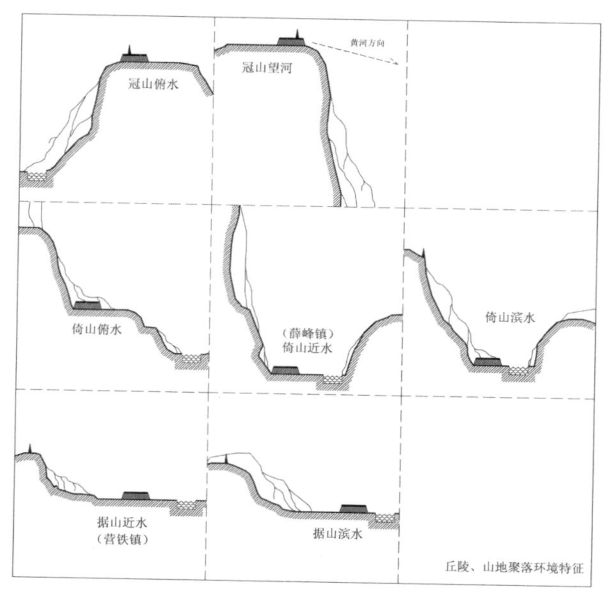

图4-4　丘陵山地聚落环境特征
（图片来源：作者绘制）

其中，“冠山俯水”是指聚落处于山体峦头，俯瞰沟谷中的水流。其多位于丘陵区，因身居高处，具有较强的标志意象，同时多建有标志建筑和风景建筑，表现出了特有的山林景观。“冠山望河”是指聚落处于山体峦头，遥望东向的黄河远景。由于黄河方向的视线未受阻隔，成为居高观河、望河的重要平台。“倚山俯水”是指聚落倚靠在山体中部的特定空间位置，俯瞰沟谷中的河流。聚落依山、面水而建，前部往往有较大的晒场，层叠、错落地嵌在山体中。当然，受制于有限的地形条件，这类聚落规模较小，形态也不规则。“倚山近水”和“倚山滨水”是指聚落倚靠在山基处，近邻或者滨靠河水。这类聚落数目较多，一般处在山体之间的沟谷附近。由于山麓中的交通流线常沿水域布置，一些处于特定位置的聚落就成为控制交通关口的军事据点，如薛峰镇、屯儿村、天成寨等都是韩城历史上著名的军事防御聚落。“据山近水”和“据山滨水”是指聚落与山体保持一段隙地，同时邻近或者滨靠水域。这类聚落多位于丘陵区，地势条件相对较好，聚落规模较大，形态也较为规整。

纵观韩城县域由西向东的横剖断面，依次经历了山地区、丘陵区、川谷区、台塬区和近河区，进而形成了不同的聚落类型（图4-5）。在山地聚落和丘陵聚落中，“倚山俯水”形式虽然规模不大，但数量较多，更构筑形成了韩城地区的“沿山”景观环境。“倚山近水”形式常常处在地势较低的自然形胜之“守”处，成为山地区域的交通和防御关口，同时也形成了“沿谷”景观环境。在川谷聚落中，“倚塬近水”形式较为普遍，由于其往往利用倚靠台塬的制高点设置标志性风景建筑，进而形成了韩城地区“沿台塬边地”的特有景观风貌；在塬地聚落中，“冠塬望河”形式最具特色，

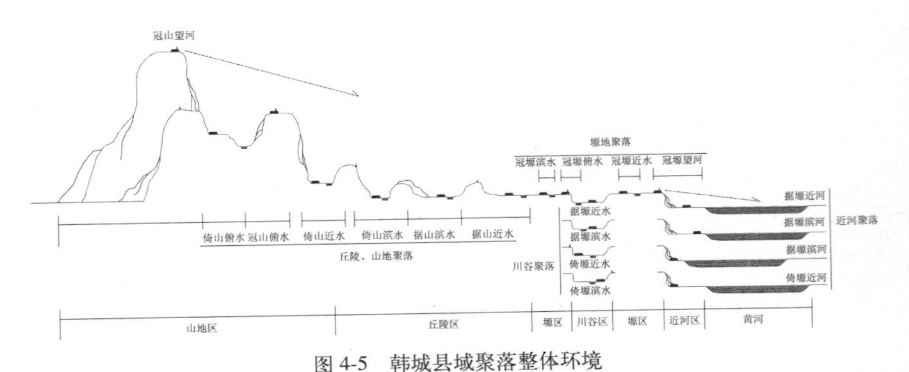

图 4-5　韩城县域聚落整体环境
（图片来源：作者绘制）

它们承担着黄河东向防御的功能，同时形成了“沿黄河高地”的南北一线纵深景观；在近河聚落中，“倚塬近河”形式较多，它们往往会成为黄河西岸东线防御的第一道屏障，同时还承担着交通渡口等重要作用。另外，这类聚落也常常利用倚靠台塬的制高点设置标志性风景建筑，进一步丰富着黄河沿岸的景观风貌。总之，上述聚落类型和形势特征具有较为突出的典型意义。

2. 聚落的形态类型

从聚落本身的形态看，大致可分为集中形式和分散形式。其中，集中形式又可分为规制型聚落和自然型聚落两类。受制于不同的自然环境特征、人口数量、耕地状况等因素的影响，自然型聚落又呈现出不同的类型。因此，韩城地区的聚落形态可具体细分为规制聚落、块状集落、条状集落、单线集落、分散聚落五类（图 4-6）。

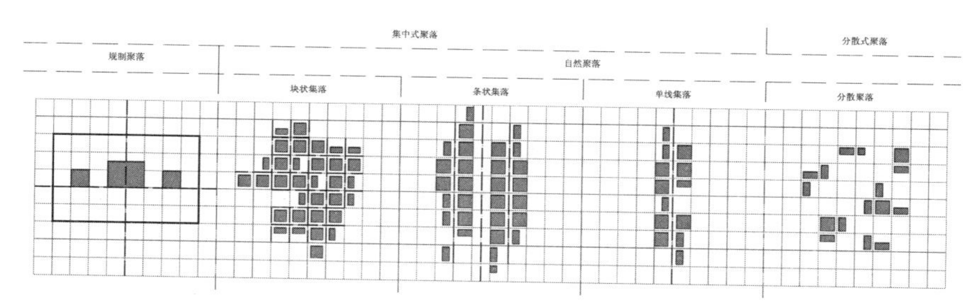

图 4-6　聚落的形态类型示意
（图片来源：作者绘制）

（1）规制聚落：规制聚落是相对于“自然型”聚落而言的。一般情况下，是出于政治、军事、商业等功能需要，由官方设置在特定位置，如韩城城池、芝川古镇、薛峰镇等。这类聚落规模较大，多位于交通枢纽地带以及自然形胜之“险”处、“守”处，并构筑有坚固的城墙、城门、城壕等防御体系。聚落形态较为规整，内部组织是以相对均衡的“模数网格”控制的。聚落的祭祀等精神功能呈现出“居中”“对称”“完整”等特点，并组构、形成了特有的制度性结构。更为重要的是，虽然规制聚落也是逐步发展的，但是其聚居规模和聚居构架却是一早形成的，并且可以使人明确感受到一种强烈的规格与制度特征。

（2）块状集落：块状集落是指聚居单元密集组构形成块状或团状的“自然型”聚落，例如郭庄、西原村、柳枝村等。这类聚落数目较多，规模较大，多位于川塬等地势平坦、开阔的区域。

块状集落并不是短期形成的，常常是伴随着宗族人口的增加不断积蓄和向外拓展，直至达到饱和。同时受到自然条件的制约，聚落的边界并不规整，但交通结构在纵横两个方向的发展比较均衡，因此聚落形态呈现出块状特征。在韩城地区，聚落的交通结构少有“十字形”，多为“丁字形”。

（3）条状集落：条状集落是指聚居单元密集组构形成条状或梭状的“自然型”聚落，例如党家村、西高门村、桥头村等。这类聚落多位于沟谷地区，受到自然地形和人口规模的制约，在纵向上发展较为充分，横向上则拓展不足，交通结构也以纵向为主导性，横向为辅助性，进而形成了长条状特征。条状集落也是在漫长的历史演进中逐步形成的，在不同的发展阶段内部，聚落多沿纵向拓展。但纵向发展至一定程度，在下一阶段则沿横向发展，直至受到地形制约，进而达到稳定状态。

（4）单线集落：单线集落是指聚居单元沿着一条交通道路，在其一侧或者两侧布置住宅院落，进而形成的“自然型”聚落，俗称“路村”，例如苏东乡马村、郭庄、南华池、北华池等。这类聚落多位于地形条件复杂的山地区和丘陵区，且本身规模较小，人口数量较少，通常是首先形成了交通道路，而后沿路建村。

（5）分散聚落：在山地区和丘陵区等复杂地段，受到山塬、水系、耕地等因素的空间制约，聚居单元往往三两成群，分散布置，难以形成整体性较强的集落关系，如王峰村、东泽村、槐西坡等。这类聚落多数是以耕种水稻或者经营山林业为生活生产来源，数目相对较少，规模也较小，本身的稳定性较弱，形成时间较短。

总体上看，韩城地区的聚落形态以“自然型”和“规制型”较为突出。自然型聚落是依托于持续的历史发展，逐步、自发“生长”形成的。起初，“几户人”就近而居，“若干个居住单元”相对靠近，就形成了一个原始的聚落。随着人口数量的增加，聚落不断向外积蓄拓展，规模不断扩大，并逐渐显现出较为明确的聚落结构。同时受到自然、社会等因素的影响，聚落发展达到饱和、稳定的状态，并且形成了线状、条状、块状等不同形态。但另一方面，“单线集落—条状集落—块状集落”在一定程度上也体现出了聚落逐步自然发展的演进关系。由此可见，自然型聚落是以民众聚居“阶段性”“自发性”的需求为导向，逐步“生长”起来的。当中虽然必定有规划设计的行为以及大规模的改、扩建活动，但聚落营造是在“一个阶段内”，为几代人的需要而实施的，并没有一个终极的聚居目标和蓝图，通过“不同阶段”串联起了自然型聚落的传承式发展，并最终达成相对稳定的状态。相比之下，规制聚落则在营造之初，就对聚落规模、尺度、人口数量、功能布局、用地状况等内容进行了通盘考虑和制度性设计，并且首先形成了聚落的整体构架和初步格局，而后在漫长的历史演进和发展变革中，逐步丰富、拓展和变化。鉴于此，自然型聚落展现出由下而上、由内而外的“自然式”发展轨迹，规制聚落则展现出由上而下、由外而内的“计划式”发展轨迹。

3. 聚落的性质类型和层级类型

尽管聚落的形成和发展以聚居生存为基本目的，但是受到政治、军事、社会等因素的影响，不同聚落表现出不同性质，并且处在县域聚居整体格局的不同层级，进而形成了不同的历史聚落类型，大致可分为城、镇、村三类（图 4-7）。

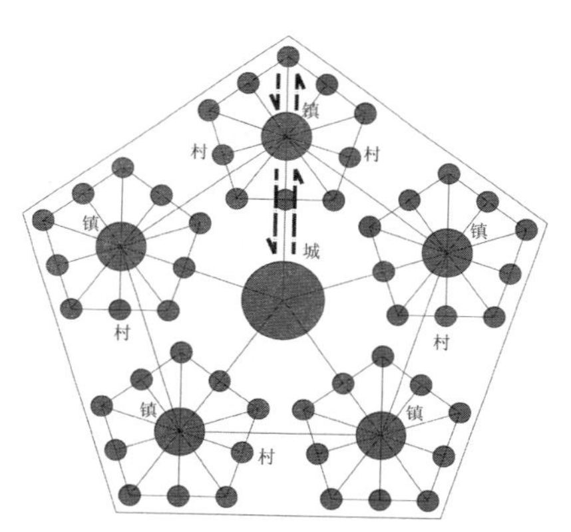

图 4-7　聚落的性质类型和层级类型
（图片来源：作者绘制）

县域人居环境中，相对于其他聚居形式，城市是“唯一”的，是县域整体的最高层级的核心个体。韩城历史城市的“核心”意义是全面的：它是一县政治的中心，是下达各项政府措施，上传财粮赋税，直接面对民生的凝聚点；它是文化的中心，是儒家文化、宗教文化与地方乡土文化的“制度性”融合；它是军事的中心，早期韩城的军事形势决定了城市必然位于防御的关键位置，后期稳定发展的需要促使城市北迁，相对居中的位置更有利于对全县的整体控制和防御部署；它是经济的中心，其商业规模最大，全县居民都按照固定时间汇集到城中采购和销售；它是聚居的中心，城市中的人口量最大，宗族规模较大，望族数目较多；它是人居支撑功能的中心，是县域交通体系的核心，防御建设的核心，仓储、救济、医疗等其他功能配置的核心等。正因为有了核心城市，才有了县域人居环境，在“治理”意义下，成为存在和发展的稳定坐标。

“镇”是县域聚居在不同区块的凝聚性表现，同时也承担着政府管理的进一步渗透，具有典型的“社会”属性。明清时期，韩城共有五个镇，分别是芝川镇、昝村镇、西庄镇、薛峰镇和营铁镇。其中，芝川镇和昝村镇分别是县域南北沿黄河的渡口聚落，西庄镇是县域北部的商业中心，薛峰镇在元代一度是县城址所在，具有强烈的军事防御性质，营铁镇则是县南以铁矿开采为主要产业的工业集镇。由此可见，在县域人居环境中，“镇”级聚落具有主导性的人居功能支撑作用。另外，“镇”又是县域不同区块的核心，进而承载着多项人居功能的融合。以芝川镇为例，它不仅是县域南部沿黄河的渡口聚落，还处在县域交通的枢纽位置，承担着县域南向与河东的防御重任，同时还是县南地区的商业重镇。“镇”是县域不同区块内部，更低层级的聚落相互来往交流的中转站与核心枢纽。

韩城历史村落是县域基层最为普遍的民众聚居单元。农耕土地的私有，血缘的拓展和家族、宗族的延续是村落聚居的显著特点。村落的形成并不是“一步到位”的，是针对不同历史阶段的“真实需要”，不断叠加和积蓄，进而最终达成一种相对成熟和饱和的状态。相对于城镇，村落的规模较小，受到自然、社会等多方面因素的影响，时常呈现出动荡、迁徙的不稳定状态。但是，血缘的拓展和宗族的传衍保证了村落稳定的人口基数和内在结构，进而得以重建家园或者另立新村。因此，虽然个体村落是动荡的，但基于县域层面，其整体是稳定的。村落的传衍具有可持续的发展意义。基于历史的局限，宗族血缘关系必定受到地缘、业缘关系的冲击，旧有时期的村落聚居在短期内也无法适应和满足新时期的需要。但是，由于村落本身规模较小，对聚居、支撑等技术因素的要求也较低，强大的自然优势是潜在的。这为村落人居环境的发展提供了基础。正是基于此，历史意义的“城市”已经消失，但传统意义的“村落”仍然存在。

总之，城市是处在县域聚居格局最高层的唯一的具有核心性质的“政治”聚落；“镇”是处在县域聚居格局中层的凝聚不同区块的功能性质的“社会”聚落；“村”则是县域基层最为普遍的生存性质的“血缘”聚落。

4.1.2 韩城聚落类型的划分

综合聚落的自然环境类型、形态类型与层级类型（表 4-1），即可得出韩城县域聚居的“三维结构模型”（图 4-8）。据此可知：

第一，韩城县域聚居的空间结构呈现出“上小下大”的“金字塔”形式。其中，城市体现核心性与独一性的典型特征，并处在“金字塔”的顶部；“镇”体现区域性与少数性的典型特征，并处在“金字塔”的中部；“村”体现普遍性与大量性的典型特征，并处在“金字塔”的底部。

韩城县域的典型聚落类型　　表 4–1

聚落类型	自然环境	形势特征	形态
历史城市	川谷聚落	“倚塬近水”	规制聚落
芝川镇	近河聚落	“倚塬近河”	规制聚落
西庄镇	塬地聚落	“冠塬近水”	条状集落
昝村镇	近河聚落	“据塬近河”	块状集落
薛峰镇	丘陵聚落	“倚山近水”	规制聚落
营铁镇	丘陵聚落	“据山近水”	块状集落
党家村	川谷聚落	“倚山滨水”	条状集落
留芳村	塬地聚落	“据山滨水”	块状集落

资料来源：作者根据资料整理绘制。

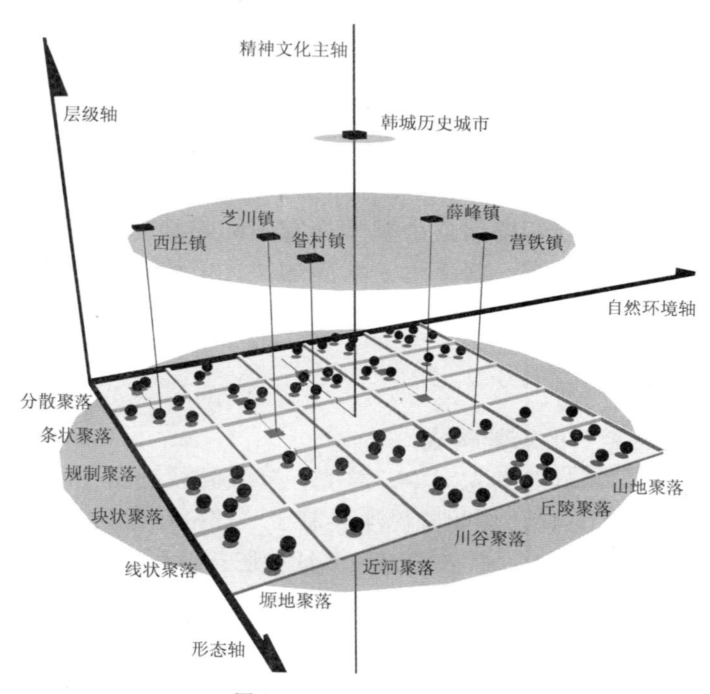

图 4-8　县域聚落整体结构
（图片来源：作者绘制）

第二，城、镇、村虽然处在县域聚居结构的不同层面，进而形成了不同属性的政治聚落、社会聚落、自然聚落，但是，三个层面贯通在共同的纵向轴线上，这个“轴”即是传统中国的文化价值趋向。

第三，韩城历史城市属于川谷聚落，体现“倚塬近河”的形势特征，同时又是“规制型”聚落。自然环境特征与形态特征充分反映出历史城市“核心性”“政治性”等典型意义。

第四，韩城共有五个历史古镇。其中，芝川镇与薛峰镇同属于“规制型”聚落，表现出典型的防御属性；芝川镇和昝村镇同属于“近河聚落”，体现出典型的交通渡口功能；芝川镇与西庄镇又是县域南北两个重要的商业中心。由此发现，芝川镇在“镇”级聚落中，具有复合的典型意义。

第五，在韩城基层的历史村落中，县域东部的“塬地聚落”（如相里堡、留芳村）、“近河聚落”（如谢村、河渎村）受到黄河的影响最为明显，充分反映出韩城作为“县境边地”的典型意义。另外，“川谷聚落”多靠近县域黄河支流，数目较多，规模较大，适于农耕，具有较为典型的优越的聚居条件（如党家村）。

4.2 典型聚落的结构特征

在韩城历史城市、芝川古镇、西庄镇、党家村、留芳村等“典型”聚落中，不同的聚居层级类型具有不同的功能构成、用地结构和聚居特征。但是，基于本土共同的文化价值观，县域聚落的形成在反映“独特性”的同时，又折射出相互通融的、“统一性”的、深层面的影响因素。

4.2.1 典型聚落的功能构成

在明万历《韩城县志》中，首先，“城郭图”（图 4-9）与“芝川镇城图”（图 4-10）都明确标注绘制了“部分”聚居功能：历史城市中有县署、察院、风云雷雨坛、社稷坛、邑厉坛、文庙、赵赳寨塔、庆善寺、圆觉寺、太徽宫、元通观、玉虚观、城隍庙、关帝庙、韩侯庙、元帝庙、八腊庙、九郎庙、社学、新旧教场等。此外，在康熙四十二年韩城县令康行僴编纂的《韩城县志续》中，也列举了城市的组成要素：“城池、衙署、梅花坞、谯楼、学宫、萝石书院、

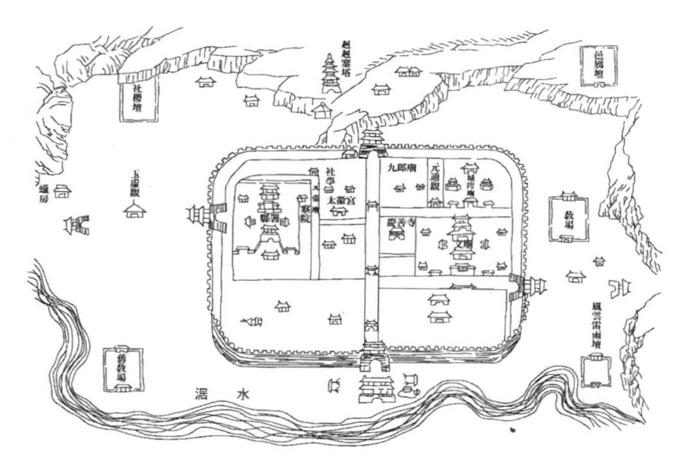

图 4-9　韩城城郭图
（图片来源：明万历《韩城县志》）

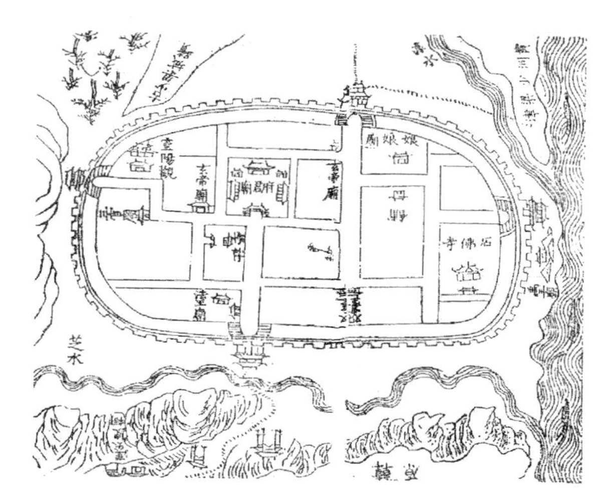

图 4-10　芝川镇城图
（图片来源：明万历《韩城县志》）

义学、演武场、阴阳学、医学、僧会司、道会司、养济院、城内地、文庙、八蜡庙、九郎庙、禹王庙、韩侯庙、关帝庙、城隍庙、法王庙、三官殿、庆善寺、圆觉寺、太微观、清微观”等❶。“芝川镇图”中则有府君庙、玄帝庙、娘娘庙、灵阳观、三官庙、石佛寺、法王庙、禹王庙、汉太史祠、社学、铺等。另外，两图中还有一些内容，虽并未标注文字，但明确绘有实体：城墙、城池、城门楼、街巷道

❶ 清康熙《韩城县续志》卷二“城池”。

路、旌表牌坊、郭城、自然山水等。最后，住宅、商市、粮仓、医学、救济等基本生存及配套功能，均未在“城郭图”和“芝川镇城图”中标注或绘制呈现。综合上述内容，可以推想：第一，历史志书资料与城、镇古图所表达的聚居功能并不全面；第二，这种“不全面性”与不同程度的表达，反映了古代城、镇聚居生存需求下，不同内容的“重要”程度；第三，不同程度的“重要内容”体现出古代城、镇生存需求所依存的特定角度、功能结构关系和价值观。

相对于城、镇，村落是县域乡土民众最为普遍的聚居形式（图4-11），并以“大量存在”反映人类聚居的本能，也最为接近“聚落”的原初内涵。其组成要素包括：祠堂、关帝庙、土地庙、风水塔、牌坊、惜字炉、私塾、宅院、寨堡、巷弄、作坊、戏台、场、水井、潦池、马房等。整体上看，村落的形成不是“一时”的，也更具“客观性”。在长期的历史演进中，其发展并不稳定：自然因素、社会因素的影响，使部分村落被破坏、迁徙甚至淘汰，得以“保留”的，必定是符合了“特定”历史环境下的人居条件，同时也满足着普遍意义上的人居需求，更体现出村落聚居自有的一种“传承性的”生命力。如果说城、镇更倾向于“人”对“自然”的选择，那么村落则更倾向于“自然”对“人”的选择。总之，多数情况下，古代村落往往是在不断经受“考验”的历程中，以一种渐进、积累、继承的方式，逐步形成与发展起来的。因此，村落人居功能是以县域基层乡土民众“自然性”的聚居生存需求为导向的。

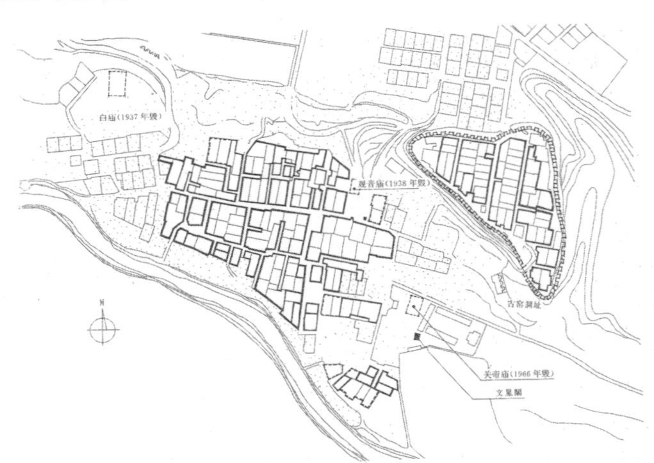

图 4-11　党家村总平面图
（图片来源：作者绘制）

综合城、镇、村等不同形式的聚居需求，县域历史聚落的功能组成有：治理、祭祀、旌表、教育、居住、防御、交通、商市、耕地、仓储以及其他内容。

1. 治理

县域聚落的"治理"功能主要是以官方职能落实在历史城市中，进而"由上而下"，延伸至"镇"和广大村落，但是，县域基层仍有一条"乡土自治"的途径，不仅"由下而上"辅助官方职能，更"自觉"承担起基层的运行秩序。官方治理与乡土自治是统一并行的。

（1）官方治理

人类文明下的聚居生存离不开国家的统治和管理。相对于镇和村，"城"作为县域治理的核心凝聚，所体现的官方职权最为明确、清晰和彻底。紫禁城是国家的统治中心，地方城市中的县署则是一县的统治中心，是县域官方管理职能的核心与"大脑"（图4-12）。"凡治必有公署，以崇陛辨其分也；必有官廨，以退食节其劳也，举天下郡县皆然。"❶ 王时敫在《重修韩城县厅堂记》载："自秦罢候置郡，集小乡以成邑，天下之事咸归于郡邑，寄以承流宣化之责，上体圣君子育元元之心，以臻至治者，苟非寓治之严整，曹募之修饬，将何从敷政教，新视听，以壮观于一方哉？……"❷

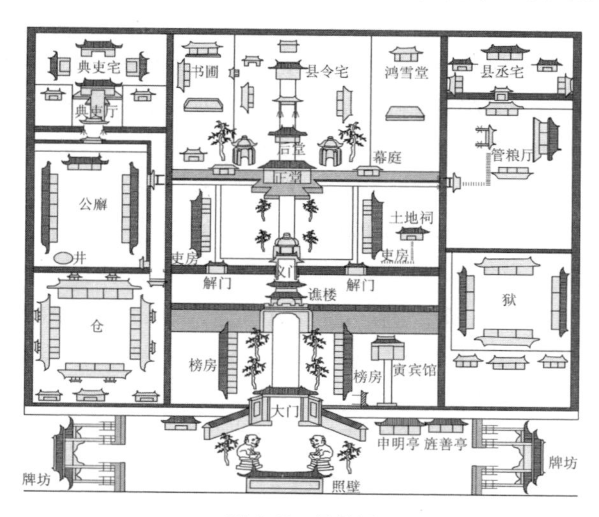

图4-12 邑署图

（图片来源：清嘉庆《韩城县志》）

❶ 完颜绍元．封建衙门探秘[M]．天津：天津教育出版社，1994．

❷ 明万历《韩城县志》卷七"艺文"。

县署作为县域统治中心，首重选址。一般来说，出于统治、防御等客观功能需要以及“择中”、彰显尊威等文化意义，多位于城市的“正位”，即中心。但在韩城等地方城市中，县署的选址还受到乡土地域风水学说的深刻影响。张士佩在《重修县堂记》中载：“……城在龙门之南，澽水之阳，县则居城乾位，离临康衢，而县侯莅民，制建有堂，门重乎前，室列于后，丞簿暨尉衙亦星列……”❶“乾”是周易八卦中的首卦，“乾卦”所象征的方位，是西北方。朱骏声《说文通训定声》载：“达于上者谓之乾。凡上达者莫若气，天为积气，故乾为天。❷”城市客观功能决定了县署的标志地位，源于周易八卦的传统认知又将“乾”、天、县署与西北方建立整体文化关联，进而确定了县署在城市中的具体位置。“皇宫和衙门在格局、体制上讲是一致的。衙门是缩小的皇宫，皇宫是放大的衙门。”❸县署作为国家权力职能在县域地方的延伸和设置，具有一种强烈的典章性和制度性，具体表现在功能、构建形式、布局关系等方面。

(2) 乡土自治

在镇、村等“基层社区”中，聚落内部的运行秩序是依靠“家族和宗族管理”落实的。随着聚落的持续发展，规模日益壮大，微小的“家庭单元”之间，公共性、社会性都在不断增强，“家族首领”的管理也有了组织化、体系化、结构化、权威化、神圣化的功能需要。祠堂在保持原有“祭祖”功能的基础上，逐渐演变为家族、宗族的管理核心与精神核心。当然，随着聚落的进一步发展，宗族分支不断扩散，外来人口频繁迁入，单一性、核心性的家族祠堂逐渐演变为祖祠祠堂与分支祠堂共存、若干个宗脉祠堂共存的“聚落宗族祠堂系统”❹。

祠堂本身即是一个完整的院落单元（图 4-13），由上房、厢房、门房组成，上房供奉宗族牌位。由于“基层社区”本体的形成与扩展是自发、自然的，祠堂与祠堂系统的设置也并未表现出严整的制度性。但是，基于公共管理的需要，多处于村落交通的入口和主街、大巷上。同时，仍能感受到其在家族、宗族中的核心地位，

---

❶ 明万历《韩城县志》卷七“艺文”。

❷ (清) 朱骏声. 说文通训定声 [Z].

❸ 冯友兰. 三松堂自序 [M]. 北京：人民出版社，2008.

❹ 韩城党家村中，祠堂多达 13 座。其“宗族祠堂系统”即是由党氏祖祠、贾氏祖祠共同推拓。

同宗脉的住宅院落多围绕祠堂布局，并形成组团（图 4-14）。

图 4-13　丁村五合祠
（图片来源：作者拍摄）

图 4-14　芝川古镇祠堂分布
（图片来源：作者绘制）

祠堂作为乡土聚居的管理核心，表现出以下特点：第一，祠堂是“基层社区”中，以血缘关系为纽带的，家族、宗族管理的功能产物；第二，在乡土聚居中，祠堂发挥着秩序组织和精神凝聚的作用，这一作用甚至超越了血缘范畴，呈现出更具普适性的地缘关系和业缘关系的需要；第三，祠堂作为“祭祖”的场所，使聚居有了更为稳定的传承意义，也为历史环境下聚落的发展提供了基础。

总之，官方治理和“基层社区”的自行运转、自主自治是统一并行的。在历史城市中，县衙是官方治理的主要力量。在镇、村中，则更多依靠宗族管理，祠堂是乡土自治的代表。官方治理由上向下渗透，乡土自治由下向上凝聚，基于共同的文化价值观，最终形成了一种地域延展至国家的向心性和统一性。当然，聚落发展必然走向血缘关系的削弱和地缘、业缘关系的加强。但是，县衙所发挥的整体作用、政治作用、统筹作用以及祠堂所发挥的地域凝聚作用、传承作用、自治作用，都具有重要价值。

2. 祭祀

祭祀是聚居生存中精神功能的直接体现，是针对特定精神内容和精神对象，在特定空间场所实施的精神活动，借此表达信仰观、认识观、尊崇敬意、庇护愿望以及特有的精神导向和教化等。就类型来说，大致可分为儒家精神的祭祀、宗教精神的祭祀、地方精神的祭祀。

（1）儒家精神的祭祀

儒家的精神影响极其深远，祭祀表达的内容和层次也非常丰富，即通过对天、地、人的祭祀，实施完成对儒学要义——“礼”的祭祀。[1]

1）历史城市中的儒家祭祀

在历史城市中，儒家祭祀具有明确的体系性和制度性。天界有“风云雷雨”，地界有“社稷”，人界有“祖先、圣贤”，就此形成了韩城地方城市的三大基本礼制建构：文庙、社稷坛、风云雷雨坛。

文庙首先是祭祀儒家至圣先师——孔子的场所（图 4-15）。文庙建筑的营造伴随着尊孔活动，不断发展成为城市精神功能的重要组成，它是儒家祭祀的精神核心。随着进一步发展，又增加了教育功能。基于儒学在国家层面的正统性与神圣性，文庙在功能、构建形式和布局关系上，表现出强烈的典章性与制度性的“标准”。当然，这种“标准”仅仅是整体层面的把控，地方城市还有乡贤、乡宦等文化配置，加上地域特点，各地文庙在保持统一性的同时，兼备其独特性的展现（图 4-16）。

[1] 司马迁在史记释礼曰：“上事天，下事地，尊先祖而隆君师，礼之三本也。”

图 4-15　韩城文庙入口
（图片来源：作者拍摄）

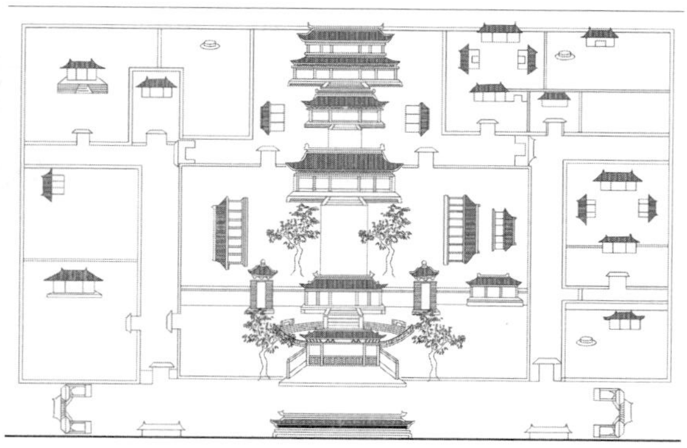

图 4-16　韩城文庙图
（图片来源：作者绘制）

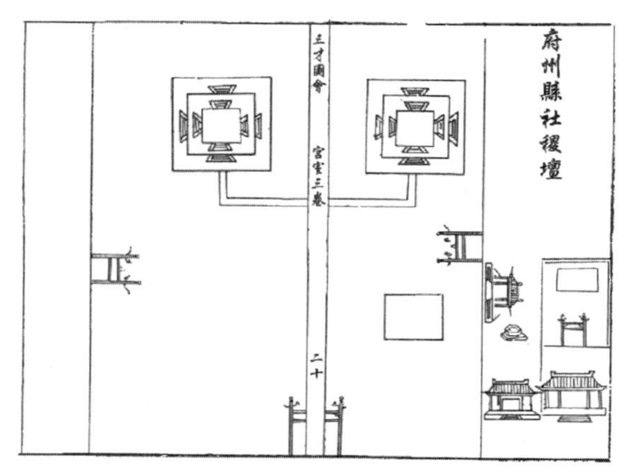

图 4-17　府州县社稷坛图
（图片来源：王树声．晋陕沿岸历史城市人居环境营造研究［M］．北京：中国建筑工业出版社，2011．）

社稷坛与风云雷雨坛是祭祀自然的场所。社稷坛主祭“地”，“社”为土地，“稷”为五谷（图 4-17）。《三才图会》记载了府、州、县的社稷坛制度：“郡县祭社稷有司俱于本城北、西北设坛致祭。坛高三尺，四出陛三级，方二尺五寸，从东至西，二丈五寸，从南至北二丈五寸，右社左稷社以石为主，其形如钟，长二尺五寸，方一尺一寸。剡其上培其下半，在坛之南方，坛外筑墙，周围一百步，四面各二十五步祭用春秋仲月上戊日，祝以文牲用太牢。”[1] 风云雷雨坛则主祭“天”，同样具备一定的制度性。传统中国作为内陆农

[1]（明）王圻，王思义．三才图会［Z］．上海：上海古籍出版社，1988：1032．

业国家，黄河流域又是农耕文明的发源地，社稷坛、风云雷雨坛以及先农坛，很大程度上反映出人们基于农业生产的重视，生存需求引发了对于“天地自然”的精神依靠。

儒家精神的祭祀是“礼”的祭祀，是依靠国家层面的强制性和统一性实现的，文庙、社稷坛、风云雷雨坛在位置、规模、等级、功能、构建、布局、形制等方面均有标准。也就是说，城市中儒家精神的祭祀具有强烈的制度性和体系性。

2）镇、村中的儒家祭祀

镇、村的祭祀属于乡土祭祀，又称为里祀和社祀。在乡土聚居中，民众百姓的儒家认识一方面受到官方主流价值的导化，另一方面与自身的生产生活紧密关联。农业是古代生产之根本，“地”又是农耕之本，“土地神”与“土地庙”则成为乡土聚居中最为普遍的祭祀对象和祭祀建筑。在黄河流域，土地庙又常常称作娘娘庙[1]和后土庙。另一方面，乡土祭祀寄托着民众的儒家“忠孝观”，对“正义”的追求和希冀获得庇护的愿望。因此，韩城地区镇级聚落中另一个重要的祭祀建筑是府君庙[2]，村落中则有关帝庙（图4-18）。“府君”“关公”都是“正义”“庇护”“震慑”的精神象征。在芝川古镇中，府君庙处于聚落的核心位置，娘娘庙、关帝庙等居于两侧。在村落中，土地庙、关帝庙规模不等，或是单体，或成院落。位置不定，或立于村头，或置村中。可以独立分设，也可合一共建，并未表现出严整的、制度性的、关乎村落整体结构的内在组织和外在关系。

此外，地方县域的城、镇、村中都有“祭祖”场所与活动，多集中在家族祠堂。但在村落中，祠堂和祖先的精神地位显然更高，体现出宗族血缘关系下的精神需要。城市与镇、村的儒家祭祀表现出明显的“相对性”：城市属于官方性质，镇、村属于乡土性质；城市祭祀“文圣”孔子，镇、村则祭祀“关公”；城市首先“祭天”，镇、村则主要“祭地”；城市关乎“天、地、人”的儒家祭祀建构，在镇、村中则主要体现为关乎“人与地”的府君庙、关帝庙、土地庙和

[1] “娘娘”是关中地区对土地神的女性形象认知，又称为“地母”。明嘉靖进士，韩城邑人张士佩提到：“坤称母娘者，母之谚也……秦晋多古风，故娘娘庙独多焉。”

[2] 据考，府君庙主祭“府君神”。一说其原型系山西祁县人，姓崔，名子玉，生于隋大业三年。因爱民惩恶，治理一方，深受民众尊崇。南宋年间，加封府君为“真君”，各地兴建府君庙的传统就此展开。

祖宗祠堂；城市中的儒家祭祀建筑具有明确的内在制度性和外在结构性，镇、村中则是较为自然的呈现。这当中既有官方的制约和影响，也反映出了乡土民众的生产生活特点和自发性认识。总之，乡土祭祀与官方祭祀具有一种“对立性”，但这种“对立性”却是基于一种“统一性”的文化背景。

图 4-18　张庄村口关帝庙
（图片来源：作者拍摄）

（2）宗教精神的祭祀

本土宗教精神的祭祀主要是佛教与道教的信仰活动。佛、道两家具备深刻的精神内涵，其“世界”和“天地”均裹含着关乎“人与自然”的深层探索和认知，二者的精神要义是儒家无法替代的。但是，宗教精神的祭祀对象是“神化了”的“教主”，是“神灵”，也可以说是更为广阔的人类未知层面。如果说，儒家信仰的寄托在于普适性和指导性，宗教信仰的寄托则更倾向于对人类精神的庇护和关怀。因此，宗教祭祀往往体现小众特点、地域特点、乡野特点，并不具备国家层面的制度性。

韩城历史城市中，佛教祭祀建筑有圆觉寺和金塔、庆善寺等，道教祭祀建筑有玉虚观、玄通观等。在镇、村中，佛教祭祀建筑有观音庙、菩萨庙等，道教祭祀建筑有老君庙、五道庙等。当然，在城、镇等大型聚落中，宗教建筑不仅规模较大，并且单一设置。虽然儒家精神是主导性的，但宗教精神亦有一种独立性和竞争性，同时对儒家精神实施补充。在村落中，宗教建筑常常与土地庙、关帝庙等共同祭祀，寄托着民众的庇护愿望。宗教精神是包容在“大”儒家精神环境下的、补充性的“求善”和“求同”反映。

(3) 地方精神的祭祀

地方精神的祭祀主要体现在两个层面：第一，儒家精神与宗教精神在乡土地方城市中的延伸和拓展。第二，地方精神反映相对于国家层面的、相对于儒家精神和宗教精神的、“地方”视角下的、共同的、特定的精神需要。如果说国家层面的精神需求是“教化”，那么地方层面的精神需求则不仅是教化的延伸，还是“教化的落实”。若儒家的精神需要是“彰善”，地方的精神落实则是“匡扶正义”和“惩恶”。若宗教的精神需要是“神灵”的庇护和关怀，地方的精神落实则是安妥和震慑“鬼怪”。

1) 历史城市中的地方精神祭祀

韩城历史城市中，有城隍庙、邑厉坛和其他祭祀建筑：

城隍庙是祭祀城隍神的场所（图 4-19）。薛亨（明）在《重修城隍庙记》中载:“窃闻有阴有阳者，天道也;有善有恶者，人道也。人不能皆善无恶，故世不能皆治无乱。先王设官长以司阳，设神主以司阴，福善祸淫消乱于未形，保治于滋泰，皆所以翼朝廷之政教，赞天地之化育。官不可一曰无，神可一曰忽乎哉？司阳教者咸有佐贰吏丞供法命，司阴教者宁无侍卫神祇协冥司？则祀城隍而罗诸神，良有以也。……韩之城隍庙设在县东北隅，初制朴简，后添钟鼓二楼，明禋亭及诸坊翼廊亦云盛矣。”[1]县署“设官长以司阳”，城隍庙则“设神主以司阴”。文庙“祭孔”“崇文”，以彰正统儒家的治世信仰，城隍庙则“祭神”“尚武”，以求剪除凶恶、保国护邦的良好愿望。宗教寺观以“神”来庇护和关怀“人”，城隍庙则以“神”来震慑和管理“鬼”。城隍庙是国家层面“儒、释、道”主流精神寄托的地方对应产物，它已然成为民众自我拓广、地方城市特有的精神信仰载体。韩城城隍庙入口有“彰善瘅恶”四个巨大砖雕文字，门、殿有楹联“举善到此心无愧，行恶来斯胆自寒”，“是非不分，国法安在，善恶莫辩，天理难容”等，此外还有大量威严的神武画像、塑像，给人以强烈的冲击和精神威慑。“城隍”精神，是“儒、释、道”理想的地域“延展”“实施”和“补充”，具有刚性的、权威的“强制”意义，对于民众而言，更为直观，因而在地方城市中精神地位极高。以祭祀功能为主，兼备戏台等文化功能。

[1] 明万历《韩城县志》卷八“艺文”。

图 4-19　城隍庙内院
（图片来源：作者拍摄）

邑厉坛是县邑城市中祀“鬼”之所。古人认为，既然有“人”“神”之所，也当有“鬼”之地。“祭厉”反映了历史局限下，民众特有的精神需要和文化传统[1]；关帝庙是地方城市的精神产物，同时还是驻兵军事机构。文庙“祭孔”“崇文”，关帝庙则“祭关羽”“尚武”。关公是“忠义”的代表，寄托了地方民众在儒家精神影响下的庇护愿望、纪念情结。

此外，韩城历史城市中还有文星塔、禹王庙、韩侯庙、元帝庙、九郎庙、张公祠、法王庙、八腊庙、河渎庙等。这些内容均是儒家精神体系下的关乎天、地、人的韩城地域特有的具体祭祀对象。就宗教精神来说，韩城历史城市中有娘娘庙、菩萨庙、观音庙、三官殿等，这些内容则是韩城地方民众对于宗教精神的自我解读、通俗认知、亲近表现。

2）镇、村中的地方精神祭祀

韩城乡土地域精神的祭祀是极为丰富、繁杂的，还常常把儒、释、道三家掺杂在一起，并不相互排斥，以求向善、庇佑的共通需要。既有对“人”的祭祀，又有对“神”的祭祀；既有儒家精神的地域拓广，又有宗教精神的地域延展；既有地缘性质，又有业缘反映；既有相对理性的道德价值观追求，也不乏迷信色彩。大体分为三类：一是地域自有的“圣人祭祀”，如府君庙、禹王庙、九郎庙、子夏庙、韩侯庙等；二是地域特有的“神灵祭祀”，如龙王庙、河渎庙、

[1] 《山西通志》卷五载：“国家著为彝典，俾司牧者岁崇祀事，以祈以报，至于民死无归以为厉者，亦随地以祀焉。”

法王庙、天神庙等；三是针对具体“行业”的“神灵”祭祀，如文星塔、文昌阁、财神庙、灶君庙、马王庙等。其中，文星塔是儒家人文精神的象征，是在风水意识下，依照村落整体格局进行设置的，是村落聚居中最具标志性的地方精神反映。这些庙宇和祭祀活动构成了韩城地域特有的乡土风俗和传统文化，并且全面渗透在聚居生存的每个角落，反映出了民众百姓在生产生活中的精神追求和信仰寄托。

（4）官方祭祀与乡土祭祀的结构特征

聚落的祭祀功能是人们聚居生存的精神需要。如此众多的祭祀对象、场所与活动首先反映了特定历史环境下，人们“对于世界的认识”以及基于这种认识，“应当怎样活着”。有了这种“探索”，人才得以安定、前行和崇高。古人认为，聚落的“存在”不仅是人的“存在”，还是天、地、人、神，甚至“鬼”的聚容，“祭祀”就是要满足和完善不同“角色”的意义和价值，探寻和建立聚落的精神秩序，最终还是为了“人”能更好地活着。

在韩城历史城市中，儒家精神的祭祀体现在整体性和关键性上，地方精神的祭祀体现在拓展性和落实性上，宗教精神的祭祀则是补充。三者的内容、位置、形制、规模共同构成了城市聚居的“祭祀结构”，进而形成“制度”（图 4-20）。《韩城县志》载：“县之大政在祀，而韩之祀典风云雷雨则坛于邑之巽域，社稷则坛于邑之乾域，邑厉则坛于邑之坎域，城隍则庙于邑之艮域，此皆建置也。”[1]芝川古镇中同样存在着这种“祭祀结构”（图 4-21）。

在历史村落中，祭祀建筑的形成与发展是自发、自然的，并不具备内在功能与布局的严整制度性，也不具备关乎聚落整体格局的强烈的外在结构性。各种精神信仰在乡土中，常常是共同祭祀的，并且有形成“集群”的倾向（图 4-22），相互之间并不排斥，“各种神灵与圣人共处一庙”。这种包容性极强的精神表现来源于传统中国“万善同归”的价值观导向，从根本上还是受益于儒家精神关乎“天、地、人”的纵深发展能力、高度概括能力与道德凝缩反映，这也构成了乡土聚居中地方精神凝聚的内部动力。

[1] 清嘉庆《韩城县志》卷二“祠祀”。

图 4-20　韩城历史城市祭祀建筑分布
（图片来源：作者绘制）

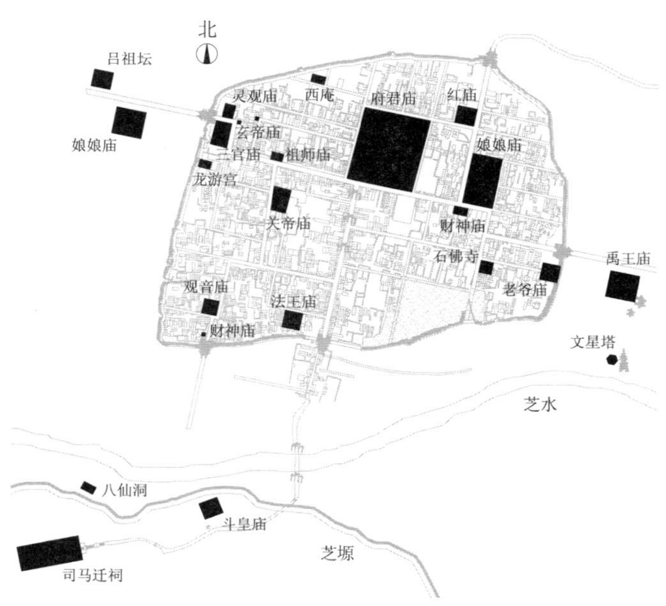

图 4-21　芝川古镇祭祀建筑分布
（图片来源：作者绘制）

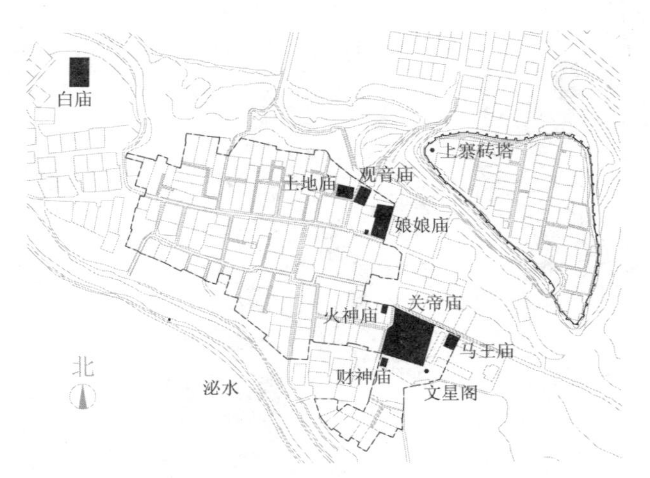

图 4-22　明清党家村祭祀建筑分布
（图片来源：作者绘制）

综述，聚落的祭祀功能有如下特点：首先，历史城市中的祭祀倾向于官方性质，反映官方主流传统下的认识观和价值观。镇、村祭祀则倾向于乡土性质，反映民众百姓自有的精神需要、价值观追求，和聚居生存的生产生活功能紧密相关，受到地域内部自然、社会等因素的影响较大，因而表现出强烈的地方特色。其次，城市和镇、村的祭祀功能很大程度上是相对的，但这种"对立性"又是在共同价值观下的不同反映。最后，无论城、镇还是村中，重要祭祀建筑的位置都不是随意的，既是基于聚落人居环境特定自然地理空间的"寻胜"选择，又是基于"风水"等文化认知而定的。

3. 旌表

如果说祭祀功能体现"精神"的认知、承载和寄托，那么旌表功能则更倾向于"精神"的具体"导扬"和"教化"。旌表的实施由两部分组成：一是门楼、牌坊、门楣、碑、亭等建筑构件，它们是"精神"的载体。这些"微观"要素总体上并不具备人居功能与行为活动的空间承载性，但往往处于空间转换的交通节点。通俗地说，就是"无论人们做什么，都要频繁地经过这里"。因此，旌表功能更有利于大众的、潜移默化的精神引导。二是书写、题额、镌刻在建筑构件上的文字。它们是"精神"的直接表达，是旌表的核心关键，主要反映关乎"人与自然"的儒家价值观以及在地方的延伸和拓展。相对于祭祀类建筑，旌表类建筑多有明确的题刻文字，更为直接地反映其精神内涵。在韩城历史城市中，牌坊林立，门楣题字与书写楹联在公共建筑及民居中极为普遍，刻碑建亭也不在少数，表现出显著的旌表传统（图4-23），例如韩城城池的四个城门楼上分别设有匾额。《韩城县志》载：“……门四，东曰：迎旴，西曰：梁奕，南曰：濂涍，北曰：拱宸。……五年，知县左懋第新西关门楼，更名曰：望甸。十三年，大学士薛国观特疏于朝而捐甃焉，知县石凤台首捐，甃敌台者二，荐绅以次竣工，更题其门，东曰：黄河东带，西曰梁奕西襟，南曰：溥彼韩城，北曰：龙门盛地。”[1]这些旌表内容多与方位、自然环境要素相关，隐含着儒家置身于“天地山水”的特定精神内涵。另外，韩城南北主街上原有三座牌坊，南端牌坊两面题额为“川原环抱”“西河重镇”，表现了韩城的形胜特色与区域地位。中间牌坊两面题额为“状元宰相”“天子之师”，纪念韩城名士王杰。北端牌坊则旌表明代乡绅程景芳捐粟震灾的功德。隍庙巷内（城隍庙前）有两座牌坊，分别题额“保安黎庶”、“监察幽明”，体现了正义与惩恶的精神教化(图4-24)。学巷内(文庙前)有两座牌坊,分别题额“德配天地”“道冠古今”，体现了儒家关乎天、地、人的经典教义。横跨濂水的毓秀桥上现存一座牌坊，题额“示我周行”，纪念清代名士刘荫枢自费建桥之功。另外，韩城南门外原有三座牌坊，分别题额“解状盛区”“士风醇茂”“户尽可封”，以此表彰韩城重视耕读、儒生繁多、文化兴盛的社会状况。此外，治署、文庙、城隍庙等公共建筑的门楼上，多有匾额及楹联。民居中的门楣题字更为普及；碑刻作为旌表的另一种方式，文字含量较大，是关于历史事件、重要人物的精神内涵的详细记载和观点阐述，重在教化或警示民众及后人。韩城历史城市中,重大工程项目多有立碑的传统。现文庙、城隍庙中，存有大量由韩城各地转移至此的石碑。

在镇级聚落中，旌表也很普遍。以芝川古镇为例（图4-25）：南门额书“古韩雄镇”,北门额书“少梁故地”,西门额书“梁山西拱”，东门额书“紫气东来”，小南门靠近司马迁祠，额书“高山仰止”。此外，芝川古镇大街上设有三座牌坊，由南向北分别题额：“三省兵巡”“少保尚书”“学宪御史”，纪念当地名士邑人张士佩。府君庙献殿题额：“洞察阴阳”“日载天上”“惠我神州”。镇外向南芝水河上建五孔石拱桥——芝秀桥，桥南头设木牌坊，上书“利涉

[1] 清嘉庆《韩城县志》卷二“城池”。

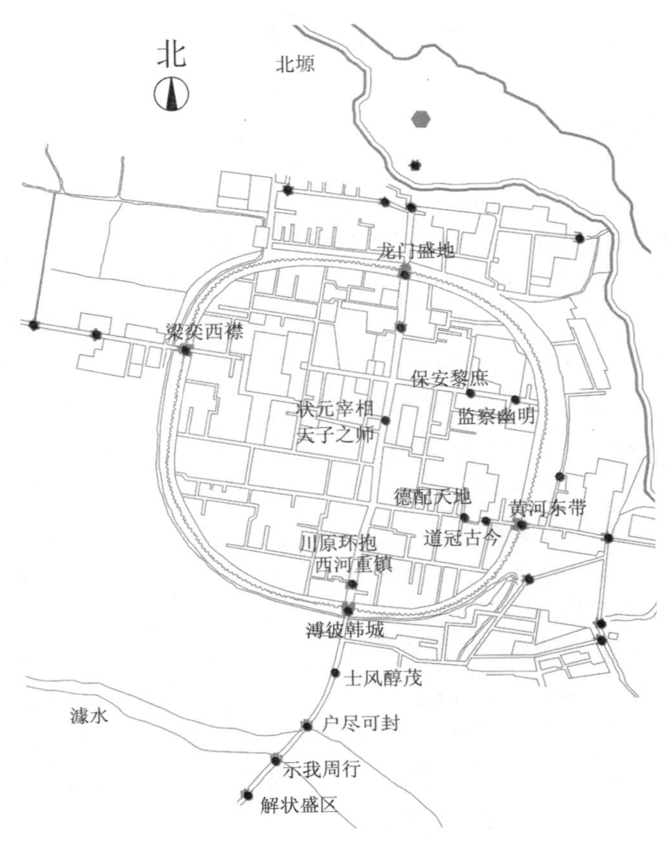

图 4-23　韩城历史城市的旌表构筑
（图片来源：作者绘制）

图 4-24　隍庙巷牌坊
（图片来源：作者拍摄）

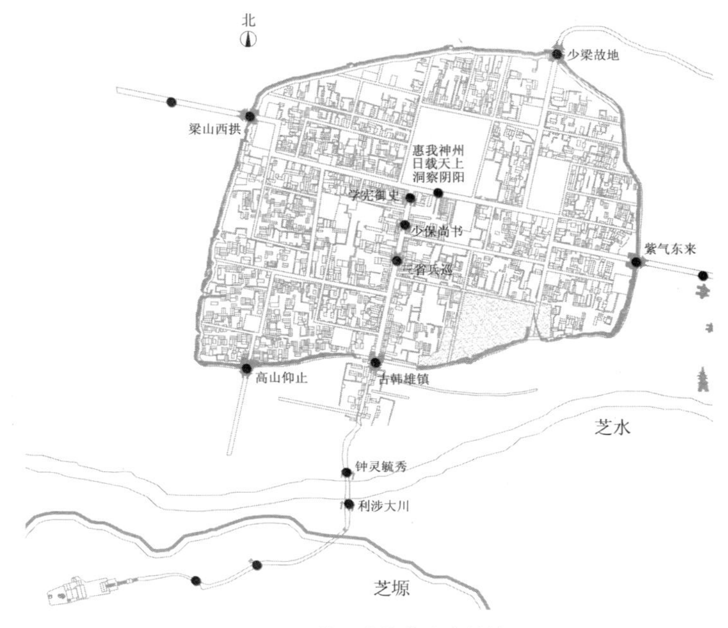

图 4-25　芝川古镇的旌表构筑
（图片来源：作者绘制）

大川”，桥北头设木牌坊，上书“钟灵毓秀”等。此外，在各种公共建筑和民居住宅中，旌表题额也非常普遍。

村落中的旌表的精神内容实是“架构在家族、宗族血缘范畴下的儒家思想”，主要包括四个指向：一是儒家思想在家庭伦理关系中的道德反映，即“箴铭”，如孝、慈、信等；二是儒家精神基于个人“修身”的坐标，即“举德”，如淡泊、俭素、勤勉等；三是对家族子弟“读书成才”“入世为儒”的精神希冀与教育推崇，即“彰耀”，如耕读、黄堂等；四是表达家庭、家族平安幸福的愿望，即“祝颂”，如安吉、如意等。这些内容反映出了乡土民众在日常生活中，个体、家庭内部及邻里之间相互往来的精神价值导向。旌表功能使村落聚居中以血缘关系为纽带的家庭、家族、宗族社会关系内部呈现出一种有组织的秩序和精神凝聚。村落的旌表功能主要通过小尺度的牌坊、门、碑、照壁等构筑物及刻字、匾额、楹联等文字表达共同落实（图 4-26）。韩城地区村落中，节孝碑、惜字炉、门楣题字等最具特色（图 4-27），它们多处于村落交通的节点位置和住宅入口，以一种“日常的”“频繁的”方式，潜移默化地达成民众百姓的精神导引和寄托，同时也构成了村落人居环境特有的文化氛围和地方特色。

图 4-26　民居入口门额
（图片来源：作者拍摄）

图 4-27　党家村旌善碑
（图片来源：作者拍摄）

综述，旌表虽然并不是聚居生存中“制度性”的精神功能构成，但却普遍存在于聚落的不同层面，体现了人们（特别是民众）精神需要的本能和自发，因而具有强烈的普及性和渗透性，表现出了良好的教化效果、鲜明的文化氛围和生动的地方特色。

4. 教育

传统中国的“教育”，本质上是对“人”的教育，其内容属于儒学范畴，主要包括：对“道德”的探索，对道德的表现形式——“礼”的诉求，对“生命价值”的认识，对“人文艺术创造”的提升以及对“天地万物”运行规律、法则——“道”的体会等。这些内容都未能脱离“精神”的范畴，也就是说，传统人居环境中的教育需求隶属于精神功能。事实上，传统人居环境本身便是最大的“教育基地”。

韩城历史城市中的教育职能由官方与民间两条途径落实：就官方来说，金代韩城始设学官教谕，位置设在文庙附近。明代韩城始创县学，又称官学、儒学、学宫。地址在城东门内，谓之明伦堂，南为文庙，北为尊经阁。《韩城市志》载：“县学由教谕、训导掌管，下设礼房、廪局，斋夫、门子等公务人员，管理全县文武生员并负责教学。”[1]韩城县学始终与文庙合并在一起，表现出祭祀功能与教育功能的统一。就民间来说，书院是集合社会力量，规模化的稳定教育场所。明代韩城南关有萝石书院。清代韩城县

[1] 韩城市志编纂委员会. 韩城市志 [M]. 西安：陕西人民出版社，1994：696.

府东侧有龙门书院（后称汪平书院）。书院具有明确的制度性，包括大门、角门、讲堂、斋房、号房（童试场所）、门房、厢房等，龙门书院还设有祭祀性质的文昌阁，旌表性质的魁星楼（图4-28）。此外，在韩城历史城市中，民间还设有义学，为穷苦人家的子弟提供教育，清康熙年间，设在城内文庙与东司。城中另有私塾，多属个人行为，规模较小，难以稳定发展。

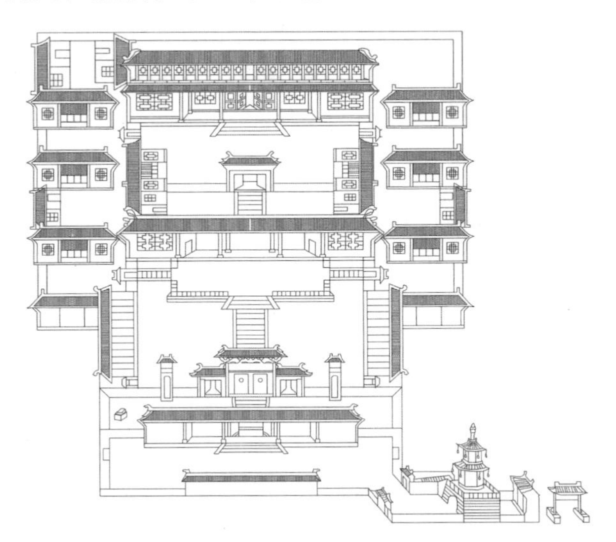

图 4-28　汪平书院图
（图片来源：作者绘制）

村、镇聚居的教育功能很大程度上渗透在生存生活、代代传衍的家族和宗族中以及邻里社会"共识性"的普适价值里，多采用一种潜移默化甚至是"口口相授"的"经验传达"方式，却深入到个体的精神层面，升华至群体的信仰层面。这种"无形的""生活中的""家族式的"教化是村、镇聚居中教育功能的显著特点。韩城地区浓郁的文教氛围，不仅受到官方政府的教化影响，更有来自乡土民间自主性的价值观认知的影响。"耕读传家""人才辈出"已经超越了现代意义的教育，更关系到聚落繁衍生息的生命力和传承价值，也成为评判村、镇人居环境质量好坏的重要标准——人杰地灵。村、镇的教育是以民间形式落实的，芝川古镇有少梁书院，西庄镇有古柏书院。此外，在一些规模较大、较为富裕，或是处在县域交通节点，人口密集的村、镇中，设有义学、私塾等形式，以满足村镇及周边子弟的教育学习。例如韩城党家村，在清末，私塾多达13所。私塾虽是个人自发创办，但老师多是当地秀才儒生，教授内容与县学、书院统一，学生亦可参加官方定期举行的考试。相对于城市，乡土教育功能更多来自于民间，虽表现出不同形式，但本质内容是统一的。

5. *居住*

居住是人类生存最为原始、最为普及的需求，是规模最大、占地最广的聚居功能。传统人居环境从根本上体现的，正是居住功能的本质和价值。人类首先"居住"在"天地自然"之间，宅、房作为"居住"的组成部分，只为人类提供庇护和部分生活空间。山水自然与人工构筑共同组成了居住环境的雏形结构。一个以"家庭"为对象的居住环境，就是一个微观的人居环境单元。"居住"首先体现血缘关系下的"环境场所"特点、"独立完整"特点、"内聚性"特点、"普遍性"特点。"聚居"是人类居住的本能需要，一个"天、宅、地"或"山、庭、水"的理想居住单元，受到聚居的影响，其内部结构发生变化："天地"凝缩于"院"，"山水"寄托于"园"，"宅院"和"庭园"便是聚居环境下的居住的"标准范式"，并进一步演变形成了"院落"与"园林"。院落和园林反映的是"环境场所"的居住性质，呈现的是独立完整的、内聚的居住单元，其形式更推广拓展至居住以外的其他聚居功能。

在韩城地区，城、镇聚落的居住方式多为典型的院落形态（图4-29）。一般是四合院或三合院，功能齐备、形式完整、一砖到顶，"宅基面积一般约300m^2，建筑面积在110～150m^{2}之间"[1]。村落的居住形态受到自然因素和社会因素的影响，表现出明确的地域性：首先，处于西北山地区的村落，以"窑居"为主。受制于有限的用地，山区村落规模较小，往往倚山濒崖，挖窑

图4-29　韩城民居住宅内院
（图片来源：作者拍摄）

[1] 韩城市志编纂委员会．韩城市志[M]．西安：陕西人民出版社，1994：202—203．

建房。随着进一步发展，窑洞改为“砖券”。“窑居”的“建筑面积一般为 100m² 左右。场院占地面积较大，一般都在 420 ~ 550m² 之间。”[❶] 这种居住方式在一定程度上也受到韩城以北,陕北延安等地区的影响。其次，在韩城县域南部塬区（包括今芝阳、芝川以南、龙亭等地），居住方式称为“厦房”——“窗台以下用砖砌筑，窗台以上用土坯作墙，一坡水，上覆小青瓦。宅院占地较大，一般都在 450m² 以上。建筑面积在 80 ~ 100m² 之间。”[❷] 最后，在县域中部川地区和北塬区的村落，也多采用院落居住形式。总体来说，韩城地区的居住形式以“院落”为主。作为黄河沿岸边地和东西、南北向的交通枢纽，韩城与周边地区的军事、文化、商业等社会联系极为频繁，“院落”居住形态受到北京、河北，尤其是河东近邻——山西的深刻影响。

城、镇、村等不同聚落类型，虽然都体现以血缘关系为线索的“家庭”聚居模式，但是，其“居住单元”的组构关系不尽相同：在村落中，“居住单元”之间以血缘内因为纽带。起初，同族的“几户人”就近而居，“若干个居住单元”相对靠近，组构形成较为自然的外在表现，就形成了一个原始的村落。随着宗族支脉的延展和村落规模的扩大，“居住单元”形成了围绕祠堂的“居住组团”，之间留有交通巷道，并逐渐显现出较为明确的村落结构（图 4-30）。因此，村落中的居住布局是“由下而上”逐步形成的（图 4-31），加上自然等因素的制约，也没有表现出严整、规则的形式特征。在镇级聚落中，宗族血缘关系受到地缘、业缘关系的冲击，进而转向社会性质。“家庭”聚居单元形成的“组团”，在交通街巷的划分下，表现出“公共社区”的特征，称为“社”。例如芝川古镇共分为八个“社”，分别是“东四社”（东升、双豺、北极、天官）与“西四社”（礼门、由义、广居、钟英）。当然，宗族祠堂依然存在，多沿街分布，既承担宗族内部的事务管理，也扩展了承接客商、物资交易等公共社会功能。总体上说，镇级聚落是村落自然性的社会凝聚。但在特定情况下，基于军事防御的需求，也会受到官方职能的影响，进而表现出制度性的聚居结构。在历史城市中，由于官方职能较强，公共事务较多，聚居形态不

❶ 韩城市志编纂委员会. 韩城市志 [M]. 西安：陕西人民出版社，1994：202.

❷ 同❶。

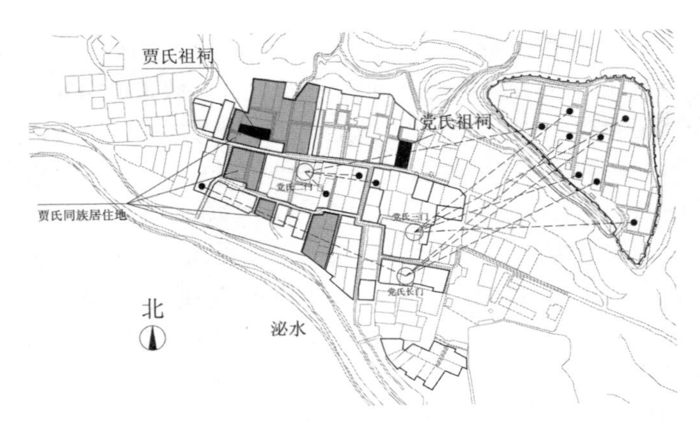

图 4-30　党家村宗族居住分布
（图片来源：作者绘制）

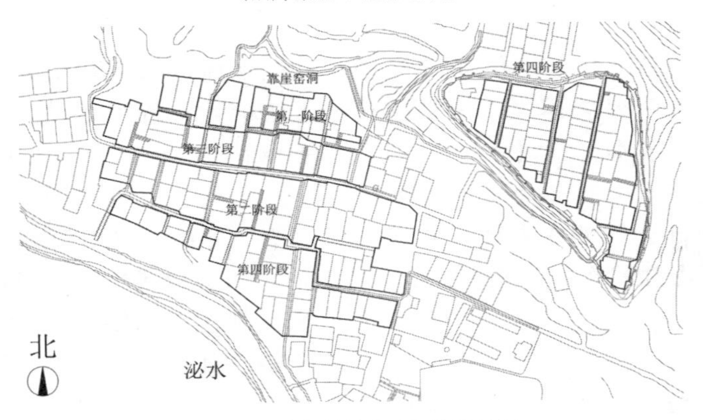

图 4-31　党家村居住发展演进过程
（图片来源：作者绘制）

仅受到地缘和业缘关系的冲击，还呈现为易于管理的均衡的“网格式组团”，官方称“坊”，民间称“社”，街坊与乡社并存，官方管理与乡民自主生活统一在一起。清代韩城古城共分十区，每区一坊一社。据《韩城县乡土志》载：“十坊十社的名称为（社坊对应关系已不可考），北曰：北社学坊、安乐坊、俊杰坊、德馨坊、铸宝坊；北社学坊（社与坊同名）、宫前社、育英社、金汤社、武英社。南曰：儒林坊、长乐坊、集义坊、韩乐坊、南社学坊；青云社、县前社、聚奎社、紫云社、武德社。”[1]

6. 防御

防御是人类生存的保障，安全需要是本能的、全方位的、多层

[1] 周若祁. 韩城村寨与党家村民居 [M]. 西安：陕西科学技术出版社，1999：21.

面的。相对于其他功能，防御受到自然地域的影响较大，与政治、社会、军事战争等因素的关联也较紧密。因此，在聚居环境中，往往是最为重视和关注的内容。防御大致包括两个方面：一是军事防御；二是自然灾害的防御。其落实措施是“避防”和“抵御”的融合。

韩城历史城市的军事防御设置主要表现在三个方面（图 4-32）。第一，选址。城市的位置首先关系到县域全局层面的防卫体系，它是防御的核心，是命令的发出点，也是守卫的最后底线。同时，城市的位置还涉及军事战争的重心和方向。最后，“选址”确立了城市防御的自然屏障和依托。第二，城防建设，即通过人工构筑的手段，实施更为有效的防御。韩城历史城市的防御构筑主要是围绕聚居的边界形态展开的：筑城墙，城墙顶上有垛口、炮台和警房。修有东、西、南、北四座城门，还一度建有四门月城。城墙外挖有城壕，城壕外围亦有廓城墙。城内则有高耸的五座望楼，分居城市中心和四角附近，具有观望、探察、预警的作用。第三，设置军事机构。历史城市中须有屯兵、练兵、驻防之所，以备抵御。元时韩城城内设有五营，东、西、南、北四营位于四城门附近，中营位于县署附近，

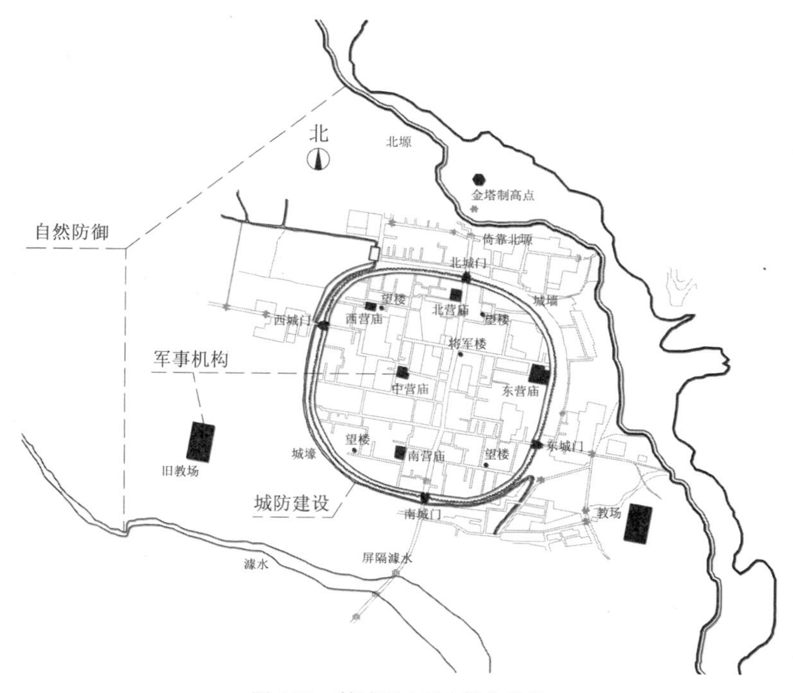

图 4-32　韩城历史城市防御构筑
（图片来源：作者绘制）

在驻防的同时，还祭祀“关帝”，称为五营庙（图 4-33）。城外在明清时设有教场和演武场，相对于五营规模较大，用于军队操练。

图 4-33 北营庙与东营庙现状
（图片来源：作者拍摄）

韩城村落的军事防御设置主要表现在以下几个方面（图 4-34）：第一，尽管依靠自然的守卫条件并不充分，但是村落防御还是首先依托自然环境得以实施的。特定的地形地貌、水域条件等不仅是村落防御的第一道屏障，更是人工防御构筑的基础。第二，村落一经形成，除非遭受毁灭性打击，否则无法通过举村迁徙，另行选址的办法，以达成自然天险和地形地貌的守卫功效。因此，不得不于村落之外，另行选择险要守卫之地，修筑防御型寨堡，

图 4-34 明清党家村防御构筑
（图片来源：作者绘制）

以备兵匪侵袭之时，躲避危险和藏储粮财（图 4-35）。“村、寨分离”也成为韩城地区村落聚居极为普遍和鲜明的防御特征。“寨堡建设”是充分利用自然条件的防御措施，多处于村外地形地貌之险处，并修有寨墙，与村落保持较近距离，仅设置单一通道和坚固门楼，“一夫当关，万夫莫开”。寨堡内还设有较为完备的生活设施，俨然是小型的村落聚居单元。第三，处于川原开阔地区，规模较大且具备条件的村落（如留芳村），筑有围墙和门楼。但是这种较为直接的村防建设，因受到自然因素和社会因素的制约，并不普遍。第四，村落中修有望楼，以备探察。村落街巷较窄，交通网络曲折，尽端路较多。同时，在交通干线与分支的节点位置，以数户为一个单元，设有防御性街门和哨门（图 4-36）。第五，就住宅单元来说，韩城地区的院落外墙较厚，外开窗较少，且多有两层，内设暗道和紧急出入口，这些都与防御需求不无关系。

图 4-35　党家村泌阳堡
（图片来源：作者拍摄）

图 4-36　村落防御建设
（图片来源：作者绘制）

镇级聚落的军事防御措施与自身的形成和发展紧密相关。当其位于县域战略要地、交通要塞和山水形胜之险处时，即是以防御功能为主导因素而形成的，多与城市防御体系类似，例如芝川镇（图 4-37），“倚塬近河”，修筑有城墙、城壕等，设有军事机构，镇内较大街巷口还设有哨门和楼岗，进而表现出强烈的军事性质；当“镇”作为村落自然性凝聚的社会单元，其防御建设与村落类似，例如西庄镇，筑有寨堡，并设置聚落内部的防御体系。

图 4-37　芝川古镇的防御构筑
（图片来源：作者拍摄）

由于韩城地区位于黄河晋陕沿岸，城、镇、村等聚落的自然防御主要针对黄河泛滥、水患洪灾、河水侵蚀、泥沙堆积可能造成的塌陷甚至毁灭、大风侵袭、地震等。其应对措施主要表现在聚落选址、与自然要素的协调关系、形态布局以及材料与施工方法等方面。

7. 商市文化娱乐

货品商市交易和文化娱乐休闲是人们聚居生活的发展需要。在历史城、镇中，商市功能主要是以线性的“商业街”形式呈现的，例如韩城历史城市的南北主街（图 4-38）。街巷两侧建筑较为开敞，商业性质加强，各类商号店铺林立，兼具商业、服务业、饮食业、医药业、手工业、加工业等多种类型，

图 4-38　韩城金城大街
（图片来源：作者拍摄）

繁华一时。在韩城市委员会、文史资料委员会编印的《韩城古城》一书中记载："据1948年韩城解放初的统计数字看，市场的行业与户数大体为：商业共388户，包括15个行业，计有杂货、京货、百货、医药（中、西药店）、斗店（粮食购销）、照相、蔬菜（调料、酱菜）、肉架子、花店（收储贩运棉花）、五金、铁瓷、线铺、纸烟、文具、茶馆等。服务业共11户，有客栈、澡堂子、理发等。饮食业36户。工业8户，其中炉院（翻砂铸造业）2户，造纸2户，纺织4户。手工业233户，包括31个行业，主要有竹器、木匠、铜匠、石匠、铁匠、掌匠、铁皮匠、银匠、拧绳、钉锅、扎罗子、擀毡、弹花、织口袋、裱糊、纸扎、皮坊、织布、裁缝、钉鞋、木梳、修自行车、修表、石印等。加工业32户，有醋坊、粉坊、糖坊、面坊等。另外连同各类摊贩127户。以上共835户……"❶这些商户中，有的已颇具规模，甚至号称"百年老店"。如旧时北街有"隆盛号"，包括股东、经理等人员，在郑州、汉口有四五处庄客（采购点），下辖多家分店，经营木厂、炉院、杂货、当铺、铁铺等多类产业，规模相当壮观。还有如"永兴药店"，一直持续发展到今天，字号牌匾依然不倒。芝川古镇的南北主街，也是重要的商贸集市场所。据《古韩雄镇 芝川》载："自明末清初，商贾云集，市场繁荣。其中有京广杂货二十三家，中西药店七家，棉花五家，酒楼饭馆四十四家。另外丝织染印、盐店粮店、铁匠铺、银楼、竹器店、瓷器店、理发馆、洗澡堂、干果糕点、文具百货、石灰厂、毛织皮坊、蜡烛卷烟、豆腐粉坊、木器修车、五金当铺、照相图书等共计八十一类七十二行三百二十六家之多。"❷

历史城、镇中除了沿街线性分布的商业街外，还有分散设置的"集"和"会"。"集"是在特定地点，固定时间举行的贸易活动。除了生活用品、特产、工具等商品交易外，还伴有各种民俗娱乐活动。《韩城县志》载："大集在县者，米粮杂货每关一月，俱集城外，花布在察院门口，日以为常……"❸"会"起初是民间对神灵、圣贤的祭祀活动，多设置在庙宇附近，又称庙会。不同地区通过戏剧、社火等表演形式，相互争胜，逐渐发展成为韩城特有的民俗传统，后期逐渐增加商贸交易活动。《韩城县志》载：

❶ 韩城市委员会，文史资料委员会．韩城古城[C]．内部发行，2004：196．
❷ 韩城市政协芝川地区文史调研组．古韩雄镇——芝川[C]．内部发行，2012：155．
❸ （清）张瑞玑．韩城县乡土志[Z]．韩城市志编纂委员会内部发行，1984．

"市，县旧志在县城者二月初二日为唐真人祠八月二十日为城隍庙十二月初八日为北阁寺……"[1] 在芝川古镇中，商业集会，一是围绕东关的夏阳渡口展开，船只昼夜穿梭不断，车水马龙，人流涌动，热闹非凡；二是以镇中的各大庙宇为据点，如府君庙、娘娘庙等，定期举行庙会，期间举办耍神楼、游街、腰鼓、唱大戏等各种民俗和祭祀活动，因每逢农历九日举行，又称"九集"。

在古代村落中，农耕是主要的生产方式，生产力和生产水平的局限还未能促使不同行业彻底独立，商业与文化娱乐等需求并不十分"迫切"。街巷、晒场、潦池、水井、作坊等日常生活的公共空间，不仅满足了村民的基本生活，更因为村民的聚集而带有公共性质，人们在此停驻、交谈甚至举行婚丧活动和进行简单的货品交易，"俨然成为现代意义的文化沙龙"；随着商市交易需求和文化娱乐需求的增加，一些较大、较为富裕，或处于交通要地的村落，庙宇附近由于村民聚集的人数较多，后期逐渐产生了定期举行的"庙会"与"社火",还常常设有戏台。庙会活动是集祭祀、表演、交易、游玩等于一体的民众集会，吸引着周边区域的人口往来，逐渐从村落的基本生活需求中摆脱出来，成为更具公共性质的、超越了宗族血缘关系的乡土聚居功能。

8. 交通

交通是聚居的基本功能，并形成了街、巷、胡同等不同尺度形式（图 4-39）。

在韩城历史城市中（图 4-40），交通体系的形成是由上而下逐步延伸的。首先形成了由南北主街和东西向的两条次街共同构筑的一级交通骨架。南北大街将城区自然分割为东西两个部分。大街自南向北又分为三段，南城门以北至衙署以南为南大街，北行至城隍庙口为中街，城隍庙口以北至北城门为北街。东西向的两条次街：一为从西门向东，跨过衙署（后来开通成为贯穿衙署的书院街），经宫前巷，穿南北大街，再经隍庙巷直达东城墙根。二为进东城门向西，经文庙以南的学巷，到南北大街（后来继续向西开通，延伸至西城墙根）。一级交通骨架完成了城池内外的导向，同时也将城池划分成为五个较大区块。其次，在一级骨架的基础上，二级骨架在不同区块内部实施进一步的面域划分，并分流形

[1] 清康熙《韩城县志》卷十四"祠祀"。

图 4-39　街、巷与胡同
（图片来源：作者拍摄）

图 4-40　韩城历史城市交通街巷
（图片来源：作者绘制）

成了围绕县衙、文庙、城隍庙、太徽宫等重要公共建筑的交通组织。二级骨架是一级骨架的细化、分流和延伸。最后，则是在一级和二级骨架的基础上，实施更进一步的聚居组团划分和交通组织，并以大量的巷道、胡同导向民居住宅。韩城古城巷道名目繁多，其基本命名方式大致可以归纳为以下七种：①以所居望族姓氏命名，如解家巷、贾家巷、高家巷、陈家巷、杨洞巷、张家巷、吴家巷、卫家巷、薛小巷、王巷、贺巷、柳家巷、程家巷等；②以邻近庙宇命名，如学巷、隍庙巷、东营庙巷、西营庙巷、南营庙巷、北营庙巷、中营庙巷、九郎庙巷、宫前巷、木爷庙巷、东寺庙巷等；③以儒家教化命名，如集义巷、集贤巷、崇义巷、聚魁巷、敦德巷、礼门巷、德盛门、德福门、德友门、崇让门等，它们多存于邻近庙宇或望族住宅周边；④以邻近特殊建筑命名，如莲花池巷、狮子巷、牌楼巷等；⑤以官位命名，如天官巷、上长巷等；⑥以作坊行业命名，如箔子巷、丝纺巷、猪市巷等；⑦其他，如新街巷、弯弯巷、猫儿巷、马道巷、渤海巷等。古城巷道的命名方式反映出典型的人文色彩和民众聚居属性。

在党家村中（图 4-41），中心东西向街道称为大巷，是本村的主干道。向南有四条次道，由东至西分别称为平福巷、南巷、西崖畔巷、河坡巷。大巷北侧有三条次道，由东至西分别为东巷、汲福巷、小坡崖巷。小坡崖巷向西连接里巷，也称贾巷。村南还有一条东西巷次干道，与大巷平行，称为六行巷。六行巷东端向南还有一称为下道巷的次道。其余道无名，从功能上看，似乎是住宅院落间的通道，可称为住宅组团小道。上寨则由三条南北向的巷道和贯通的环道构成。另外，由村落至上寨，仅有一条顺应山势的道路，且需通过隧道才能抵达。村落交通的形成，是一个渐进、积累的过程。在理想状态下：起初，数户家族共居，道路仅仅是“宅”与“宅”之间的通道以及通往村外的交通联系（散村）；随着人口增殖，村落规模扩大，随即出现了“串联”性质的“交通主线”，住宅沿“主线”一侧或两侧布置（线状集村）；随着村落的进一步发展，单一的“交通主线”逐渐演变为多条相互平行的巷道（条状集村）；在持续发展过程中，垂直于“交通主线”的方向，亦出现了“串联”性质的巷道，且纵横两个方向逐步走向均衡，村落交通结构呈网状，还表现出明确的主次关系（块状集村），进而最终形成了稳定成熟的村落交通结构。当然，在现实情况下：首先，自然地貌地形的约束使大量村落只能稳定在发展过程中的某个阶段；其次，村落的扩张还受到官方管制，自身人口数量、耕地等资源的限制，社会因素的影响等，当到达一定规模后，宗族分支可能另行选址，建立新村，但原村在相当长时间内，“本能自觉”地进入稳定阶段；

最后，虽然村落演进整体上是连续的，但期间可能会出现反复，当原有村落格局无法满足新发展的需要时，就会出现改建、改造等调整。此外，韩城地区的村落交通，极少形成“十字”街巷，多为“丁字口”，当中有军事防御和文化因素的影响。总之，村落聚居环境中的交通，是伴随着村落本体的发展扩张，由下而上逐步“生长”和形成“骨架”的，它无法也不需要实现“一步到位”的、成熟的整体结构。成熟的村落交通骨架，也不具备严整、对称等制度性特征。自然性、动态发展性、由下至上的“生长性”是古代村落人居环境中交通功能的显著特点。但是，这并不是否定古代村落聚居中规划设计的存在和价值，只是反映了村落发展在不同“阶段”的需求和“持续”的状态。从根本上说，这是由村落聚居中，血缘关系下宗族模式的“自主性”和“延展性”决定的。

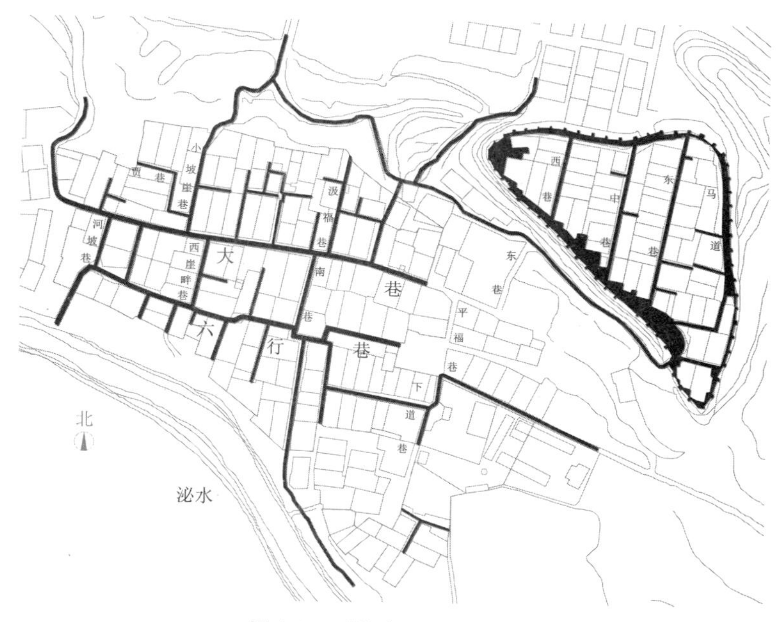

图 4-41　明清党家村交通巷道
（图片来源：作者绘制）

镇级聚落的交通组织介乎于城、村之间。当“镇”表现出强烈的官方性质时，交通组织带有明确的计划性和全局统筹性，例如芝川古镇（图 4-42）：首先，由南城门向北延伸直至府君庙，进而形成了芝川古镇的主街。其次，由东门、西门、北门、小南门向镇内延伸，进而形成了东街、西街、北街和关庙巷。最后，则是在不同区块内实施进一步的面域划分和交通组织，并以大量的巷道、胡同导向民居住宅。不同于城市的是，芝川镇的交通道路端头，时常设置各种庙宇。当“镇”作为村落自然凝聚形成的社会单元时，其交通体系的形成过程与村落类似，呈现出由下向上、由局部向整体的延伸。

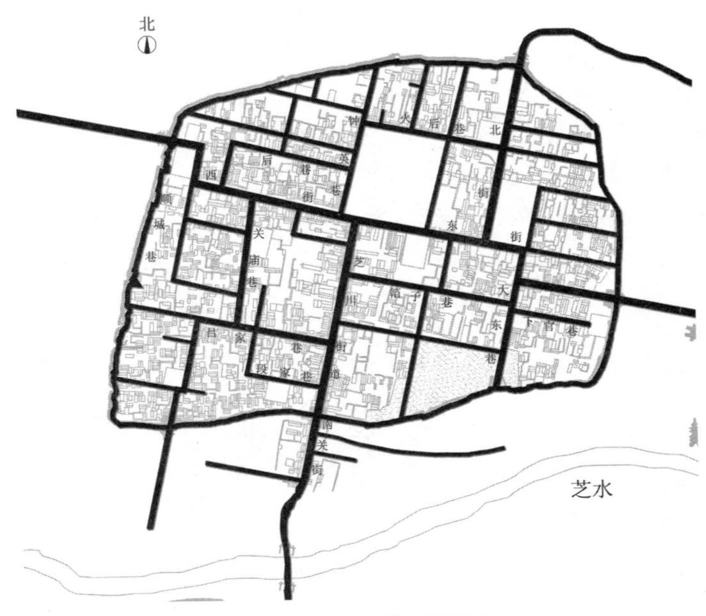

图 4-42　芝川古镇交通街巷
（图片来源：作者绘制）

总之，城、镇、村的交通体系均是在不同层面下实施导向、分流、划分的。但是，官方性质下的城、镇，其交通组织是由全局、整体层面向局部、个体层面延伸、丰富。自然性质和社会性质下的村、镇，则是由局部、个体层面不断积蓄和调整，最终形成全局、整体层面。

9. 耕地

中国是传统农业国家，黄河流域又是农耕文明的重要发源地。春秋时代以后，正是土地的私有和自耕农的出现，才促使宗族村落迅速地发展和普及。耕地是古代聚居的主要生活来源及生产方式，也因此成为人居环境的重要组成部分。

在韩城地区，东南部川原区平坦开阔，域内水系较多，土地肥沃，便于灌溉，农耕生产条件较好，这一区域亦成为农业社会以后，人类密集聚居的首选。明代以前，韩城县域聚落大多集中在川原区。明清时期，随着人口的迅速膨胀，村落逐步遍布全域，尤其向西北山地延伸。在满足生存安全的基础上，耕地很大程度上决定着古代聚落的分布位置、人口数量和规模大小。城、镇等大型聚落，所拥有的耕地面积自然也较大。村落中则情况不一，周若祁在《韩城村寨与党家村民居》中将清代韩城村落规模划分为5等："巨型村落，耕地2500亩以上；大型村落，耕地1200～2500亩；中型村落，耕地600～1200亩；小型村落，耕地300～600亩；碎型村落，耕地300亩以下。"[1]由此提出，明代以前多为川原村落，耕地面积较大，村落规模较大，多为"集村"。明清时期新建的山区村落则耕地条件有限，规模较小，多为"散村"。

耕地不仅是韩城古代聚落形成与发展的内部推动力，还在一定程度上关系到村落人居环境的外部形态：首先，村落选址在保证近水、避害的前提下，优先选择农耕条件较好的区域。这种情况下，耕地距离居住区较近，自然山水、聚居主区与耕地等内容共同组构形成村落人居环境整体，生活空间与生产空间联系紧密，并以一种直接的"景观形态"反映出来，形成了相对理想状态下的村落聚居环境。其次，一些区域虽然适于农耕，但并不适于建村，如黄河滩地，虽然土地肥沃，耕种条件优越，但处于黄河沿岸一级台地，土质湿陷，又往往承受着洪涝灾害的危险，并不适于聚居。这种情况下，耕地与村落有一定距离，没有形成整体的外在表现，生活区域与生产区域是相对独立的，但保持着一定距离的空间关系。最后，山区村落则是人口膨胀后的适应性选择。由于用地有限，多数情况下是规模较小的散村，耕地面积也较小和分散，并逐渐转向以山林产业为主的"山庄子"发展模式，耕地仅满足基本需求。由此可见，耕地与村落形成的人居环境形态并不相同，主要取决于村落选址的耕种条件，在韩城地区主要表现为川原向山区的演变。

10. 仓储等其他支撑功能

在韩城历史城、镇中，还有仓储、救济、医学、阴阳学等其他功能配置。这些内容在城市层面虽不是较大的功能构成，但亦不可或缺。它们多融合在县署、商市等组构中，承担着城市聚居的支撑功能。此外，城市聚落中，还有一类功能——风景游憩。城市周边的风景，并不是历史环境下"必备"的城市人居功能，

[1] 周若祁. 韩城村寨与党家村民居[M]. 西安：陕西科学技术出版社，1999：29-30.

却是古代文人群体游走览胜的对象和精神寄托。

韩城地区的村落中，还有仓、场、潦池、水井、作坊、马房、墓地等生活、生产设施，这些内容体现出了乡野聚居的特定需要，亦构成了乡土生存基础需求的重要组成部分，并形成了区别于城镇的特有的村落环境形态标志。

4.2.2 典型聚落的用地结构

在分析比较了韩城历史城市、镇、村等典型聚落的功能构成后，就需要进一步明确各类功能在不同聚落中的用地结构和用地规模，并且得出具体直观的量化指标。其目的有二：第一，通过横向比较历史城市、镇、村等典型聚落的用地规模，才能真正落实不同聚落类型的功能结构，揭示历史聚居的深层内涵；第二，通过纵向比较历史聚落和当代城、镇、村的用地规模，即可看出农耕文明与工业文明背景下，古、今聚落功能结构的差异和聚居生活价值取向的不同。因此，这种关于“聚居用地”的量化研究十分关键。下文将以韩城历史城市、芝川古镇、党家村等典型聚落为对象，结合聚落遗存以及现有的图文资料，进行研究。

当然，聚落发展经历了漫长的历史演进过程。在不同的历史阶段，其用地结构必然不同。本书以明清时期，也就是发展至成熟阶段的韩城县域聚落为对象进行探讨。另外，由于聚落变迁和功能变化，资料收集十分困难。就已有的史料看，古代城、镇图多以“意象”形式表达，概括性较强，但缺乏完整的内容和精确的比例尺度。历史村落更是“无图可寻”。基于这种情况，本书的研究落实途径主要有三条：第一，在资深专家和当地学者已有的研究成果上，进一步总结梳理，进而获得相对真实可靠的数据；第二，将古代和当代聚落地图进行对应和比较，从中获取有价值的信息和线索；第三，通过实地调研和现场堪踏，对仍有遗存的聚落进行辅助性验证。事实上，韩城县域典型聚落的用地结构分析，是综合上述三种途径得出的。

1. 韩城历史城市用地结构分析

王树声在《黄河晋陕沿岸历史城市人居环境营造研究》中，对韩城古城的用地结构研究已经取得了相当完善的成果：以清乾隆时期韩城图为蓝本，以1935年韩城老城测绘图为基础，对照1977年韩城航测图，逐一确立了韩城历史城市的功能界限和规模。

其中，清乾隆时期韩城图抽象标注了城市重要的构成要素；1935年的韩城城图则更为完整地反映了城市功能界限和相对位置，更详细地刻画了城内的交通街巷系统；1977年的韩城航拍图则是当代韩城古城遗存的精确性、尺度性呈现。综合这三幅地图，将古代城市功能落实到当代城市基底中，再加上实地调研和走访，即可得出韩城历史城市的用地结构图（图4-43）和数据表（表4-2），并进一步提出："韩城古城占地总面积60.52公顷，合907.8亩，其中居住、祭祀、道路三类用地规模居前三位，分别占到58.11%、13.35%、11.18%……这与现代韩城城市建设用地结构发生了很大的变化。"（表4-3）同时指出："居住用地、道路用地在古今城市中所占比例基本相同，最为不同的就是古代城市祭祀用地所占比重较大，几乎等同于现代城市的公共设施用地所占的比例；同时，现代城市用地中的工业用地、仓储用地、对外交通用地所占的比重加大，显然增加了生产性用地的规模。"❶

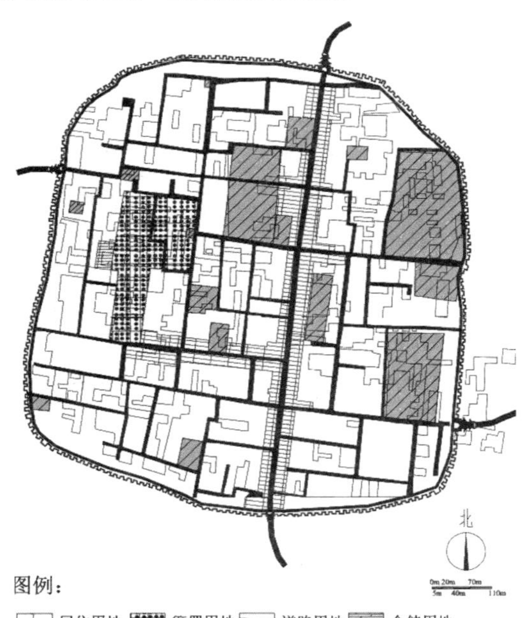

图4-43 韩城历史城市土地利用图
（图片来源：作者绘制）

---

❶ 王树声．晋陕黄河沿岸历史城市人居环境营造研究[M]．北京：中国建筑工业出版社，2009：63–64．

韩城古城建设用地平衡表 **表 4-2**

	用地规模（hm^2）	占城市建设用地（%）
居住	35.17	58.11
祭祀用地	8.08	13.35
衙署	2.73	4.51
市场	3.99	6.60
道路交通	6.77	11.18
防御设施	2.83	4.68
仓储	0.95	1.57
总计	60.52	100

资料来源：王树声．晋陕沿岸历史城市人居环境营造研究［M］．北京：中国建筑工业出版社，2011．

韩城市中心城区建设用地平衡表 **表 4-3**

<table>
<tr><th rowspan="2">序号</th><th rowspan="2">代码</th><th rowspan="2" colspan="2">用地名称</th><th colspan="3">现状（2000 年）</th></tr>
<tr><th>面积（hm^2）</th><th>占城市建设用地(%)</th><th>人均（m^2/ 人）</th></tr>
<tr><td>1</td><td>R</td><td colspan="2">居住用地</td><td>411.5</td><td>47.3</td><td>39.8</td></tr>
<tr><td rowspan="7">2</td><td rowspan="7">C</td><td colspan="2">公共设施用地</td><td>121.9</td><td>14.0</td><td>11.8</td></tr>
<tr><td rowspan="6">其中</td><td>行政办公用地</td><td>33.0</td><td>3.8</td><td>3.2</td></tr>
<tr><td>商业金融业用地</td><td>58.0</td><td>6.6</td><td>5.6</td></tr>
<tr><td>文化娱乐用地</td><td>2.3</td><td>0.3</td><td>0.2</td></tr>
<tr><td>体育用地</td><td>7.7</td><td>0.9</td><td>0.8</td></tr>
<tr><td>医疗卫生用地</td><td>5.2</td><td>0.6</td><td>0.5</td></tr>
<tr><td>教育科研用地</td><td>15.7</td><td>1.8</td><td>1.5</td></tr>
<tr><td>3</td><td>M</td><td colspan="2">工业用地</td><td>85.8</td><td>9.9</td><td>8.3</td></tr>
<tr><td>4</td><td>W</td><td colspan="2">仓储用地</td><td>30.0</td><td>3.4</td><td>2.9</td></tr>
<tr><td>5</td><td>T</td><td colspan="2">对外交通用地</td><td>46.5</td><td>5.4</td><td>4.5</td></tr>
<tr><td>6</td><td>S</td><td colspan="2">道路广场用地</td><td>114.8</td><td>13.2</td><td>11.1</td></tr>
<tr><td>7</td><td>U</td><td colspan="2">市政公用设施用地</td><td>15.5</td><td>1.8</td><td>1.5</td></tr>
<tr><td rowspan="2">8</td><td rowspan="2">G</td><td colspan="2">绿地</td><td>29.0</td><td>3.3</td><td>2.8</td></tr>
<tr><td colspan="2">其中：公共绿地</td><td>14.5</td><td>1.7</td><td>1.4</td></tr>
</table>

续表

序号	代码	用地名称	现状（2000 年）		
			面积（hm^2）	占城市建设用地（%）	人均（m^2/人）
9	D	特殊用地	14.5	1.7	1.4
合计城市建设用地			869.5	100	84.1

资料来源：王树声．晋陕沿岸历史城市人居环境营造研究［M］．北京：中国建筑工业出版社，2011．

2. 芝川古镇用地结构分析

芝川古镇区地势低洼，又邻黄河、芝水、澽水汇合处，历史上屡遭洪水侵袭。1965 年 7 月 25 日晚，洪水冲进城内，全镇被淹。经陕西省政府批准，1969 ~ 1979 年镇址西迁，居民分批迁至镇西高地和镇南塬上，最终形成了芝川新镇。本书以传统人居聚落为研究对象，对于芝川镇的分析也主要体现在已消失殆尽的古镇聚落上。这便给研究带来了巨大的困阻，无法对历史遗存进行详细考察，志书图典等史实资料也相对缺乏。但作为“古韩雄镇”的芝川聚落，在韩城县域历史上占有重要地位，其本身又是传统人居设计的经典案例。所以笔者力图对古镇聚落进行重新整理，尽可能得出相对准确的古镇用地结构和数据图表。

明万历《韩城县志》中绘有芝川镇城图，图中抽象标注了古镇重要的构成要素；周若祁在《韩城村寨与党家村民居》中大致复原了芝川古镇平面图，图中相对准确地描绘了聚落形态和交通关系，详细刻画了民居肌理。此外，在《古韩雄镇》一书中，白焕新老人根据回忆，绘有芝川故城简图，并有相关记载。结合上述资料，以明万历芝川镇城图为蓝本，以芝川古镇复原图为基础，加上《古韩雄镇》书中的相关记载，对芝川古镇用地结构进行下述研究：

韩城旧志记载：芝川古镇“环城周长五华里”❶，约 2500 米。张志方在《芝川古镇百年春秋》中提到：古镇“占地约 600 市亩”❷。在周若祁先生编著的《韩城村寨与党家村民居》中，依据芝川古镇平面复原图的比例计算，占地面积约为 399960m^2，与 600 亩相当。在此基础上，古镇的功能构成包括：祭祀、商市、防御、交通、书院、祠堂、仓储、居住以及其他用地。

❶ 韩城市政协芝川地区文史调研组．古韩雄镇——芝川［C］．内部发行，2012：157．

❷ 张志方．西街口 芝川古镇百年春秋［N］．http://www.hcwhg.cn/news/lmzz/lmzz/2011-8-31/11831JH59I9CGCAIBDF3172F8.html．

（1）祭祀

芝川古镇庙宇众多，根据《古韩雄镇》一书记载，城内有府君庙、娘娘庙、关帝庙、石佛寺、三官庙、财神庙、法王庙、红庙等20余座。目前仍有遗存或者有迹可循的有17座。此外，城外东、西、南、北四关还有禹王庙、吕祖坛、司马迁祠、万佛楼等数十座庙宇。在城中，府君庙规模最大，并含有庙会集市场所，占地面积为20664m^2（31亩），其次为娘娘庙6136m^2（9.2亩），关帝庙1535m^2（2.3亩），法王庙1333m^2（2亩），红庙1500m^2（2.2亩），老爷庙1533m^2（2.3亩），三官庙1613m^2（2.4亩），观音庙1000m^2（1.5亩），石佛寺625m^2（1亩）。此外，还有部分较小庙宇，东财神庙400m^2，灵观庙578m^2，西庵450m^2，龙游宫400m^2，祖师庙400m^2。最后，还有一些更小的庙宇和独间神堂，如小观音庙、小财神庙、玄帝庙等，估算为2000m^2（3亩）。总计，芝川镇内庙宇占地面积为40167m^2，合60.3亩。

（2）商市

商业市场多沿街布置。芝川古镇的市场主要分布在南、北、东、西四条大街上。由于店铺规模不等，沿街两侧的店面进深平均各按10m计算。南街长约326m，北街长约290m，西街与东街共长803m，共计1419m。全镇商业占地面积估算为28380m^2，合42.6亩。

（3）防御

芝川古镇的防御构筑以城墙最为突出。城墙上宽一丈五尺（5m），底宽6～7m。环城周长五华里，约2500m。整体形似簸箕，口朝南。城墙占地面积约为16250m^2，合24.4亩。

（4）交通

历史古镇的道路系统呈现出明确的层级逻辑。首先，由南、北、东、西四城门进入，即形成了南街（芝川大街）、北街、东街、西街四条大街。四街的平均宽度为10m，南街长约326m，北街长约290m，西街与东街共长803m，四街总长1419m，占地面积约为14190m^2；其次，在主街划分形成的若干区域中，共有九条较大巷道。其中，由小南门进入，形成了南北巷，宽约7m，长约192m。关庙巷宽约8m，长203m。吕家巷宽约8m，长212m。箔子巷宽约7m，长259m。大东巷宽约8m，长229m。下官巷宽约6m，长121m。钟英巷宽约6m，长253m。火后巷宽约7m，长217m。后巷宽约6m，长262m。九条较大巷道的占地面积为13644m^2；最后，根据已有图集资料，镇中还有约 20 条较小巷道和胡同，平均宽度按 5m 计算，总长约 3353m，占地面积为 16765m^2。综合上述所有街、巷、胡同，芝川古镇的交通道路占地面积为 44599m^2，合 66.9 亩。

（5）书院

明清时期，芝川镇内府君庙东南设有少梁书院。张志方在《芝川古镇百年春秋》中记载："大门朝北，进门两个院落，五座大房，门房两侧碑石林立，院中设一石雕圆形鱼池，鱼池两侧各建三大间东西房，向南设一大教室，再向南过大院坐南面北又建一大庙，庙院两侧建有小房数间，院中两侧设无数碑石（碑石、鱼池已埋入地下）。"[1] 根据芝川故城简图及相关资料，少梁书院占地约 2000m^2，即 3 亩。

（6）祠堂

据《古韩雄镇》记载，芝川古镇中共有宗族姓氏祠堂 17 座。祠堂一般为完整的院落单元。韩城地区多为狭长形院落，面宽多为三间 10m，进深多在 20m 以上，平均占地面积约为 200m^2。17 座祠堂占地面积共计 340m^2，即 5.1 亩。

（7）仓储

作为韩城县域重镇，芝川城内应有储备粮食的常平仓。但碍于资料有限，其数目、位置、规模等并不确定。参考韩城、河津等古代聚落，芝川镇仓储占地面积估算为 5000m^2，合 7.5 亩。

（8）其他

由于芝川镇聚落形态并不十分规则，城墙边界的东南角还裹含部分耕田用地。根据芝川故城复原图，其面积估算为 20000m^2，合 30 亩。

（9）居住

芝川古镇总占地面积为 600 亩（不包含东、西、南、北四关）。除去祭祀、商市、交通、防御、祠堂、书院、仓储以及其他用地外，剩余部分基本为居住用地，约 240164m^2，合 360.3 亩。

根据上述研究，即可得出芝川古镇土地利用图（图 4-44）和建设用地平衡表（表 4-4），进而直观反映出不同功能的占地规模和比例。其中，居住、祭祀、交通用地较大，分别占古镇聚落总面积的 60.0%、10.0%、11.2%。

---

[1] 张志方．西街口　芝川古镇百年春秋 [N]．http://www.hcwhg.cn/news/lmzz/lmzz/2011-8-31/11831JH59I9CGCAIBDF3172F8.html．

图 4-44　芝川古镇土地利用图
（图片来源：作者绘制）

芝川古镇建设用地平衡表　　表 4-4

	用地规模		占古镇建设用地（%）
居住	240164m²	360.3 亩	60.0
祭祀	40167m²	60.3 亩	10.0
商市	28380m²	42.6 亩	7.0
防御	16250m²	24.4 亩	4.1
交通	44599m²	66.9 亩	11.2
书院	2000m²	3 亩	0.05
祠堂	3400m²	5.1 亩	0.85
仓储	5000m²	7.5 亩	1.3
其他	20000m²	30 亩	5.0
总计	399960m²	600 亩	100

资料来源：作者根据资料整理绘制。

3. 明清党家村用地结构分析

党家村位于韩城东部黄土台塬区的泌水河谷中。周若祁在《韩城村寨与党家村民居》中，绘有党家村现状平面图，明确标注了清代村落形态。在此基础上，笔者结合实地勘察和调研，就明清成熟时期的村落用地状况予以分析：

根据周若祁的研究，在党家村现状图中，除去农业耕地面积，村落建设用地共计 185 亩。但以明清成熟阶段看，村落范围集中在泌水谷地中部和泌阳堡上寨两部分。其中，河谷部分占地 65212m^2，约 97.8 亩。上寨部分占地 24574m^2，约 36.8 亩。清代党家村建设总用地约 89786m^2，合 134.7 亩。历史村落的功能构成包括：祭祀、防御、交通、居住、私塾、祠堂、场、池井、马房以及仓储、作坊、当铺等其他用地。

（1）祭祀

党家村庙宇较多，村落密集聚居地段有观音庙、娘娘庙、官房、土地庙、关帝庙、火神庙、马王庙、财神庙、文星阁等，就目前掌握的资料看，共 9 座。此外，村落周边还有白庙以及大、小砖塔多座。在村落中，首先，观音庙“享殿五间，献殿三间”，东侧为娘娘庙、官房、戏台等，西侧为土地庙，“有殿五间”。它们共同构成了村落东北角，以观音庙为核心的祭祀建筑群空间，共占地约 2394m^2，合 3.6 亩。其次，关帝庙“占地四亩，享殿三间，献殿三间，山门三间，庙院中心有戏楼”，西侧为火神庙，东侧为马王庙，“享殿三间，献殿三间，碑亭两座”，南侧为财神庙，东南向有文星阁。它们共同构成了村落东南角，以关帝庙为核心的祭祀建筑群空间，共占地约 5469m^2，合 8.2 亩。党家村祭祀用地面积共计 7863m^2，合 11.8 亩。

（2）交通

党家村的交通道路系统包括河谷部分与上寨部分。就河谷部分来看：首先，村落中心形成了东西横向的主干道——大巷。大巷以南则有东西横向的次干道——六行巷。大巷长约 281m，六行巷长约 276m，两巷的平均宽度为 3m，共占地 1671m^2。其次，在大巷与六行巷的北侧、中间以及南侧分别形成了与其垂直的七条有名小巷。北侧有汲福巷 82m，小坡崖巷 66m，贾巷 81m。中间有南巷 61m，西崖畔巷 57m，河坡巷 42m。南侧有下道巷 59m。七条有名巷道总长 448m，平均宽度按 2m 计算，共占地 896m^2。再次，除上述巷道外，其余道路皆无名可查。其中，一些道路则是住宅组团之间的通道。据图估算，大致有 9 条，总长 534m，平均宽度为 2m，共占地 1068m^2。最后，仍有数量较多的入宅小道和尽端路，约 19 条，总长 400m，平均宽度为 1.2m，共占地 480m^2。

河谷部分交通道路总占地面积为 4115m^2；就上寨部分来看，道路系统相对简单。首先，南北向有三条主巷，分别是东巷 144m，中巷 114m，西巷 70m。总长 328m，平均宽度为 2m，共占地 656m^2。其次，环绕上寨则有马道，宽窄不一。南向入口一边较宽，一些地方甚至形成了宽约 15m 的小型广场。东南向最窄，仅有 1.2m。根据平面图测算，其占地面积约 4286m^2。最后，还有部分尽端小道，据图可知，大致为 9 条，总长 225m，平均宽度为 1.2m，共占地 270m^2。上寨部分交通道路总占地面积为 5212m^2。这样，就可得出：党家村清代交通道路总占地面积为 9327m^2，合 14 亩。

（3）防御

虽然党家村的防御体系是多层面的，但是反映在用地结构上，以上寨泌阳堡的寨墙最为突出。泌阳堡大致呈三角形布局，南侧的两条长边处于绝壁之上，寨墙宽约 1m，总长约 738m，占地面积为 738m^2，合 1.1 亩。北侧的横向短边与北面高起塬地相连，防御性更强，寨墙平均宽约 3m，长 173m，共占地 519m^2，合 0.78 亩。党家村防御性寨墙的占地面积共计 1257m^2，合 1.88 亩。

（4）祠堂

宗庙祠堂是历史村落重要的精神象征。据载，党家村共有祠堂 10 处。目前保存完好的有四处。祠堂一般为完整的院落单元。一座院落平均占地 200m^2，10 座祠堂占地面积共计 2000m^2，合 3 亩。

（5）私塾

党家村非常重视教育，耕读传家的风气极为兴盛，多利用私宅开设私塾。据载，村中私塾多达 13 所。平均一所私塾占地面积为 200m^2，村落私塾总占地面积约 2600m^2，合 3.9 亩。

（6）场

历史村落中往往有用于晾晒粮食谷物的麦场、谷场。此外，还有一些用于村民集会或举办各种公共活动的小型广场。在党家村中，据图推算，晒场和小型广场的占地面积约为 2000m^2，合 3 亩。

（7）潦池、水井

为满足排水、存水、日常洗涤、消防等用水需求和饮用水需求，村落中设有潦池和水井。在党家村中，上寨设有一处潦池，面积约为 200m^2。村落中，共打井 10 处，多建有井房。一座井房面积按 9m^2 计算，村落井房共占地 90m^2。这样，潦池和水井占地面积共计 290m^2，合 0.44 亩。

（8）马房

历史村落中有专门蓄养牲畜的地方，以马房院居多。据载，党家村中有马房 27 处，平均一座马房占地约 20m²，27 处共占 540m²，合 0.81 亩。

（9）其他

党家村中还有一些聚居功能，如仓储、手工作坊、油坊、磨坊、当铺、钱庄、分银院等。部分内容反映出村落族人经商之后，农耕生产力度逐渐减小，手工业、商业生产得以发展。由于资料有限，无法获得具体占地面积。但是，党家村经商富户的记载较多，上述功能规模应当不小。这里仅估算为 4000m²，约 6 亩。

（10）居住

明清时期党家村总占地面积约为 89786m²，合 134.7 亩。除去祭祀、防御、交通、私塾、祠堂、场、池井、马房以及仓储、作坊、当铺等其他用地，剩余部分基本为居住用地，约 59909m²，合 89.9 亩。

根据上述研究，即可得出明清时期党家村土地利用图（图 4-45）和建设用地平衡表（表 4-5），进而直观地反映出不同功能的占地规模和比例。其中，居住、祭祀、交通用地较大，分别占村落建设用地总面积的 66.7%、8.8%、10.4%。

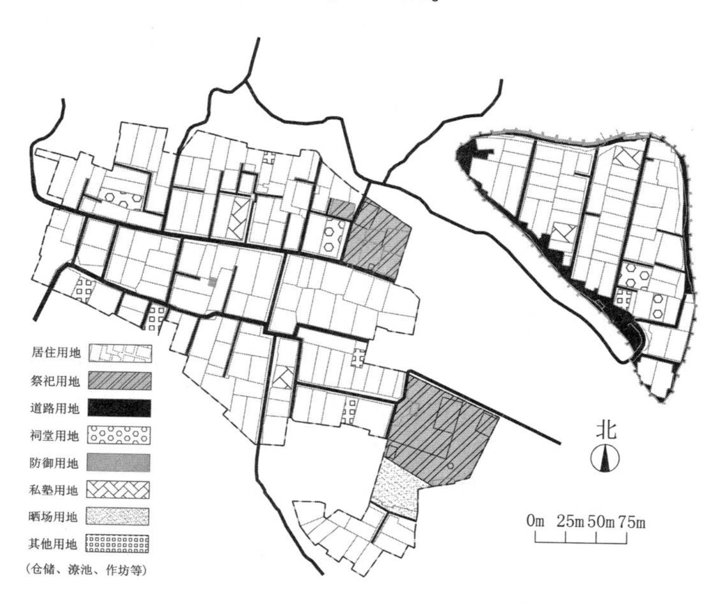

图 4-45　明清党家村土地利用图
（图片来源：作者绘制）

明清党家村建设用地平衡表 表 4-5

	用地规模		占村落建设用地（%）
居住	59909m^2	89.9 亩	66.7
祭祀	7863m^2	11.8 亩	8.8
防御	1257m^2	1.88 亩	1.4
交通	9327m^2	14.0 亩	10.4
私塾	2600m^2	3.9 亩	2.9
祠堂	2000m^2	3.0 亩	2.2
场	2000m^2	3.0 亩	2.2
潦池、井房	290m^2	0.44 亩	0.32
马房	540m^2	0.81 亩	0.6
仓储、作坊、当铺、钱庄等	4000m^2	6.0 亩	4.46
总计	89786m^2	134.7 亩	100

资料来源：作者根据资料整理绘制。

通过韩城历史城市、芝川古镇、明清党家村等典型聚落的用地结构分析以及历史城市古今用地状况的对比，即可发现：在历史环境下的城、镇、村中，居住、交通、祭祀三类用地占聚落总建设用地的前三位。这反映出了韩城县域聚落在中国古代传统、本土聚居生存背景下的重要特点。在当代韩城城市用地中，居住、公共设施与道路广场用地分列前三位。相比之下，古今聚居用地的差异集中反映在精神活动空间的减少和生产空间的增加上。聚居功能和用地状况的变化，有助于进一步揭示历史聚落在本土环境下的功能关系、结构特征以及深层影响因素。

4.2.3 典型聚落的结构特征

在研究分析了韩城历史城市、芝川古镇、明清党家村等典型聚落的功能构成和用地状况的基础上，即可发现：第一，不同的聚落类型对应产生了特定的人居功能需求，进而直接决定了聚落的本质属性。第二，多种聚居功能并不是割裂存在的，其相互之间依存于某种隐性的逻辑关系和导向途径，反映出了历史环境下，城、镇、村的不同特点。通过一些特定的功能类型和用地状况，即可窥见历史聚居的核心需求。第三，韩城县域本土生存的价值倾向具有层面特征，不仅满足“人”生存层面的基础价值，还囊括了精神层面的信仰价值，更显现出了关乎聚落整体结构和秩序的生命价值。

1. 典型聚落的功能比较和功能性质

纵观治理、祭祀、旌表、教育、居住、防御、交通、商市、仓储等人居功能，在城市、镇、村等历史聚落中对应产生了“针对性”的建筑实体和空间场所（表4-6）。相较之下，最为突出的差异集中反映在治理功能和祭祀功能上。

城、镇、村历史聚落功能比较 表4-6

	城（历史城市）		镇（芝川古镇）		村（明清党家村）	
人居功能	名称	特点	名称	特点	名称	特点
治理	县衙	政治属性、核心“乾位”、制度性	乡廉	社会属性、隐性组织、自发性	祠堂	血缘属性、宗族组团核心、民间性
儒家精神的祭祀	文庙、社稷坛、风云雷雨坛	官方性、文庙核心、特定位置	关帝庙、娘娘庙	社会性、特定位置	关帝庙、土地庙	民间性、兼容设置、自然布局、特定位置
宗教精神的祭祀	佛寺、道观	社会属性、分散设置	佛寺、道观	社会属性、分散设置	菩萨庙、药王庙等	社会属性、兼容设置
地方精神的祭祀	城隍庙、邑厉坛、关帝庙等	官方性、地域性、城隍核心、特定位置	府君庙、名人祠堂、地域神庙	社会性、地域性、府君核心、特定位置	文星塔、名人祠庙、地域神庙	民间性、地域性、兼容设置、特定位置
聚落精神结构	县衙、文庙、城隍庙	官方性、形成格局	府君庙、娘娘庙、关帝庙	社会性、府君庙核心、形成格局	祠堂、关帝庙、菩萨庙、文星塔	民间性、祠堂、关帝庙、菩萨庙、三个核心、围绕核心形成集群
旌表	城门匾额、街道牌坊	社会性、交通节点、小型构筑、线性设置	城门匾额、街道牌坊	社会性、交通节点、小型构筑、线性设置	节孝碑、门楣题字	血缘属性、交通节点、小型构筑
教育	县学、书院、社学	官方性、制度性、设于文庙中	书院、社学、义学	社会性、自发性	私塾、义学	民间性、设于私宅中
居住	宅院	院落单元、规整组团、坊社结合	宅院	院落单元、社区组团	宅院	院落单元、逐步积蓄、自然布局、宗族组团

续表

	城（历史城市）		镇（芝川古镇）		村（明清党家村）	
人居功能	名称	特点	名称	特点	名称	特点
防御	形胜防御、城防建设、军事机构	官方性	形胜防御、防御建筑、军事机构	社会性	自然防御、寨堡建设、防御构筑	民间性、自发性、村寨分离
商市	商业大街、集市、庙会	线性布置、规模较大、定时设集	商业大街、集市、庙会	线性布置、规模较大、定时设集	庙会、场、街巷	规模较小、祭祀商业、功能兼容
交通	街、巷、胡同	延伸性、划分性、层次性、规制性	街、巷、胡同	延伸性、划分性、层次性、规制性	大巷、小巷、胡同	延伸性、积蓄性、层次性、自然性
耕地	田	规模较大、聚落外部	田	规模较大、聚落外部	田	规模较小、自然分布、景观呈现

资料来源：作者根据资料整理绘制。

就治理功能来说，城市中有县衙，它是城市的核心，其位置、规模、布局等受到官方制度的严格把控。镇中为“乡廉”，但“乡廉”作为地方管理组织，并未落实在建筑实体中，仅以一种民间缔约达成的共识来发挥效用。村落中则有祠堂，祠堂是不同宗族姓氏的精神凝聚，是维系乡土自治的主导力量。当然，不同的治理或管理作用并不局限在对应的聚落类型中，县衙的官方管理同时渗透在镇、村等下属聚落中，村落中的宗族力量也在镇、城等上层聚落中实施补充。但整体来看，历史城市反映出政治属性和官方特征。芝川古镇体现出了地域凝结形成的社会属性和地方特征。党家村则呈现出宗族关系下的血缘属性和乡土特征。

祭祀功能又分为儒家精神的祭祀、地方精神的祭祀以及宗教精神的祭祀。通过前文对用地结构和用地规模的研究发现，相对于当代，历史聚落的祭祀功能所占比重极大，并且直接影响着不同聚落类型的深层价值。儒家精神实是关乎天、地、人的认识观，城市中有文庙、风云雷雨坛、社稷坛，进而形成了关于孔圣、天、地的地方城市祭祀建构和制度。镇、村中则有关帝庙、娘娘庙（土地庙）和祠堂（祭祖），是相对于官方性的民间自有的乡土祭祀表现。地方精神的祭祀极为丰富，城市中的核心为城隍庙，芝川古镇中为府君庙，村落中则类型繁杂并相互融合；宗教精神的祭祀在城、镇中落实在独立设置的佛寺、道观中，村落中则常常“万神同祭，共处一庙”。在城、镇、村等不同聚落类型中，祭祀功能体现出以下特征：第一，城市祭祀反映官方主流传统，并以制度性呈现，镇和村的祭祀则反映乡土民间传统和地方自发建设，二者之间明显是相互对应的。第二，城市的祭祀核心是文庙，形成了以儒家正统信仰为主导的“礼乐精神”。芝川古镇的祭祀核心是府君庙，形成了以地方信仰为主导的“善恶精神”，村落中则以祭祖祠堂为核心，且儒家精神、地方精神与宗教精神融合在一起，共同祭祀，形成了以家族信仰为主导的“伦理精神”。第三，尽管不同的聚落类型形成了特有的祭祀精神，但其背后都是以本土共通的文化认识观和精神价值观为基础的。换句话说，无论是官方祭祀或乡土祭祀，还是城、镇、村的自有祭祀建构，都是本土共通精神的发展、丰富和延伸。

除了治理功能和祭祀功能，旌表、教育、居住、防御、交通、商市、仓储等其他功能在城、镇、村中的差异较小，仅仅反映政治属性、社会属性与血缘属性下的不同特点。需要说明的是，在历史城、镇等官方和社会聚落中，聚落形成之初，显然就具备了整体层面的规划设计意图。但村落中则是以“宗族单元”为内部控制基准，逐步形成，并且呈现出自发、自然的阶段性和持续性发展，最终确立了成熟完善的村落功能结构。但总体上看，历史人居环境中的治理功能和祭祀功能很大程度上决定着聚落的本质，其他功能则是基于这种“本质”的不同反映。

2. 典型聚落的功能关系和导向途径

历史聚落的功能构成较为繁杂，但总体来说，不外乎三类：一是治理或管理功能，它是聚落的“大脑”；二是精神功能，包括祭祀、旌表和教育，它是聚落的“心灵”；三是基础支撑功能，如居住、防御、交通、商市、仓储等，它是聚居生存的基础和保障，是支撑聚落运行的“身躯”。其中，精神功能还具有更为丰富的内部结构：祭祀、旌表、教育三大精神功能并不是相互割裂的。它们出于不同角度，反映精神需求的不同形式和方向。祭祀是精神的承载，体现“纪念”的意义。旌表是精神的导扬，体现“导向”的意义。教育是精神的传授，体现“继承”的意义。祭祀、旌表、教育的统一性是由本土共同的文化精神背景决定的。但是，在历史环境下，祭祀功能是精神需求的核心。精神需求不仅反映在祭祀、旌表、教育三大特定功能上，还延展渗透在官方治理与民众生存生活的每个角落。在城、镇聚居中，几乎所有实体要素及相互关系均不同程度地承载着一定的精神意义。也就是说，韩城古代“城郭图”“芝川镇城图”中所体现的内容，很大程度上就是韩城历史城、镇的精神内容和精神结构。村落的精神构筑以一种自发、自然的状态呈现，并未表现出强烈的制度性和结构性。

在城、镇、村等历史聚落中，治理或管理功能、精神功能以及基础支撑功能通过一定的导向途径相互配合，进而促使不同性质类型的聚落有机运转。

在城市中（图 4-46），政治属性和官方特征决定了治理功能处于聚居需求的最上层和最外层，具有统领精神功能和支撑功能的全局意义，其作用凝缩于核心县衙。其次是精神功能，它不仅指向祭祀、旌表、教育三大特定需求，更不同程度地落实渗透在治理功能和支撑功能的实体要素上。基础支撑功能则处于聚居需求的基层和里层。多种人居功能的导向途径是“由上而下”（即由官方上层向民间基层）以及“由外而内”（即由政治等功能属性向民众自主生存）发挥效应的。在城市运行过程中，作为治理功能的县衙和精神功能的儒家信仰代表——文庙以及地方信仰代表——城隍庙，以“礼乐精神”的价值观发挥着核心作用。

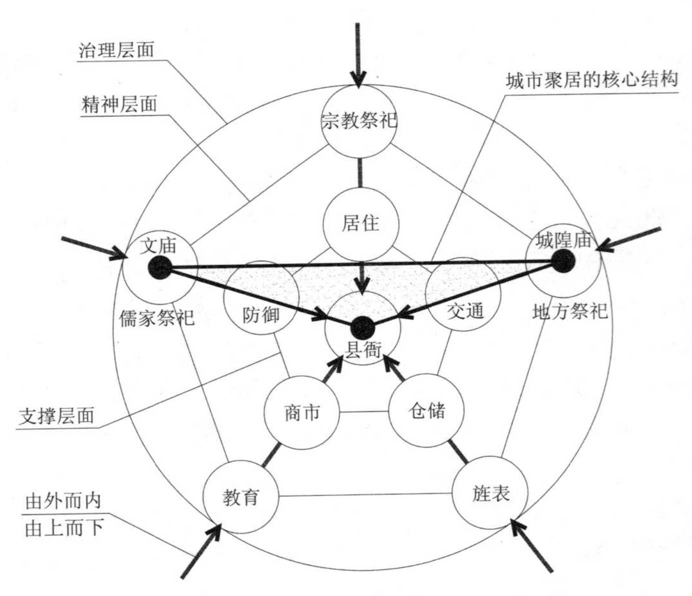

图 4-46　历史城市的功能关系和导向途径
（图片来源：作者绘制）

在芝川古镇中（图4-47），社会属性和地方特征决定了基础支撑功能处于聚居需求的最外层。也就是说，芝川古镇是由于邻靠黄河渡口，同时又是韩城县域东向、南向防御的重心，而以渡口聚落、商业聚落、防御聚落等性质得以存在的。其次是治理和管理功能，“乡廉”组织作为地方产物，并不具备官方性，也未落实于实体空间，但其同样发挥着主持和维系聚落秩序的重要作用。精神功能则处于聚居需求的核心里层，它以核心地位向外辐射，作为内因影响着治理功能和基础支撑功能。由此可见，芝川古镇多种人居功能形成了双向途径：一是“由下而上”，即民众的基层生活和精神价值观对上层治理、防御、商业等功能发挥作用。二是“由外而内”，即由聚落在地域环境中特定的基础支撑功能优势（如交通渡口、商业中心、防御重心），对治理以及民众自主生存实施影响。在古镇聚落运行过程中，作为精神功能的地方信仰代表——府君庙以及儒家信仰代表——娘娘庙（土地庙）、关帝庙，以“彰善惩恶”的价值观，发挥着核心作用。在明清党家村中（图4-48），血缘属性和宗族伦理特征决定了承担管理、凝聚功能的姓氏祠堂处于聚居需求的核心里层，但其仅局限于家族宗族的范畴，并不具备统领精神功能和生存基础功能的全局意义。其次是精神功能，不仅反映在祭祀、旌表、教育等不同形式上，更全面覆盖和深入落实在宗族自治功能和生存基础功能上。支撑功能则处于聚居需求的最外层。多种人居功能的导向途径是“由下而上”，即以民众的基础生存为主导目的逐步向其他需求延伸以及“由内而外”，即以宗族血缘关系为核心，进而影响其他功能。在村落运行过程中，承担管理、凝聚功能的祠堂，和儒家信仰、地方信仰、宗教信仰等精神功能融合在一起，以“家族精神”和“万善同归”的价值观，发挥着核心作用。

通过城、镇、村等历史聚落功能关系和导向途径的对比即可发现：第一，本土传统聚落是以一种兼备“大脑、心灵和身躯”的“生命需求”得以运行的；第二，不同的聚落类型（政治聚落、社会聚落、血缘聚落），基于不同的本质特征形成了不同的功能导向途径；第三，精神需求总是处在历史聚落的根源深处，所占比重也较大。同时，基于不同的聚落类型，形成了共同背景下，不同的精神构架和价值观。正是有了“精神”的存在，聚落的形成才有了“人”的意味，聚落的发展才能保证永不脱离“关怀人、服务人”的终极目标。

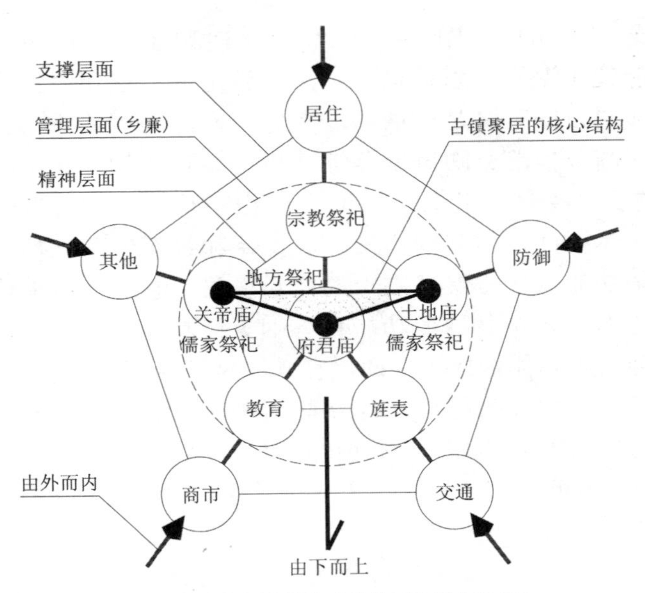

图 4-47 芝川古镇的功能关系和导向途径
(图片来源：作者绘制)

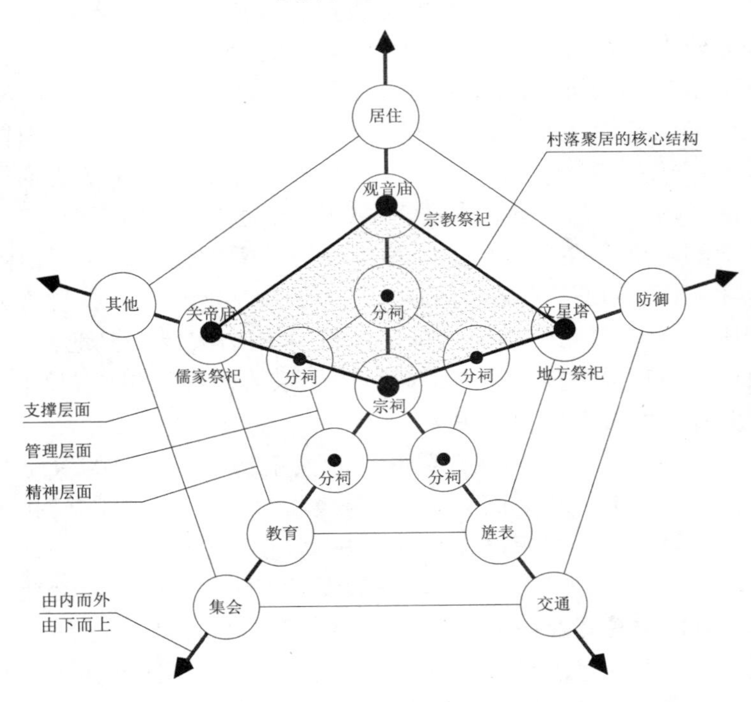

图 4-48 历史村落的功能关系和导向途径
(图片来源：作者绘制)

3. 典型聚落的结构特征

聚落归根结底是为了满足人类生存生活的需要。人的需求大致可分为三个层面：一是维系生命存在和功利意义的基础层面。二是保障精神关爱和心灵寄托的情感意识层面。除此之外，还有更高的追求——寻找“人与自然”得以生息传衍的生命本质和生命价值。在中、西不同的文化环境里，这三个层面的追求表现出不同的形式和途径，但都完整存在，并且相互作用。中国传统历史聚落，正是“基础生存层面”“精神关怀层面”与“生存价值和生命秩序层面”的完整统一，这三个需求层面共同构成了本土聚居的生存结构。

（1）基础生存层面

居住、耕地、防御、交通、商市、娱乐、仓储等功能与人的生活直接相关，无论古今，它们都是生活需求的必需组成部分。通过历史聚落和现代聚落用地状况的纵向对比，这些内容在聚居总建设用地中所占比重差异较小，只是随着时代的进步和发展，现代聚落的功能分化更为细致丰富，且在工业生产用地、商业用地、仓储用地以及对外交通用地等方面有所增加；通过城、镇、村等历史聚落的横向对比，城、镇的商市功能和防御功能较为突出，占地比重明显高于村落，但村落的居住占地大于城、镇，且农耕生产功能较为突出，交通等其他功能在城、镇、村中所占比重相当。这一结果在一定程度上也反映出了不同聚落类型的性质差异。相对于其他地区，韩城县域城、镇、村中的防御功能与商市功能较为突出，这显然与韩城所处的自然环境、社会环境有关，黄河沿岸的“边地”性质发挥着内部的决定性作用。总体来说，居住是聚居的基础，防御是聚居的保障，交通是聚居的纽带，商市是城、镇聚居发展的动力，农耕生产则是村落发展的动力，仓储以及其他功能配置则是聚居的基本组成，这些内容构成了聚居生存的基础层面。

（2）精神关怀层面

人类的生存生活不仅要满足基本的自然需求和功利需求，还须满足精神层面的需求，从而给予心灵世界一个安定、健康、充满希望的寄托。当人本身的能力受到局限或者即将面对陌生、不熟悉、不可控的未知世界，便需要某种力量给人以精神的慰藉和鼓舞，这便是精神关怀的意义。在科学技术落后、自然威胁和战争威胁不断、人身安全都无法保障的古代社会，这种精神关怀就更加重要，也因此出现了“法力无边的神”和如此众多的神庙，来给人以精神和心灵的庇护。客观地说，无论任何时代，人类发展总是在一个有限度的范畴内，精神关怀的价值是永恒的。随着时代的进步和发展，现代的精神关怀更趋向于理性，但“神权力量”的信仰价值依然存在，它成为人类世界以外，未知和不可控领域的精神象征。

在城、镇、村等历史聚落中，精神关怀的需求主要是通过祭祀功能得以实现的。但祭祀对象多为具有超自然力量的“神灵”，这是历史环境下本土聚居中精神关怀需求的特定反映。大致可分为以下几类：一是宗教神灵，如佛教的“佛祖”“菩萨”，道教的“仙人”“真人”等；二是地域神灵，如河神、土地神、山神等；三是行业神灵，如财神、灶神、文昌帝等；四是地方神话传说中的神灵。除此之外，还有一类神灵，他们原本是真实存在的“人”，因为其本身的高尚德行及重要贡献，在去世后得到纪念和追捧，进而具有神性特征，成为庇护民众的精神依托，如禹神、韩侯等。相较之下，在城、镇、村等聚落类型中，精神关怀的需求并无较大差异，只是城、镇中各类精神建筑独立存在和独立祭祀，村落中则常常“万神同处一庙”，共同祭祀。总之，本土聚居中大量“神性对象”的存在，满足了历史环境下人们精神层面的功利需求。在当代视角下，仅仅以迷信色彩进行定位，显然是不充分的。

（3）生存价值和生命秩序层面

人类精神层面的需求不仅仅在于得到关爱和依托，更有一种本能的追逐，就是要寻求相对靠近“真实”的、关于生命的意义和价值以及如何处理和认识人与世间万物的角色定位、相互关系。这种精神追求显然更为广义。

《辞海》中，对“精神”的解释为：“①哲学名词。指人的意识、思维活动和一般心理状态。宗教信仰者和唯心主义者所讲的精神，是对意识的神化。唯物主义者常把精神当作和意识同一意义的概念来使用，认为它是物质的最高产物。②神志、心神。③精力、活力。④神采，韵味。⑤内容实质。”[1] 狭义的“精神”仅指向第一层含义，是指相对于“物质”的“人”的意识、心理。广义的“精

[1] 辞海编辑委员会．辞海［M］．上海：上海辞书出版社，1979：1935.

神”除了第一层含义，还包括：“人”的意识所表现出的状态——德行、品性、素养、气质等；社会、地域呈现出的人存关系和特征——制度、传统、风俗等；“人与自然”的存在状态——生命力；“人与自然”所呈现的艺术状态——美；“人与自然”的本质、关键——真理、知识、规律、智慧、方法等。传统中国的精神内涵是广义的，是对“德”、对“秩序”、对“生命力”、对“美”、对“道”的追求。不仅如此，这些追求并不是相互割裂的，是统筹在“人与自然”之下的，既客观又主观，既涉及内在又关乎外在，既相互独立又整体统一的辩证融合。换句话说，中国人的精神追求是囊括了文化、艺术甚至触及科学的，超越物质实体的，贯穿“外在状态”与“内在根源”的，具有普遍意义和普适价值的综合追逐与探索。

基于强烈的精神追求，传统中国形成了儒、释、道三大认知体系。儒家“入世”，以“人”为主体。道家“出世”，以“自然”为主体。佛家亦是“出世”，并将人置身于更为超脱的“自然与人”之外，来审视“世界”。虽然三者义理不同，在历史上又经常存在尖锐的矛盾与斗争，但它们都将视角指向人、自然及相互间的辩证关系，均具备独立完整的体系内容，表现出“和而不同”的特点。儒、释、道三宗在历史上的精神地位和作用不尽相同。总体来说，儒家的影响力更为广泛和深远，适合于社会各个阶层，更具普遍性和长久发展的生命力。道家最终和佛家一同，以道教与佛教的宗教形式呈现，虽然在一定历史时段内表现出主导性，但整体情况下，成为儒家的辅助。儒、释、道三家“交相胜，还相用”，三套精神体系（尤其是儒家）极大程度地指导着人们的处世准则，完善了人与人之间的社会伦理关系，落实了人们的信仰目标和生命理想，满足了历史局限下人们对“自然”及“真理”的探索。除此之外，地方城市还承载着民间百姓与乡野地域自有的精神认知。一方面作为“儒释道”精神的拓展，另一方面反映乡土地域民众的特有态度和自我情怀，姑且称之为“地方信仰”。

儒家信仰、宗教信仰、地方信仰共同构成了中国本土聚居的精神认知体系。这一体系是支撑聚落多项人居功能得以完整凝聚，而非简单拼凑的整体框架和关键线索。它不仅满足了人们聚居生存的精神寄托和追求，还阐释了人们在城、镇、村等不同聚落类型中的生存意义和生命价值，并利用建筑手段建立了一种蕴含着生存意义和生命价值的空间秩序，这一秩序支撑着聚落的生命意象，使其在充满生气的相互关系中有机运行。

在历史城市中，县衙是聚落的核心，文庙、社稷坛、风云雷雨坛、先农坛等组成了儒家精神关乎“天、地、人”的信仰构架。城隍庙、邑厉坛等是地方精神的代表。城外北塬上的潭法塔则是宗教精神的代表。地方城市的政治属性、官方特征和地域特征决定了县衙、文庙、城隍庙共同组构形成聚落的精神核心，其他内容则在外围分布。与此同时，这些精神建筑基于一种文化认知和相互关系，分别处于聚落内外的“特定”位置，进而构成了韩城县域地方城市的精神结构。这一结构以官方传统和儒家精神为主导，反映出了历史环境下城市聚居的“礼乐秩序”。在芝川古镇中，府君庙、司马迁祠、禹王庙、文星塔等是地方精神的代表，关帝庙、娘娘庙、土地庙是儒家精神的代表。镇级聚落的社会属性和地方特征决定了府君庙处于聚落的中心，关帝庙和娘娘庙分列两侧，进而组构形成聚落的精神核心，其他内容则分布在聚落外围的特定位置，最终形成了芝川古镇的精神结构。这一结构以民间传统和地方精神为主导，反映出了历史环境下镇级聚落的“善恶秩序”。在明清党家村中，祠堂是宗族精神的凝聚，关帝庙、土地庙、娘娘庙是儒家精神的代表，白庙、文星阁等是地方精神的代表，观音庙则是宗教精神的代表。村落的血缘属性和乡土特征决定了祠堂的核心地位。其他精神建筑则以“集群融合”的方式处在村口、村尾等交通节点上。但从规模上看，关帝庙和观音庙则是不同精神建筑群域的中心，最终形成了村落特有的精神结构。这一结构以民间传统和宗族精神为主导，反映出了历史环境下村落的“伦理秩序”和“万善同归”的价值观。通过古今纵向对比，这种以特有的精神认知方式和相应的精神建筑落实形成的聚落结构和聚居空间秩序，是历史聚落的显著特点。通过城、镇、村等历史聚落的横向对比，这种关乎整体结构的精神秩序和空间秩序也有着本质差异，但差异背后却能明显表现出源于本土共同文化背景的核心价值。

韩城县域地方历史聚落正是基础生存层面、精神关怀层面以及生存价值和生命秩序层面的完整统一（图 4-49 ~图 4-51）。从本质上看，是通过一种思考和体悟方式，首先确立人类生存生活最为重要和永远也不能替代的核心内容与价值，进而建构一种生命秩序，并将这种秩序落实在聚落当中。本土聚居的特有结构使得建筑、聚落、人居环境蕴发出深层意义，人们在此生存、生活，人与聚居环境相互影响，相互作用，相互提升。精神与物质、人与自然达成统一融合。不仅如此，正因为有了牵动整体的核心秩序，自然、人、社会、聚居、支撑网络等要素共同形成的人居环境，和谐共存，相互之间有机作用，进而促使形成更具生命意象的蓬勃生机和更为真实、自然的发展动力。

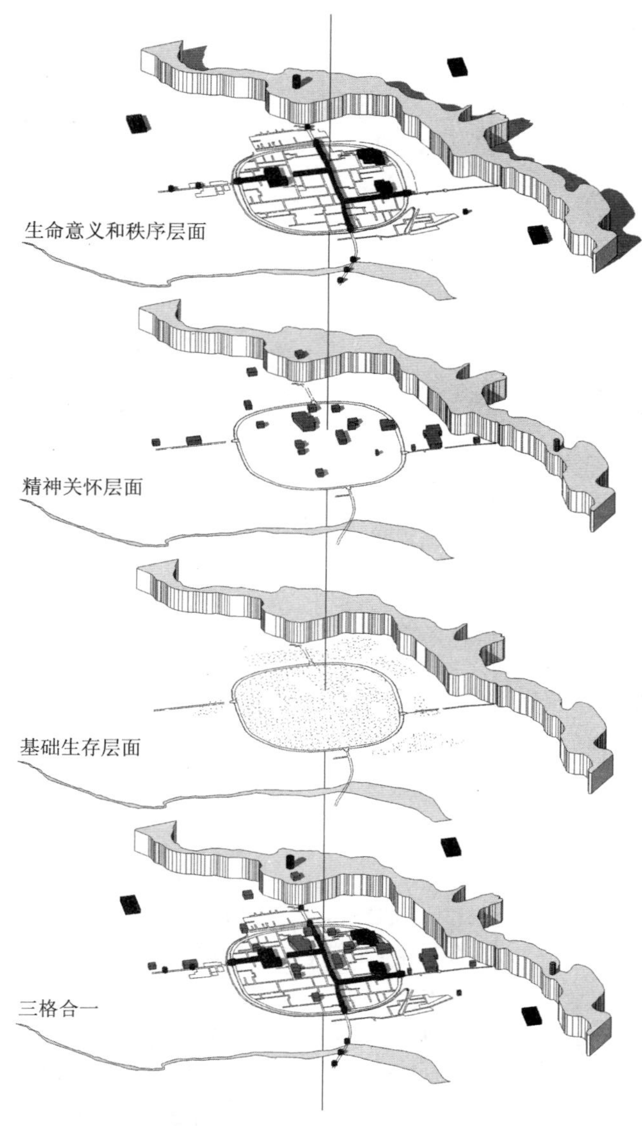

图 4-49　韩城历史城市的生存结构
（图片来源：作者绘制）

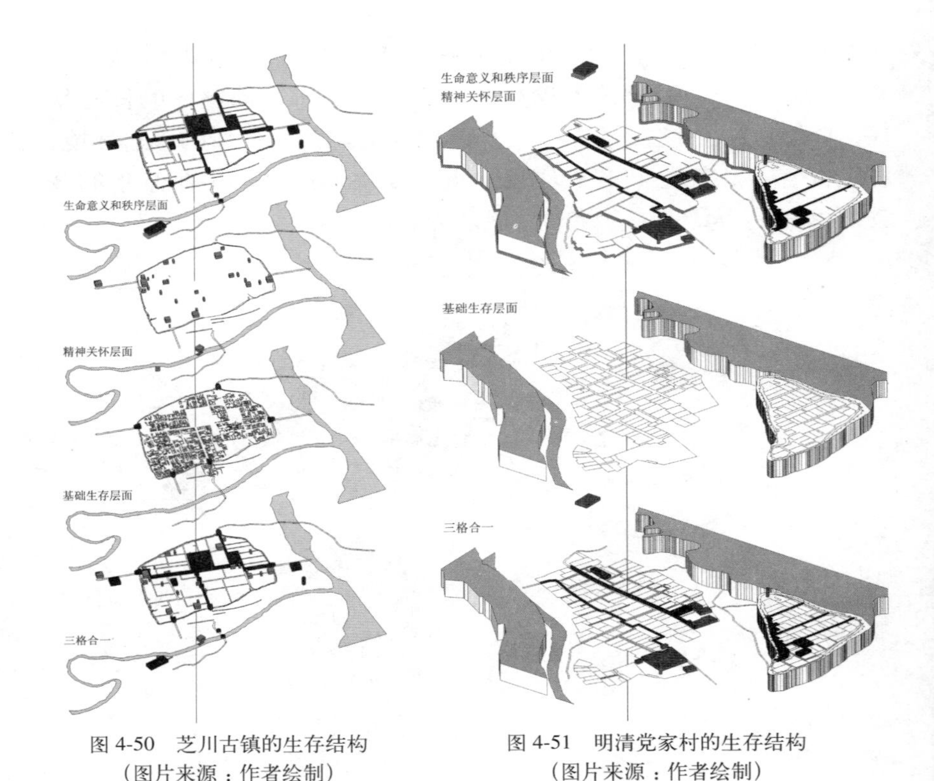

图 4-50　芝川古镇的生存结构
（图片来源：作者绘制）

图 4-51　明清党家村的生存结构
（图片来源：作者绘制）

4.3　韩城县域地方聚落形成的深层影响因素

韩城县域历史聚落的形成是一个动态的演进过程。在不同历史阶段，受到不同因素的主导性影响，就会展现出不同的聚居特征。本书所要探讨的正是历史环境下，逐步发展至成熟阶段的聚落主要受到哪些因素的影响。具体来说，主要有三条研究途径：一是通过韩城地区聚落自有的显著特征，来分析地域环境的深层影响；二是通过古今纵向对比，以历史聚落的自身特点为导向，来探寻本土背景下传统聚落的形成内因；三是通过城、镇、村等历史聚落的横向比较，来梳理不同类型聚落运行的内部结构。无论哪种研究途径，其根本还是要看韩城历史聚落中的人们最需要什么，历史聚落营造的"设计师们"最关注什么等。通过这些问题，才能更为客观地反映古代县域地方聚落形成的深层内因。

（1）黄河晋陕沿岸，区域层面的"边界"位置决定了韩城历史聚落的军事防御特征、商业特征和多元文化的交融特征。

作为河西边境地区，韩城必然受到河东，特别是山西的影响。以黄河为轴心，河西“秦文化”与河东“晋文化”的冲突、交融，直接影响着韩城历史聚落的形成与发展。就韩城历史城市的形成背景与过程来看，早期处于县南芝川口附近，带有强烈的军事性质，战争与防御是城市的原始功能。因此，城市的选址、建设、功能布局等都是围绕军事目的展开的。随着战争形势的变化，进入相对平稳的阶段后，城市的功能结构发生变化，原有城市已无法满足新时期的发展需要，因此城址北迁。但是，军事防御功能仍然是城市存亡的“生死大事”，新城市的选址与建设也无法回避安全防御的重要需求。芝川古镇在形成初期，则是县南防御河东进犯的军事重镇，随着不断发展，才逐渐增加了商业比重，但军事性质一直很强烈。在村落中，相当一部分处在县域防卫的形胜要地和自然险处，是在兵防驻地的基础上发展起来的。大量民居村落也不断坚固“村防体系”，“寨堡建设”更成为韩城地区村落聚居最为显著的特色。从寨堡的分布看，县域东部毗邻黄河的原区最为密集，它们构成了韩城抵御河东进犯的南北纵向阵线。总体上看，韩城地区城、镇、村等聚落都具有军事防御的历史背景。

“边界”特征不仅决定了韩城历史聚落的军事防御性质，更体现出一种来自河西与河东的“对抗性”。虽然聚落发展以自主性的本体需要为基础，但不可避免地受到河东地区的影响。两岸聚落隔河对峙，“自我家园”的责任感和积极性在“相互竞争”中充分地体现在人居建设上。河西韩城历史城、镇必然与河东山西河津、荣河（今万荣县）等城市存在着隐性的、内部的对抗力量，在长期此消彼长的共同建设中相互影响，各自发展。两岸的村落聚居也有这种反映。例如西岸陕西韩城村落与东岸山西河津村落，在历史上多次就黄河心滩的耕种产生纠纷。除了生活生产资源的竞争，两岸村落的“对抗”更体现在“宗族家园”的建设上：为了获得更为有力的生存依托，韩城县域在毗邻黄河的川原地区，村落规模往往较大，且村与村之间相距较近，构成了密布的村落集群。这些大户望族之间又通过姻亲建立更为紧密的联合关系。黄河沿岸特定的地理位置所产生的“隔河对峙”态势，直接影响着韩城聚落的分布位置、规模尺度和相互关系。

黄河两岸聚落在“对抗”的基础上，还存在着紧密联系，韩城是东西秦晋交通的必经要地，县北龙门与县南芝川两大渡口，贯通了晋、陕的往来。在政治、军事、文化、经济、社会、民生等因素的带动下，两岸的交流极为频繁，聚居发展持续伴随着区域范畴的人口流动，也极大程度上推动了聚落“由农转商”的产业结构变化，也因此带来了衣食住行、婚育丧葬、娱乐民俗、信仰价值观等多方面的文化影响，这就使得韩城具有显著的商业特点和文化多元的特点，这些特点充分反映在城、镇、村的建设中，例如韩城地区的院落住宅形式、各类精神建筑都与山西相统一。

晋、陕之间依托于黄河的相互交流，甚至超越了地缘关系，总有一种内在的凝聚力。两岸聚落的内在文化结构是统一和呼应的，在以黄河为轴心的共同的文化价值观的驱动下，河西地区与河东地区长期维系着既相互对抗，又相互联系的交融历程，当然，聚落中文化的多元融合并不是无序杂糅的，“独立性”与“联系性”，“对抗性”与“统一性”的辩证融合，使韩城地方聚居表现出“并未失去自我的”“有机的”地域特质。

（2）“乡土家园”的情感意识使县域历史聚落得以凝聚形成特有的地方精神和地域特色。

中国人至今都有“寻根问祖”的传统，也有“衣锦还乡”的说法，或者飘零在外多年，最终也要“落叶归根”。今天初识的人们，总会相互询问对方出自何处，家乡祖籍在哪，“老乡”之间，也总有一种化不开，难以割舍的情怀。这是中国特有的文化现象，究其原因，这种情感是对“家”的眷恋。“家”不仅仅是伦理意义的家庭，它是村、乡镇、城市、区域、国家所在的空间概念和环境概念，是人们生存生活的地方，所有又称“家园”。

“家园”的精神概念和情感意义，起初形成于血缘性质主导的宗族村落中。它使得村落的内在发展有了得以持续的生命根基，村落聚居的民众需求、公共建设、自治能力也因此得到满足，韩城地方村落更呈现出个体性与整体性并存的、生动独特的地域凝聚。随着村落的发展，宗族血缘的社会关系不断受到冲击，家族、宗族人居单元向地缘、业缘关系为依托的，更为复合型的基层社区单元转化，“家园意识”超越了伦理范畴，逐渐演变为特定地域环境中，人们共同聚居生存的精神凝聚和情感寄托。在逐步走向地缘关系和业缘关系的城、镇中，“邑人”们均抱持着对于地方“家园”的自主和自豪，传统人居建设很大程度上是在这种心理意识下得以落实的。

乡土家园的情感意识直接影响着地方人居建设。首先，在传统中国的文化背景中，家园建设者总试图以一种代表性的、凝缩性的、标志性的物质要素，实施完成对家园的整体形象代言和全局意识凸显，进而体现聚居生存环境中“人”的凝聚性。例如韩城古城，北塬上遥遥矗立的金塔便是生活于此的人们的标志象征，无论世代生息，还是远在他乡，韩城金塔都早已成为镌刻在韩城人心里和骨子里的“家”的凝缩和情感烙印。又如芝川古镇，南塬上的司马迁祠，同样成为芝川民众对于家园的标志性认知和情感归宿。再如党家村的文星塔，也以标志性的姿态奠定了村落人居的情感寄托。当然，这些建筑还存在着其他精神内涵，但并不妨碍其成为“地方家园”的标志象征。其次，“家园意识”使得人们对自我生存环境的一山一水，一草一木，一砖一瓦都抱有珍视和感怀的态度。这就使人居环境中，寄托情感的实体要素不仅仅反映在独立唯一的凝聚性标志上，还直接促成了基于情感承载的“要素体系”的出现。例如古城中的象山、巍山、澽水、毓秀桥、城门楼等，芝川古镇的芝塬、芝水、芝阳桥、五门、万佛楼等，党家村中的泌水、旌善碑、看家楼等，这些要素完成了“韩城人”对自我家园的独一性认知，是区别于其他地域环境的重要标志内容。因此，基于家园情感表达的物质实体在满足功能建设需求的同时，都创立了“自己的家”的独特性和区别于“别人的家”的差异性（传统人居的情感意识形态和表达模式在今天的聚居建设中，意义重大。面对千篇一律的城市、乡镇、住宅、居住区、学校等，我们已经丧失了对家园的归属意识和精神情感需求）。

中国传统聚居模式的空间形态很大程度上是出于表达精神情感的需要。人居建设不仅满足生存的基础需求，还使生活在家园中的人们紧紧凝聚在一起，无时不提醒人们“这是自己的家”，提升人们对自我家园建设的归属意识、责任感和使命感，也正是因为情感的介入，聚居环境设计的艺术表达充满了“直入人心”的灵动，它们成为地域环境的特色。更为重要的是，“家园”意识使得基层的村落向镇、城市凝聚，城市成了地域环境的情感核心与代表。同时，这一“向心凝聚”的特质，向更高、更广的层面拓展，一方面呈现出国家“道统”层面下的地方层面的“个性展示”，另一方面也呈现出县域、省域、地区乃至中华民族“家国同构”的凝聚力。

从根本上说，传统人居环境首先服务于生活其中的人，人的生存质量和生活质量不仅取决于科学技术带来的先进性和舒适便捷性，也不仅取决于经济带来的富裕和物质满足，更不仅是纯粹意义上的对艺术美的追求，还有来自“情感”的需要。因为情感更能体现“人”之所以是“人”的精神本质。聚落有了情感，便成为“家园”。历史聚落是“人”生存生活的地方，是让人们更鲜活，更有生机，更有性情，更具生命意象存在的“精神家园”。

（3）韩城历史聚落呈现出“官方途径”“民间途径”的有机融合，“两线”得以并行的根源在于传统中国共同文化价值观下的“人文途径”。

“县”是基于国家层面的中央与地方基层的过渡联系，历史城市则是县域层面内部的官方传统和民间传统的凝聚统一。主要表现在两个方面：第一，韩城历史城市是国家官方治理与宗族乡土自治的融合。政府职能显然是主导性的，城市的经营带有明确的政治特征和官方特征。但是，城市内部仍然存在着大量家族甚至宗族等民间力量的辅助，乡绅、贵族等群体亦发挥着重要的维持作用和建设作用。官方治理与民间自治是统一协作的。第二，韩城历史城市是官方主流文化与地域乡土文化的融合。城市经营既反映普遍意义的制度、形式、精神内涵等，又兼具地方性和民众生活的自有特色及文化认知。总体来说，韩城历史城市中，官方途径和民间途径是统一并存的，但前者是主导性的，后者是辅助性的。

村、镇则是民众聚居的“基层社区单元”。村落的形成和发展是伴随着农耕土地的私有和血缘关系的扩展在“乡土环境”内部持续演进的，反映民众自然性、阶段性、适应性的生存需要，因而往往呈现出一种相对于城市的地方特征和民间特征，进而显现出田园的、闲适的甚至趋向理想的、浪漫的生活氛围；“镇”的形成一方面受到政治、军事、交通、商业等外部因素的影响，另一方面则又是乡土地域的自然凝结，最终表现出一种社会特征，但仍以基层民众的生存需求为主导。村、镇等“民间聚居单元”具有强烈的内聚性和独立性，进而表现出“自主”的特质。虽然也处于官方的治理范畴，但聚落内部更倾向于一种“自治”。村落中有“宗族体系”，古镇中有“乡廉体系”，它们承担着聚落的管理需求，维系着聚落的自主运行，凝聚着聚落的地域精神，组织着聚落的公共秩序，满足着聚居的需要，协调着发展的矛盾，完善了聚落的人居建设，辅助着政府管理的落实，实施向城市的汇聚和靠拢。这一“自治体系”是县域基层“人居社区”呈现出生命价值的内部动力。

表面上看，民间自治与官方治理是“对立”的，它们分别依托于不同的运行机制，亦呈现出“官方”与“民间”的不同属性。但究其本质，二者是基于共同“文化认知体系”的不同形式的精神拓展，进而呈现出从上至下和从下至上的，相互协调、相互补充、相互统一的整体关系。换句话说，城市中以官方治理为主，民间自治实施补充，村、镇中则在官方治理下，最大程度地发挥着民间自治的效力。

（4）以特有的精神认知方式为切入点，韩城历史聚落的营造呈现出深层的生命价值、道德价值，动态持续地自觉趋同于天、地的“永恒”价值。

冯友兰先生在《中国哲学简史》中提出：“……尽管人和人之间有种种差别，我们仍可以把各种生命活动范围归结为四等。由最低说起，这四等是：天生的‘自然境界’，讲求实际利害的‘功利境界’，‘其正义，不谋其利’的‘道德境界’和超越世俗、自同于大全的‘天地境界’。”[1]人生的“四大境界”体现了人类发展的四个阶段，在本土历史聚落中，不仅反映“自然性”“功利性”“道德性”与“天地性”的持续历程，更将关乎“生命价值”和“信仰追求”的意识形态融合起来，自发、自觉地落实渗透在人居环境营造中。

1）生命价值。中国传统文化对“天地自然”的探索，对“生命本质”的认识，直接影响着历史聚落的形成和发展。居住、农耕、防御、交通、商市、仓储等内容，是人类聚居的基础需求，它们构成了聚落的“躯干”。但聚落仍需有“大脑”和“心灵”，才会有“生命价值”的凸显、完善和凝聚。治理、祭祀、旌表、教育等功能即是历史环境下，聚居“心灵”的反映。正是基于此，聚落有了“人”的意味、“精神”的色彩和“生命”的意义。同时，人居功能不仅须“完整存在”，更要建立一种相互关系和体系架构，

[1] 冯友兰．中国哲学简史 [M]．北京：新世界出版社，2004：298．

从而使聚落有机运行。此外，基于“自然与人文”的特定认知，传统文化还衍生出一套以聚居环境为对象的风水学说。避开非科学成分，“风水”的本质仍然是一种关乎“生命存在”的认识和实践操作，进而选择或者改善形成较为理想的聚居环境。总之，历史聚落的营造始终是以“如何迸发蓬勃生机和生命意象”为基础标准的。

2）道德价值。历史聚落不仅满足自然性、功利性的生命价值，更要追寻和探索“人”在宇宙世界中的“角色定位”，以此安妥人类的精神，指导人与自然、人与人的相互关系。“道德”的本质，是以天、地和谐共生的法则指导“人与自然”“人与人”的和谐共生。融汇在“天”下的“地”，无私孕育了自然生命力的精华——“人”，顺应了“自然法则”的“人”，即是具备“道德”的人，统筹在“道德”之下的“人类社会”和“技术进步”，才能将人类引领至更为完善升华的境界。在历史城、镇中，人们将“道德法则”落实在天、地、人、神、鬼等角色及相互关系上，并通过祭祀、旌表、教育等形式和大量坛、庙、寺、观等建筑空间和结构关系来承载和表达，进而建立了城、镇的“礼乐秩序”和“善恶秩序”。村落的“道德价值体系”一方面呈现出包容的特质，只要是有益于“人”的“向善”的精神内容，都值得接受和吸收；另一方面又是以“个人的成长”为定位基准的：既有本体“修身”的追求，也有血缘范畴下，面对家庭、家族内部不同对象的相处法则，还有业缘范畴下，对“儒士”的憧憬和对圣人的纪念，进而最终形成“修、齐、治”的人生发展轨迹和“万善同归”的“伦理秩序”。这些道德内容落实在庙宇、文昌阁、祠堂、惜字炉、门楣题字、旌表牌楼等建筑和构造上。在民间文化认知态度的主导下，加上环境地形的制约和村落发展自然性、阶段性的影响，村落中的“道德建筑”并未呈现出严整的结构，但以“大量存在”形成了强烈的道德精神氛围。总之，这种关于“生命存在”的“道德”探索，既是“哲学”的，又是“科学”的，既有历史的意义，也有时代的价值，并将是人类的永恒命题。

3）动态持续的，自觉趋同于天、地的“永恒”价值。这里的“永恒”并不是“永远存在”，而是指聚落须建立动态的持续发展模式。“持续”的内涵有两个：一是“传承”。人类生存生活，某些“具有价值”的内容需要被保留和继承下来，并形成传统；二是“发展”。

"天、地"孕育生命的"道德"是自发本能和持续的，人类的"道德"不仅是静态地面对自然的"尊敬"和面对人类关系的"仁爱"，更有超越生命本体利益的自觉趋同于宇宙运行的内涵——"继往开来"。达成"持续发展"的手段即是"人与自然"相通、相融、相互作用，进而使"生命价值"与"道德价值"达成统一，并衍生出"全新"的发展成果。因此，聚落的"精神"和"物质"是合一的，自然要素和人工要素是合一的，人居环境整体亦要通过特定的结构秩序达成合一。最终，不仅是"生命"聚落、"道德"聚落，更超越了"人的存在"，成为生生不息、运行于宇宙天下的"永恒"的聚落。

综述，韩城历史聚落首先是"人"的聚落，它反映"人"的真实需求。在不断发展的"需求"境界下，达成终极"需求"的追问："人类应该怎样活着？""人类怎样才能活得更好？"……基于这种探索，聚落不仅要满足"人"的存在，还要寻求"人"的质量、意义和价值，进而完善"生命"的聚落和"道德"的聚落。同时，"人与自然"的"合一"使聚落有了持续发展的内部动力，更反映出超越"人类存在"的"宇宙意义"。

（5）韩城历史聚落是自然、人、社会、建筑、支撑网络相互作用、相互融合的人居环境整体。

聚落首先是基于"人"与人类社会的需求而存在的，这些需求仅仅通过"建筑"是不能实现的，最终落实在自然、人、社会、建筑、支撑网络五大方面。自然是聚居的基础；"人"与人类社会是聚居的核心对象；建筑是聚居的物质空间承载；支撑网络则是聚居的保障。自然、人与人类社会、建筑、支撑共同构成了人居环境的整体。聚居环境的形成和发展并不仅仅在于"五大要素"的独立完备，更是其相互之间内部作用力的成果：

1）人、社会与建筑、支撑网络的融合——"文荫武备""地域特色"。韩城历史聚落不仅满足聚居的基础需求，还体现着"人"的生命价值和精神信仰。一方面，特定的精神建筑及相互关系反映了不同聚落类型的认识观和价值观，进而构成了历史聚居特有的"文态空间"；另一方面，几乎所有的建筑、支撑网络等人工构筑，均含有一定的文化内涵：承载着历史印迹、道德教化、人性光芒、宗教意义、民俗色彩等，"人文"全面渗透在聚落中。建筑和人工构筑，也因为有了人文的灌注而精神奕奕、神采飞扬，呈现出特有的艺术气质；另外，受到韩城地域乡土精神的影响，形成了极具特色的、区别于其他地区的地域建筑，亦对“人”有“地域化”的影响。人、社会与建筑、支撑网络不仅是各自独立的完整内容，又彼此交织在一起，相互作用，相互融合。

2）自然与人、社会的融合——“风景秀美”“经济繁荣”“文化兴盛”“人杰地灵”。聚落的自然要素是聚居的基础：它表现在良好的、适于人的、可持续的甚至美丽的生态环境中。聚落中的“人与社会”则展现出物质性与精神性的文明成果。“自然”与“人”不仅是相互独立、相互影响的，更具有“主观性”的相互扶持、相互提升和相互完善。地域环境和自然山水不仅满足基本生存生活的需求，孕育富饶的土地和丰盈的民生，更是人才辈出、文化兴盛、化育人文的场所。反过来说，大量的人才与兴盛的文化环境更使得韩城地域呈现出生命的“灵气”和超越自然的意象属性。“地灵”则“人杰”，“人杰”更“地灵”，“自然”与“人”是相互映衬、相得益彰的统一融合关系。当自然的生命价值和人的生命价值达成有机统一，便自有一种蓬勃的生机展现：经济的繁荣运转、社会的井然有序、文化的蓬勃兴盛、自然的宜人秀丽相互融合，进而达成“理想聚落”的人居模式。另外，“一方水土养一方人”，韩城地域自有的自然特征、生活生产特征、文化特征、社会特征等相互紧密融合，也孕育形成了韩城地方的“风土人情”。

3）自然与建筑、支撑网络的融合——“因地制宜”“点睛之笔”“数位一体”“天堂和桃花源”。首先，历史聚落的功能需要落实在以自然为基础的人工构筑上，居住、防御、交通、水利等都受到地域条件的约束，也是以自然的“优势”为先导。城、镇、村等历史聚落所反映的性质，首先落实在其所处的“自然位置”（“选址”）上，一个恰当的“位置”往往可以达成更为高效、多元的人居复合功能；其次，承载着城市功能的建筑，不仅满足“人”的需要，也满足了“自然环境”的需要，处于“特定位置”的，特定的人工构筑，不是在“破坏”自然，而是“改善”自然、凸显“自然”、“美化”自然；再次，自然与人工构筑的相互依存，必然形成人居环境整体，从外在形式上看，构成了不同层面的“山—聚落—水”的理想模式，从营造方法上看，又必然是“建筑—城市规划—地景”数位一体的紧密联系和相互融会；最后，自然与人工构筑的完美统一，孕育出更具生命质量的环境氛围，形成了有机和谐的、持续发展的、更具艺术魅力的环境特质，城、镇聚居和村落聚居呈现出不同的环境意象。城、镇以核心价值处在核心的地域位置，进而呈现出蓬勃而有序的生命质量："各种各样的景观，各种各样的职业，各种各样的文化活动，各种各样人物的特有属性——所有这些能组成无穷的组合、排列和变化。不是完善的蜂窝而是充满生气。"[1]（这便有了"上有天堂，下有苏杭"的关于聚居环境质量的描述）村落规模较小，又遍布县域各地。但相对于城镇，往往是容身于自然环境中，显然具有基于自然的更大的潜在人居优势，表现出强烈的自然属性和风景特质：良田鱼池、屋舍俨然、桑竹林立、溪流潺潺、群山环抱，从而幻化出一个"桃花源"般的理想、浪漫的村落聚居模式。

总之，自然、人、社会、建筑、支撑网络构成了韩城历史人居环境不同层面的整体概念，它们之间不仅是"完整、独立的存在"，更是相互融合、彼此关照，形成了聚落的生命意象，促进了聚落的不断发展。其中，自然、建筑、支撑网络构成了聚落的实体要素，人与社会则是内在的隐性主导。韩城历史聚落的性质体现在人类聚居不同角度的需求上，也反映在人居环境的不同要素及相互关系上。

小结：本章旨在发掘韩城县域历史聚落的类型和典型，进而以"典型聚落"为对象，推究本土背景下，聚落营造的核心问题。首先以自然环境特征、形态特征、层级特征切入，建构了一个三维的金字塔式的县域聚落模型体系，从中寻找内在的结构关系，并提炼出具有"典型意义"的聚落，为进一步深层研究其营造肌理、特征、意义、线索、结构、模式等关键问题打下基础；然后详细阐述了治理、祭祀、旌表、教育、居住、防御、商市、交通、耕地、仓储等人居功能在城、镇、村等典型历史聚落中的构成和表现，并以韩城历史城市、芝川古镇、明清党家村为例，对聚落的用地状况、用地规模进行了量化研究，总结梳理了三个聚落的土地利用图、建设用地平衡表。从中可以看出，居住、祭祀、交通三类用地占聚落总建设用地的前三位。相对于现代聚落，其差异集中体现在祭祀功能所占的

---

[1] 刘易斯·芒福德．城市发展史 [M]．北京：中国建筑工业出版社，1988：421—422．

比重上，即精神活动空间的减少和生产空间的增加，由此将本土聚落营造从功能视角的研究拓展至更为深层的精神视角，并进一步通过城、镇、村等典型历史聚落的横向比较，反映出城市的政治背景和“礼乐精神”，古镇的社会背景和“善恶精神”，村落的血缘背景和“伦理精神”以及不同的聚落精神表现所依托的本土共同的文化观、价值观。正是这一本质根源和拓展潜力，决定了不同聚落类型的功能内在关系和功能导向途径。综合上述研究提出：本土聚落的结构特征反映出了基础生存层面、精神关怀层面、生存价值和生命秩序层面的完整统一。最后，本章总结梳理出了韩城县域地方聚落得以形成的五条深层影响因素。

5 韩城县域人居环境设计方法研究

“建筑设计”“城市规划”这种说法源自西方。在中国传统语汇中，人类聚居生存的地方，常常称作宅院、园庭、宫署、城郭、村邑、县境等，这些词汇指向不同的尺度范畴和人居功能，但皆含有一种整体的、凝聚的环境意象和关乎“家”的归属意象。中国人又往往将“山居”“水居”“房居”“村居”“城居”和“人居”统筹起来，进而形成一种自然意象和文化意象，以此达成理想意义下的满足“全人”需求的完整的聚居环境。对于这种“环境”的实施形成，传统词汇中则用“营”“筑”“造”“经营”“营造”等词，这里不仅有建设的含义，也并不局限于空间、形式、色彩等方面的处理，更有一种“人”深入其中的参与和挺身而出的运筹帷幄，其最终目的是达成生命价值和信仰价值的蓬勃气象、有机秩序、统一和谐。

本土人居环境营造，存在着一套自成体系的“古已有之”的方法、理念与智慧，它是在长期的实践过程中不断积累形成的。人为环境与自然环境的关系处理，文化精神的环境落实，聚落、建筑基址的选择，形式的把握，空间的秩序，风景的构思，艺术美学特征和意境的生成等方面，无不体现出一种独具匠心、自觉设计的经营和实践方法。其背后则有一套来自本土的、整体的、辩证的、融汇的、可持续的、“建筑—地景—城市规划”三位一体的人居理念。这一理念则又源自中国人执着坚守的渗透在血骨中的共同的认识观、文化观和价值观。

人居环境营造必然落实在设计构成要素上，并最终反映出一种具象形式。基于此，国内外专家学者有大量研究和归纳总结。凯文·林奇在《城市意象》中提出了边缘、区域、节点、标志和道路五种物质要素；东南大学建筑研究所将城市形态的构成要素归纳为架、核、轴、群和界面五种类型；清华大学吴良镛先生将城市设计的要素概括为8个方面：对山的利用、对水的利用、重点建筑群的点缀、城墙和城楼、城市的中轴线、“坊巷”的建设、城市绿化和近郊风景名胜。王树声结合上述研究，将视野指向中国古代城市营造的认识观以及古代城图的表现形式，进一步提出：“古代城图是以抽象的方式表达信息，没有比例，是一种意象表达；而现代的城市规划图定量化地表现城市。古代城图中城市的规模、建筑的大小、山水的尺度没有一个精确的比例关系，而是简约表达城市与山水、城市格局、主要建筑之间的一种关系，对一些次要的建筑不作标示，仅作空白处理。占城市用地规模最大的民居建筑都不标注。”“对于古代城市设计的要素概括，可以有多种多样的要素分类，但要真正研究古代城市就是要尽可能地接近古人在营造城市时关注的重点物质空间要素是什么，他们是如何组织成为城市的，这样才可能使今天的研究直入古人的心源，取得新的研究成果。古代城图恰恰给了我们这方面的启发。”[1] 由此将古代城市空间形态构成要素概况为自然、轴线、骨架、标志、群域、边界、基底、景致八个方面。

本书的研究对象由城市拓展至县域的范畴。本土人居环境观，自有一种深层的、源自人心的，甚至是“放之四海而皆准”的大道理。这一道理渗透在不同尺度、不同层面的人居建设中，将县域、聚落、风景、建筑统一起来。韩城县域人居环境营造，不仅反映在设计构成要素和外在形式上，还反映在要素之间的内在关系上。受到这番大道理的牵制，不同要素相互影响，相互统筹，进而呈现出超越物质实体的“状态”表现。这一状态又不是绝对的，而是辩证的存在。它顺应了经营之“道”，更是关乎生命的意象、秩序和精神得以落实的发生器和承载器。这种状态大致可归纳为五个方面：整体性、个体性与层次性；关键性、核心性与基础性；独立性与关联性，对立性与统一性；自然性与人文性；传承性与发展性。不同状态融合在一起，彼此渗透，共同影响韩城人居环境的营造意象。与此同时，这些状态又有一种相对的、针对性的设计表现形式。

[1] 王树声．晋陕黄河沿岸历史城市人居环境营造研究 [M]．北京：中国建筑工业出版社，2009：79．

5.1 整体性、个体性与层次性

所谓整体性是指不同事物或者事物的不同内容、不同层面，相互关联、相互影响、相互融合，进而形成一种强烈集结和凝聚的状态表现。韩城县域人居环境具有突出、明确的整体意象。“整体性”的内涵是多方面的：首先，它表现在人居需求上。人居环境营造是以人的真实、完整需求为出发点，不同的聚居功能不仅落实在聚居系统和支撑系统上，还受到自然、社会、文化等多方面的影响。换句话说，建筑、聚落等人工构筑并不是“无端生出”或者“割立形成”的，而是首先以自然环境为依托，来满足“人”与“社会”的物质性、精神性的全方位需要。最终形成了自然、人、社会、聚居、支撑五个方面的整体。其次，整体性反映在“地景—规划—建筑”的三位一体上，环境营造并不是这三方面的独立相加，而是相互依存、相互影响，彼此交织渗透形成的。最后，整体并不是全部，而是涵盖了人居需求的一个完整的范畴界定和独立的单元形成。反映在营造实践中，即是不同空间、形式的人居环境设计要素相互统筹形成的整体系统。

当然，整体的概念并不是绝对的。基于不同的环境尺度，就会形成不同的整体层面，例如一处风景（如北原金塔）、一座建筑群（如文庙）即是一个整体。但在韩城历史城市整体层面，它们则是其中的“个体”组成部分。韩城古城是县域整体环境的“个体”组成；韩城县域环境又是晋、陕黄河流域层面的“个体”组成。可见，“整体性”与“个体性”是相互转化的，是针对不同的人居环境尺度范畴而言的。

基于整体性与个体性的相互转化关系，建筑、风景、聚落、区域等不同尺度的环境范畴，展现出了由小到大的裹含关系，反映出了连续的、贯通的、相互影响的层次属性。不同层面并不是孤立存在的，它们具有相对统一的设计表达模式，且较低层面的形成往往是由较高层面来决定的。不同层面相互依存、相互影响，宏观与微观相结合，进而共同建构一个更为全面的、包容的、“大尺度”与“小尺度”并存的整体。从本质上讲，“整体性、个体性与层次性”状态的形成，反映出了韩城人居环境营造的有机性和真实客观性，也反映出了本土自有的认识观与文化观。它具体表现在山水聚居模式、骨脉结构模式等方面。

5.1.1 山水聚居模式

“自然”是人类聚居的基础，它不仅满足生存生活的需要，更是人居环境营造中重要的“空间设计要素”。韩城县域人居设计的范畴并不局限于建筑、聚落等人工构筑，而是在更大范域的自然山水环境中进行考量。古代“设计者”试图以本体认知的“人与自然”，剖析、解读宇宙世界的客观构成，研究、体悟天地、山河、林石花草的生命意象和艺术美感，而后融入人工聚落与建筑，进而完善构筑宛自天成却又发源心境的“理想世界”。

但是，出于人类聚居的基本需求，人居环境的具体设计必然落实在聚落和建筑的营造上。于是核心问题便转向：如何确立形成可以容建筑、聚落于其中的，关乎聚居整体的自然山水结构以及如何使人工塑造的建筑、聚落与自然达成功能和艺术上的统一融合。这就需要建立更为宏观的环境视角和整体全局意识，聚落和建筑转化为相对微观的“点”，存在于人类赖以生存的宏观地球、区域和层级范域的自然山水格局之中。古代“设计者”在长期的聚落营造和建筑创作中逐渐形成了自成体系的，发现自然、认识自然、融汇自然的实践方法，通过对自然地貌的空间感知，形成“选址”的依导原则和“山、水、聚居”相融的整体环境格局。

1. 县域“山水聚居”的历史记载

韩城古籍志书等资料对于县域人居环境的“山水”内容有大量描述，就此摘述：

《韩城县志》载：“三岭龙蟠于后，古城蛇舒于前，东阻汤汤洪水，西塞岩岩迭峰，冯翊幽壤，关中奥区。”[1]

《韩城县续志》载：“西枕梁麓，千岩竞秀；北峙龙门，九曲奔流。诸水襟带其前，大河朝宗于外，崇峦峻岭回环迭抱，封域宅中地造天设，登高而望之，如织如绣，郁郁葱葱，声名文物之盛雄于西京，非偶然也。”[2]

《韩城县旧志》载：“韩之城郭，北屏韩原，南临澽水。”[3]

冷崇《创建文星塔记》：“……韩故古雍州域地，龙发自西北三

---

[1] 清康熙《韩城县志》卷二“形势”。
[2] 清康熙《韩城县续志》卷二“形势 · 城池”。
[3] 清康熙《韩城县志》卷二“城池”。

岭山，层峦叠嶂，逶迤曲折百余里，而邑治适当其落，背枕磅礴之峰，面铺玉尺之案，龙虎环抱，左右均匀，况又黄流东绕，畅谷、陶渠诸水漩洄，诚关中第一佳胜，共称为地造天设者也。”❶

王盛《重修儒学记》：“韩城，陕之大邑。龙门界其东北，大河中泻而左旋，梁山镇于西南，澽水内出而右绕，韩原雄壮，即周韩侯受封之地，观于诗之所载可征矣。”❷

左懋第《新西城门楼记》：“崇正五年壬申冬十有一月，懋第为韩城令，大雅中溥彼韩者如见焉。登其城，东带河，南望华山，北望大禹导河积石所至，西望之土人指巍屼者，象山，又南梁山也。”❸

杨树椿《登韩城梁山》：“澽水芝川作带环，韩原绣壤翠斓斒；风雷夜撼蛟龙窟，云雨朝迷狮象山；禹甸凿来侯氏燕，秦宫焦后少梁闲；子卿祠接子长墓，应共河声起懦顽。”❹

苏进《韩原二十三章八句》：“溥彼韩城，疆分周命，皇皇幅员，天伟厥胜，析余以圭，至止为政，揽辔山川，惊奇莫竟。大河西注，龙门北豁，两崖天斩，云悬斧凿，浪起轰空，龙翻崩岳，万古雄流，为韩经络。有截晋墟，岌然南界，东据洪河，西袤梁外，钩连三岭，环合如带，巩哉金盂，无一丝坏。”❺

……

通过上述记载可以发现，自然“山水形胜”的描述，是以韩城历史城市为核心视点的，并且呈现出不断扩展的环境范畴：

从城市“微观层面”的韩原（“北屏韩原”，“背枕磅礴之峰”）、澽水（“古城蛇舒于前”，“南临澽水”，“面铺玉尺之案”，“澽水内出而右绕”，“澽水芝川作带环”，“环合如带”）到县域“中观层面”的诸多河流（“诸水襟带其前”，“畅谷、陶渠诸水漩洄”）；城市西北的象山、巍山、狮山等群峰（“西望之土人指巍屼者，象山，又南梁山也”，“云雨朝迷狮象山”）；梁山西北三岭（“三岭龙蟠于后”，“龙发自西北三岭山”，“钩连三岭”）以及更远范畴的梁山群峰（“西塞岩岩迭峰”，“西枕梁麓”，“崇峦峻岭回环迭抱”，“梁山镇于西

❶ 清嘉庆《韩城县志》卷十三“碑记”。
❷ 明万历《韩城县志》卷七“艺文”。
❸ 清嘉庆《韩城县志》卷十一“记颂”。
❹ 民国《韩城县续志》卷三“古迹”。
❺ 清嘉庆《韩城县志》卷十四“诗”。

南”，“西衮梁外”）。此外还提到了龙门及禹庙（“北峙龙门”，“龙门界其东北”，“北望大禹导河积石所至”，“风雷夜撼蛟龙窟”，“龙门北豁”）以及司马迁祠和苏武墓（“子卿祠接子长墓”）、少梁城（“秦宫焦后少梁闲”）。再到晋、陕黄河“宏观层面”的黄河（“东阻汤汤洪水”，“九曲奔流，大河朝宗于外”，“黄流东绕”，“大河中泻而左旋”，“东带河”，“大河西注”，“东据洪河”，“万古雄流，为韩经络”），甚至黄河东岸的山西（“有截晋墟，岌然南界”）和南向更远范围的华山（“南望华山”）。

上述内容构成了韩城县域人居环境设计的自然要素。这些要素以不同尺度的空间组构形成了晋陕黄河区域宏观层面、县域中观层面以及聚落微观层面的山水聚居模式。

2. *不同环境层面的山水聚居模式*

在晋陕黄河区域宏观层面，黄河于独泉入境，由西北向东南，出龙门南下，径流 65km 到龙亭镇姚家庄出境，成为流经韩城的第一大河。黄河南、北“线域”状态与东、西晋陕沿岸的山地特征形成了中间低、两边高，“东西晋陕，黄河于中”的对峙态势（图5-1）。在县域中观层面，韩城西部地区呈山岭和黄土丘陵地貌，境内山脉属黄龙山系的梁山山脉，东北至西南走向，自西向东延伸。县域东侧则濒临黄河。从空间上看，西面梁山高耸，东面黄河较低，进而形成了“西枕梁麓，东滨黄河”的山水格局。

在聚落层面，以城市为例（图 5-2），古城池位于县南英山塬与苏东塬形成的“二十里川道”北端。川道整体形态呈南北纵向关系，但是在北端突然转向西北，直至伸入梁山山麓中，最终形成象山和狮山之间的峡谷。相对于韩城古城所在的下凹川地，东西凸起近百米的山塬由于川道走势的改变而呈南北之势。其中北侧山塬在转向西北的拐点位置还向南伸出。川道之中的澽水也在北端转向西北，深入梁山山麓之中，并且在拐点位置河床突然加宽，水域面积加大。这样一来，韩城县城夹置在“二塬”之间，形成了“英山塬 + 城市 + 苏东塬”的整体构架。同时北边倚靠苏东塬，南边邻靠澽水，进一步形成了“苏东塬 + 城市 + 澽水”形势特征（图 5-3）。

以芝川古镇为例（图 5-4），芝川镇位于十里川道南端，此处是澽水注入黄河的大致位置。澽水以南有芝水自县域西面的梁山山脉中流出，呈东西走向，经巍山，绕司马迁祠所在的芝塬后注入澽水，而后共同汇入东面黄河。北面呈南北走势的澽水河谷

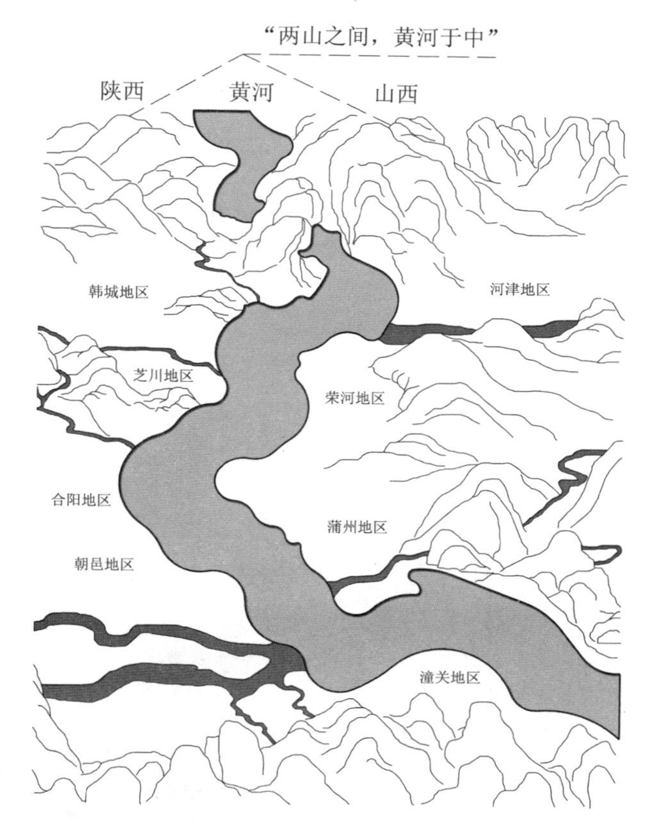

图 5-1　晋陕黄河流域宏观山水模式
（图片来源：作者绘制）

图 5-2　韩城旧貌
（图片来源：韩城文庙博物馆提供）

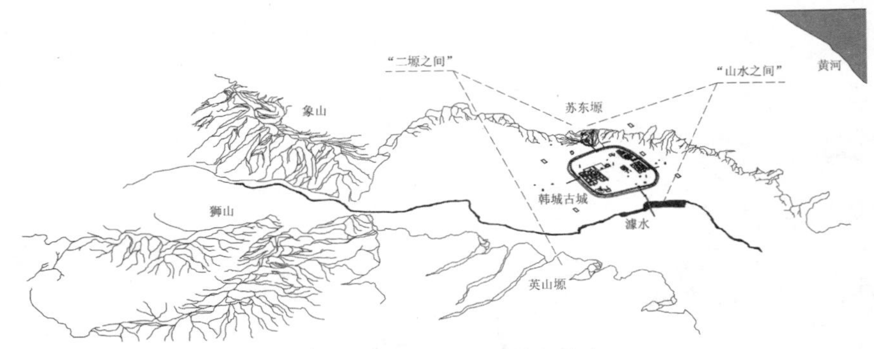

图 5-3 韩城古城的山水聚居模式
（图片来源：作者绘制）

图 5-4 芝川古镇旧照
（图片来源：韩城文庙博物馆提供）

韩原奥壤

川道，与南面呈东西走势的芝水河谷川道，在黄河沿岸相遇。芝川古镇正位于两个川道空间汇集形成的低洼处。同时二水不断冲决并注入黄河，阻隔了原本连续贯通的黄河西岸塬地，进而形成了南北各自独立的两个山塬峦头。古镇东面濒临黄河，濡水、芝水、黄河三条水域空间汇聚一处，苏东塬、芝塬和三条水域将古镇夹置在“二塬”和“三水”之间，建构形成了“苏东塬＋镇＋芝塬”的整体构架，并进一步形成了“芝塬、芝水＋镇＋苏东塬、濡水”的“复合型”山水聚居模式（图 5-5）。以党家村为例（图 5-6），县域泌水支流所依顺的河谷空间为党家村的立址提供基础。这就使村落架构在南北高起垣地形成的“凹陷穴域”之中。村落南侧紧邻泌水，南北两侧高出村址 30 ～ 40m，东北侧的垣地向南伸出（即泌阳堡所在位置），东西走向的狭长沟谷限定了聚居的空间状态，进而形成了俗称“党家屹崂”的形势特征，即“北垣＋村＋南垣”的整体构架以及“东北垣＋村＋泌水”的山水聚居模式。

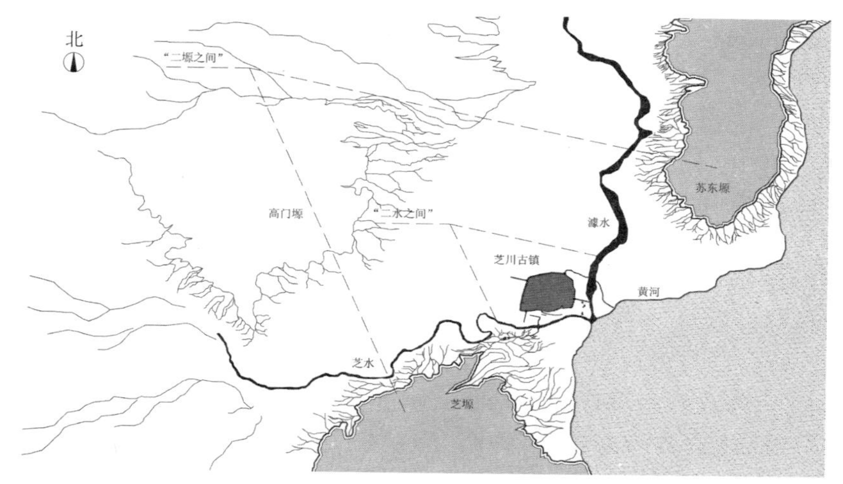

图 5-5　芝川古镇的山水聚居模式
（图片来源：作者绘制）

图 5-6　党家村鸟瞰
（图片来源：作者拍摄）

通过上述分析即可发现：晋陕黄河区域宏观层面、县域中观层面以及聚落微观层面形成了相对统一的“山（塬）、山（塬）”模式以及“山、水”模式（图 5-7）。这种特定的“自然结构”，首先是地域环境和聚居需求的客观反映。但是，在聚落营造中，设计者显然是主动顺应或者刻意经营出这样一种在不同尺度层面和不同聚落类型中相互统一的山水聚居模式，进而形成一种整体的融合（图 5-8）。

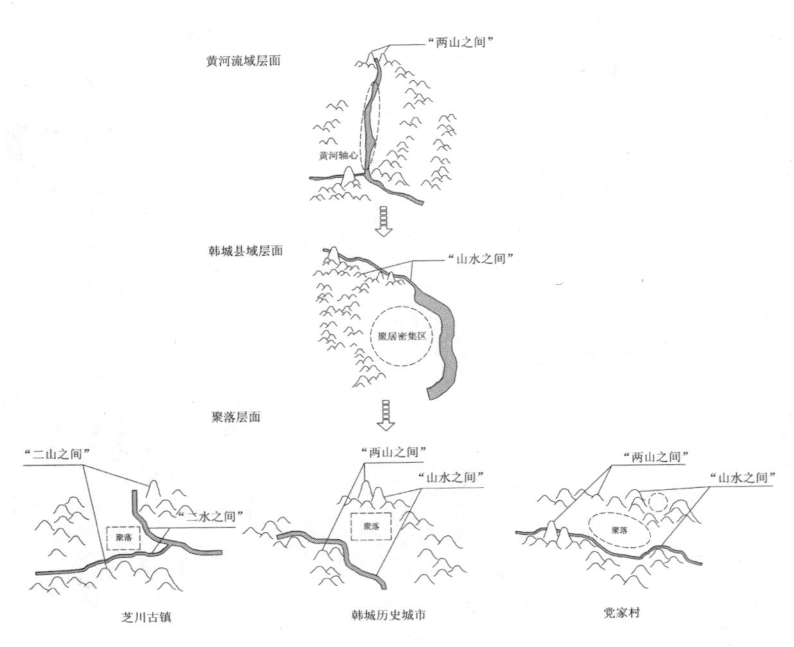

图 5-7　山水模式的统一性
（图片来源：作者绘制）

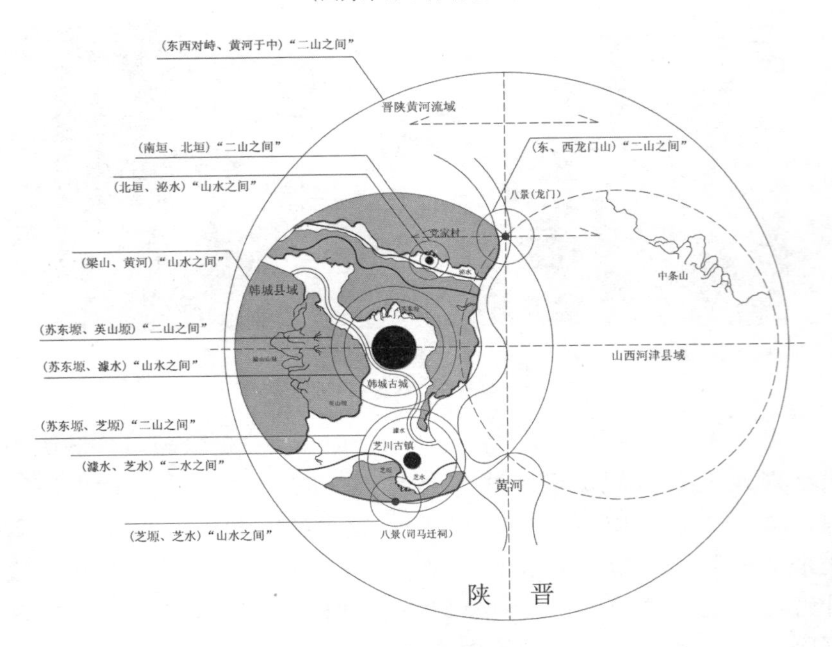

图 5-8　山水模式的融合性
（图片来源：作者绘制）

3. 山水聚居模式的内涵

从建筑的角度来说，空间的概念是基于屋顶、外墙、基底等构建的围合方式形成的；从聚居群的角度来说，空间的概念一般是基于不同建筑和建筑群体的组构关系形成的；从人居环境的角度来说，建筑和聚落的空间形成，则是基于周边大尺度自然环境所形成的“山水聚居模式”而确立的。需要论证的问题在于：韩城人居环境的“山水模式”是基于聚落立址前的主观设计，还是立址后的客观存在？这就必须分析其是否对聚居的使用功能产生作用，是否在空间上形成了一种明确的“标准”和典型意象以及是否与后期设计的其他要素产生关联等。

在传统人居营造观念中，“设计者”以特有的直观观察来面对外在世界的生命孕育和繁衍，以“体悟”的态度梳理、总结基于外在观察的本质内涵。这就必然导致他们将“生命状态”与生命存在的自然空间场所建立联系，而后思考、总结、现实论证：基于什么样的自然空间场所更有利于生命气象的存贮和旺盛？基于这种认识，“设计者”将山、川、谷、岭、河、江、湖、海、林、石、树、草等，进行关乎空间、形式、色彩等的统筹，形成层级体系下的“法式模本”和“理想范例”，并在现实的人居建设中，进一步选择、解读和完善，最终形成地域特有的山水聚居模式。当然，在历史环境下，这种关于生命与空间的关系研究，本身亦有迷信的非科学成分，与现代科学的本质存在距离，但并不能否认其朴素的唯物观和积极的生态意义。

4. 山水聚居模式的特点

（1）整体性与稳定性

韩城自然地域具有相对宏观、中观、微观的层级划分，不同层面都对聚居设计产生影响。宏观环境是聚居的依托和存在方式，中观环境反映聚居的意象，微观环境则构建聚落单元的组成部分。不同层级具备相对独立完整的要素和特质，又反映出相对统一的要素关系和山水模式，进而形成了一种稳定的内在联系，最终以辩证统一的“单元”概念形成从小到大（或由大到小）、有机联系、高度融合的整体系统。韩城传统人居设计正是以这样的“整体”作为设计对象，聚落单元是立足于不同层面的自然环境格局中予以整体考虑的。当然，历史记载中关于聚居和山水的“形胜”描述，其部分内容也是基于聚落存在后的观览、人文联系和二度创造，但仍然反映出强烈的整体环境观。人们希望自己生存生活的空间领域与自然融会统一而非分割断裂。作为一种设计观念，传统人居营造试图通过微观、中观与宏观的联系，成就人类个体与环宇苍穹的物质关联、哲学关联和精神关联。

（2）理想性与标准性

山水聚居模式以一种“标准结构”反映出两种内涵：一是共同的文化观和价值观对聚居空间的影响。风水名著《葬经翼》载：“以其护卫区穴不使风吹环抱有情，不逼不压，不折不窜，故云青龙蜿蜒，白虎驯服，玄武地头，朱雀翔舞。”[1]以韩城历史城市为例，城池坐北朝南。西面巍巍梁山，“青龙蜿蜒”；东面韩塬开阔，“白虎驯服”；北面紧邻北塬，“玄武地头”；南面澽水环绕，“朱雀翔舞”。整体形成“左青龙、右白虎、前朱雀、后玄武”的环抱之势，风水认知使城市环境呈现出理想格局和标准结构下的优美形态。二是地域内部所反映出的自然结构特质对不同聚落类型的共同影响。例如晋陕黄河区域形成的“二山对峙，黄河于中”格局，县域中梁山、黄河形成的“山水组构”，它们成为了更低层面中，不同聚落类型的标准参照。理想性和标准性的“山水聚居模式”反映出了传统人居环境基于自然进行“主动设计”而非“被动选择”的现实，当然也是取决于聚居的理性需求，是综合科学、人文和艺术美学的整体考虑。这一模式在为人类提供生存空间依托的同时，也创造出了安妥“精神”，得以“安身立命”的理想世界和特有的生态美学表达。

（3）差异性与地域性

韩城地域内部的山水聚居模式本身即是区别于其他地区的重要标志，进而形成了强烈的地方特色。另一方面，就不同的聚落单元来说，虽然同处于县域空间环境之中，但在面域范畴的具体位置并不相同，进而表现出山水模式的不同特征：

在宏观与中观层面，王树声在《黄河晋陕沿岸历史城市人居环境营造研究》中将城市与山的关系总结为冠、依、据、笼四种类型，将城市与黄河的关系总结为滨、俯、近、望四种类型，将黄河沿岸城市与山、河的关系概括为冠山俯河、笼山滨河、据山望河、据山近河、据山滨河、依山滨河六种类型。[2]韩城古城就是“据山

[1] 王少锐．韩城城隍庙建筑研究[D]．西安：西安建筑科技大学，2003．

[2] 王树声．晋陕黄河沿岸历史城市人居环境营造研究[M]．北京：中国建筑工业出版社，2009：80—85．

望河”的态势。芝川古镇更为靠近黄河，所以反映出了“据山近河”甚至“滨河”的态势。在微观层面，韩城城市所依存的川道空间规模较大，人置身其中，并未感受到明显的“窝聚”特点。而党家村所依存的泌水河谷尺度相对较小，进而形成了“屹崂”特征。芝川古镇架构在两条川道空间和两条支流的汇聚位置，进而形成了更具标志性、典型性和特殊性的环境模式。类似的“空间结构”取决于传统人居环境设计的“标准”山水模式，所展现的不同特点又是受到自然状况、尺度规模、功能需求等客观因素的影响。“同”体现设计依导的共同原则和表达形式，“不同”反映聚落的环境特质和地域差异。

这就为传统人居环境研究和当代人居环境建设提出了体系拓展的地域需求：针对中国行政版图的整体自然环境，应当以区域为对象，具体梳理落实不同地区以及下属城市、乡、镇、村乃至建筑所处的不同层面的自然地貌特征和山水空间格局。它为进一步的地域人居建设提供基础和依导。

（4）感知性与意象性

山水聚居模式具有强烈的本土特征，是传统人居环境营造的重要方法。但这一方法并不是在“图纸”中完成的，而是通过“人”在现实环境中的审视、选择、体验和改善逐步形成的，最终建立了一种人可以直观感受的环境意象氛围。历史记载中，关于城市与山水形势的大量描述即是明证。在《党家村村歌》中发现有这样几句歌词：“西望梁山层峦翠，北枕高岗有依托。泌水南绕潺潺流，蜿蜒东去向黄河。”当地乡土文人也称：“梁山西照，泌水东流。”还有“取不尽的西北，填不满的东南”，“东高不算高，西高压弯腰”等说法[1]。此外，《韩城县志》中载有《芝川镇城门楼记》：“是城也，当初筑时，一堪舆者登麓而眺，惊曰：‘芝川城塞韩谷口，犹骊龙口衔珠，珠将生辉，人文后必萃映。’迩岁科第源源，果付堪舆者之言，人未尝不叹。是城武备而文荫也。”[2] 由此可知，“山水聚居模式”并不是抽象的，而是以“人”和“人的感知”为设计出发点，加上精神文化的影响，进而确立了自然要素的精妙构图，最终在令人神迷的“山川水境”和“丰饶文昌”中，展现了极具标志性的

[1] 采访自韩城当地邑人贺西城先生。
[2] 清嘉庆《韩城县志》卷十一“记颂”。

地理形势特征和景致特征。

5. 功能性

无论在晋陕黄河区域层面、韩城县域层面还是聚落层面，“山水聚居模式”的形成都体现着人类聚居的生活需求、防御需求、生态需求等。只是在宏观和中观层面，功能需求直接反映在山水模式上。但在聚落层面，则是首先建构特定的山水模式，进而达成人居需要。

5.1.2 骨脉结构模式

1. “骨”“脉”的内涵

本土人居环境中“骨、脉结构”的本质，反映在“骨”和“脉”两方面：就“骨”来说，又称为骨架。骨架是支持客观物质结构、基础或轮廓的显性支架，反映物质的整体性和稳定性。就“脉”来说，又称为脉络。脉络关系到客观物质的关键线索和隐性组构关系，反映内聚性和生长发展的意义。“骨”和“脉”是统一在一起的，“骨”是“脉”的功能支撑和物质表现，“脉”是“骨”的气质状态和内在根源，二者共同形成了传统人居设计的“骨、脉结构”模式。从另一个角度看，“骨、脉结构”是诸多线状要素的组合，它反映线状要素的多样类型和不同属性，也反映不同线状要素的组构关系和整体结构。

2. 骨脉结构的构成要素

“骨、脉结构”的实体构成要素包括：特殊的自然地形和水系，城墙、城壕等防御构筑以及交通功能中的道路、街巷、胡同等。其中，特殊地形和水系是天然存在的结构要素，也是设计的基础或依导；城墙等防御构筑是空间的分界限定；交通道路是流线组织的具体内容，它在“骨、脉结构”中所占比重较大，其内部还存在不同程度的主次关系。

“骨、脉结构”是诸多线状要素的组合，“线”作为一种实体或空间的外在形式，反映不同功能，表征或实或虚的存在状态。交通道路是一种“流线”，它引导人在环境中的空间转换，流线是影响“骨、脉结构”的关键因素；自然和城墙、城壕等是一种“界线”，具有围合、分界的空间限定作用。本土设计是以“人”的感官体验为基础的，“骨、脉结构”中还存在着一种“视线”，它引导“人”的观览方向、形式和要素关系，建立了人所处的空间位置与观览对象的联系，为“环境图景”的形成奠定基础。最后，还有一种“轴线”，它完成了聚居在环境中的基准定位，同时也对整体全局进行组织，承担着“骨、脉”结构中“脉”的作用。

流线、界线、视线与轴线，共同组成了“骨、脉结构”的线状要素。流线和界线指向交通道路、城墙、自然等实体要素，视线和轴线并无特定的实体指代，更多地反映出不同要素之间的关系。虽然四者可以各自独立存在，但一般情况下，相互之间紧密关联，表现出复合的属性。轴线往往与主要流线重合，也建构了重要的视线关系；视线常常依存于流线设置，视线落实了人在环境中，轴线与流线的设计表达成果和感官体验；“四线”首先是以地域环境特征为设计依导的。总之，对于聚居环境的整体把控越强，线状要素的复合属性就越强（“主脉”由此诞生）。流线、界线、视线、轴线的不同属性，使“骨、脉结构”表现出组织交通、空间划分、引导观览、描绘图景、融会自然、建构整体等多重功能。

综述，从实体要素角度出发的特殊地形、水系、城墙、城壕、交通道路、街巷、胡同等以及从设计构图角度出发的流线、界线、视线、轴线，依存某种逻辑关系，共同组成人居环境的“骨、脉结构”体系。

3. 骨脉结构模式的建构逻辑

《太平预览　居处部》引《尔雅》对“道路”的解释为：“庙中路为之唐。一达为之道路，二达为之旁枝，三达为之剧旁，四达为之衢，五达为之康，六达为之庄，七达为之剧骖，八达为之崇期，九达为之逵。”[1] 从本土设计的角度说，“骨、脉结构”模式的形成类似于“树”的“生长”轨迹，是由“主干”不断向外扩展、延伸、发散，进而形成“枝干”、“细枝”等不同层次，各个层次上下贯通，相互联系，紧密融合，形成整体（图 5-9）。其中，“主干”层是关乎聚居环境全局整体的定位基准，是下属不同层次得以拓展的生命根基。在既定范畴的人居环境中，它依属于环境地貌的空间模式和特征，处在聚居的中轴位置，根据环境中关乎整体的、最为重要的标志位置和标志要素来定位，融主轴、主要流线、视线于一体，建立了聚居与环境的整体联系和融合。“枝干”层是在“主干”层的基础上“生长”形成的。相对于“主干”，“枝干”是根据环境中“相对”次要的标志位置和标志要素，或者更小范畴中，

[1] 郭璞．尔雅 [Z]．杭州：浙江古籍出版社，2011．

聚居结构内部的核心要素来定位的。当然，“枝干”也完成了进一步的结构组织、次轴设置、功能面域划分、交通流线安排和与外在环境的视线关联；“细枝”层则是在“枝干”层的基础上“生长”形成的。它在更小范畴内，实施交通导向，最终延伸至民居住宅的各家各户。“主干”“枝干”与“细枝”，反映了对整体全局不同程度的把控，进而形成了聚居环境的骨架结构。

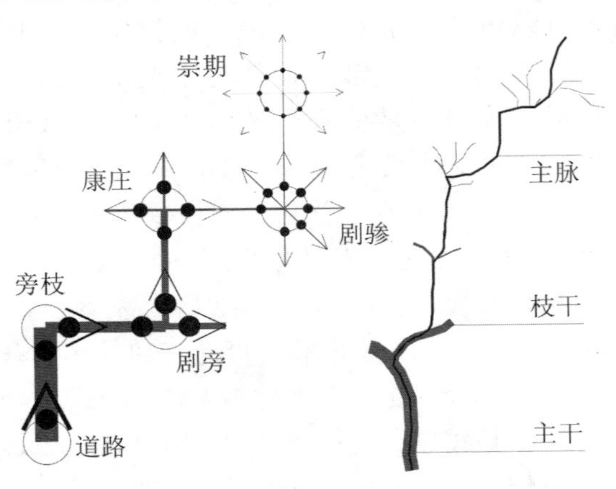

图 5-9　骨脉结构的树状生长图
（图片来源：作者绘制）

《韩城古城》一书记载：“韩城古城的巷道纵横交错，如棋盘密布，似星象罗列，宽窄不等，长短不同，却能因地制宜，曲折有度，就像人体上的血脉，大动脉连着小血管、毛细血管，直通神经末梢。大有大名，小有小号，屈指数来，约有数十条之多，号称七十二条巷，盖取孔子弟子七十二贤。巷以此取数，寓贤人良士遍布其中之义，是尊贤尚礼思想的反映。”[1] 由此可知，在韩城古城内部，骨架结构是依属于特定的线索关系，不断发散扩展形成的。这一线索就是骨架的脉络。脉络普遍存在于不同层面的人居环境骨架中，且总有一条贯穿全程、牵涉整体、处于核心关键地位、反映聚居本质的“主脉”。“主脉”顺应着“主干”的发展轨迹，表现出强烈的生命意象和生长趋势。它与聚居环境中最为重要的核心内容建立关系，反映出不同范畴人居环境的本质内涵。在本土营造观下，正是首先寻找到了不同聚居范畴的“主脉”，而后在“主脉”的基础上，定位“主干”，发散“枝干”和“细枝”，进而最终形成本

[1] 韩城市委员会，文史资料委员会．韩城古城［C］．内部发行，2004：27．

土人居环境的“骨、脉结构”模式。

4. 不同环境层面的骨脉结构模式

在宏观的晋陕黄河区域层面，以陕西西南的汉中地区作为起始，逐渐向东北延伸，达宝鸡地区，再东走至咸阳地区，经陕西省城西安后，向东北进入渭南地区，而后穿越韩城县域，跨黄河进入山西省境内，东北向达山西省城太原，并继续向东北延伸。这条线路即构成了晋陕黄河区域聚居环境中“骨、脉”结构的“主脉”。它大致由西南向东北延伸，以“陕西省城西安—黄河—山西省城太原”为主干和定位基准，将晋陕黄河沿岸地区连接成为整体。“主脉”和“主干”为进一步的“分枝”发散提供了基础。例如在陕西地区，以省城西安为节点，南走商洛、安康，东达黄河。以韩城县为节点，向北延伸，经延安达榆林。

在中观的韩城县域层面（图 5-10），县南澽水河谷形成的“二十

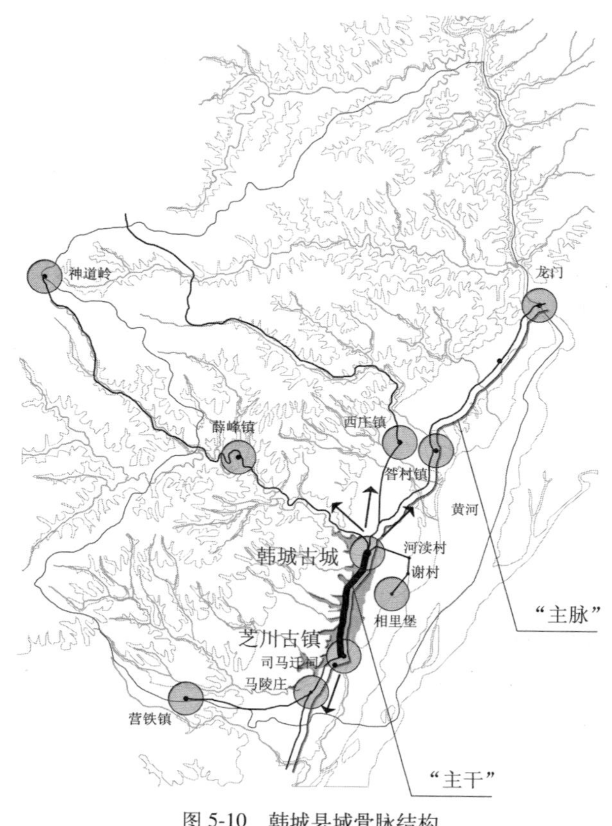

图 5-10 韩城县域骨脉结构

（图片来源：作者绘制）

里川道”，是县域聚居的中心。川道北端的韩城历史城市与川道南端的芝川古镇连接成线，构成了县域“骨、脉结构”的“主干”。在“主干”的基础上，南北发散形成了六条“枝干”：一是由县城沿濻水向西北延伸，经薛峰镇到达韩城山地区的制高点——神道岭；二是由县城向北延伸，经西庄镇后转向西北山地；三是由县城向东北延伸，经昝村镇后直达黄河龙门；四是由县城向东，经河渎村、谢村后，达相里堡；五是由芝川古镇向西南延伸，经马陵庄后达营铁镇；六是由芝川古镇向南延伸，进入合阳县境内。“主干”与“枝干”共同构成了县域聚居结构的“骨架”。其中，“县北黄河龙门——县城——县南司马迁祠和芝川古镇”，三个节点连接成线，反映出了韩城县域整体的核心、滨河边地性质、地域精神内涵，构成了骨架结构的“主脉”。

在微观的聚落层面，以韩城历史城市为例（图 5-11）：“南起毓秀桥，北至金塔，全长 1200 米。其间有毓秀桥、南城门、金城大街牌楼、北城门、赳赳寨塔等主要标志节点。在这个序列空间里，当人们远望古城，便看到古城标志——金塔；行至轴线南端的毓秀桥，视线正对赵家堡；行至南关时，古塔隐约出现；到金城大街南部，赳赳寨塔时隐时现，北部就十分明显地成为城市街道的对景；等沿台阶登上回望古城，逐渐俯瞰到城市；待登到塔顶便可俯瞰整个城市与自然环境交织的景观，古城、黄河、司马迁祠、山塬等尽收眼底。”[1] 这一纵长轴线和序列关系就是韩城历史城市的“主脉”（表 5-1）。它以城北山塬的制高点和城南濻水收口为定位基准，将城市与周边环境融合起来，形成了流动的、赋有节奏的交通关系和明确、强烈的视线关系。在城墙边界的限定下，城市内部的“主脉”部分即是城市骨架的“主干”。“主干”上发散扩展出四条“枝干”，分别以东、西城门楼和城市内部的县衙、城隍庙、文庙等标志建筑为定位基准（图 5-12），并实施进一步的功能面域划分、交通流线组织和视线导引。在“枝干”的基础上，又拓展形成了大量的“细枝”——巷道、胡同，它们实施向公共建筑和民居住宅的过渡和引导，以院落的单元组构为依托，立面形式包含凸出的住宅入口空间和大面的实墙基底，地面铺装多为青石或

[1] 王树声．晋陕黄河沿岸历史城市人居环境营造研究 [M]．北京：中国建筑工业出版社，2009：96．

砖，表现出明显的内向性和领域性，形成了本土聚居环境内部特有的一种独特形象。

图 5-11　韩城古城的骨脉结构
（图片来源：作者绘制）

韩城古城“主脉”景观时空变化表　　**表 5–1**

(a) 远望古城	(b) 毓秀桥头	(c) 望河楼与赵家堡	(d) 南关望塔
(e) 金城大街望塔 1	(f) 金城大街望塔 2	(g) 金城大街望塔 3	(h) 北门望塔
(i) 北关望塔	(j) 登塔过程俯瞰 1	(k) 登塔过程俯瞰 2	(l) 塔顶俯瞰

资料来源：王树声．晋陕沿岸历史城市人居环境营造研究 [M]．北京：中国建筑工业出版社，2011．

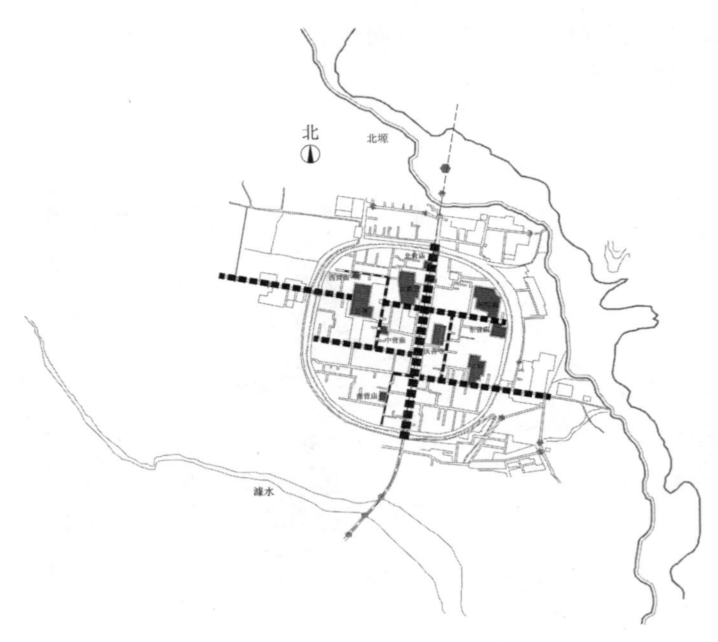

图 5-12　韩城古城骨脉与重要建筑
（图片来源：作者绘制）

镇、村等聚落，同样存在着明确的“骨、脉结构”模式。在芝川古镇中（图 5-13），由聚落的核心标志——府君庙向南延伸，出南城门后跨越芝水和芝阳桥，沿芝塬徐缓而上，直达接近山塬

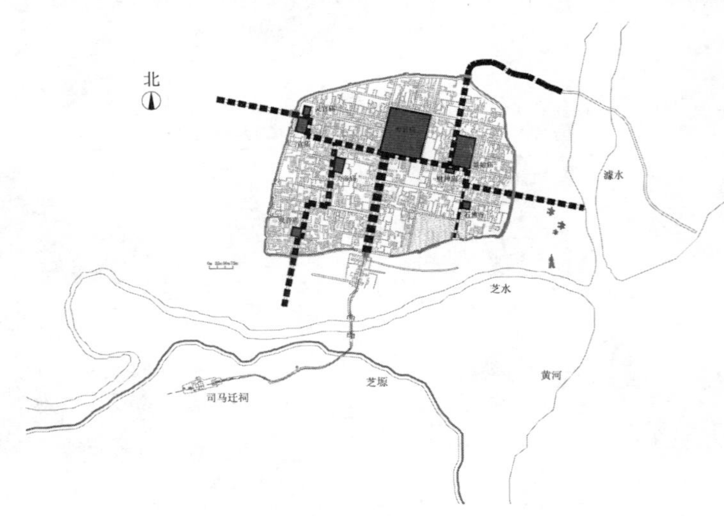

图 5-13　芝川古镇骨脉与重要建筑
（图片来源：作者绘制）

顶部的司马迁祠，这一线路即是古镇的“主脉”（图 5-14）。相对于城、镇等聚落骨架的“规制性”，村落因其规模差异较大，基地条件各异，难以组成类似于城、镇的“均质网格”，但仍然具有明确的“主脉”。在党家村中（图 5-15），沿大巷方向，经过党、贾两家祖祠，西北达白庙祭祀建筑群，东南达关帝庙祭祀建筑群，这一线路即是村落的“主脉”（图 5-16）。

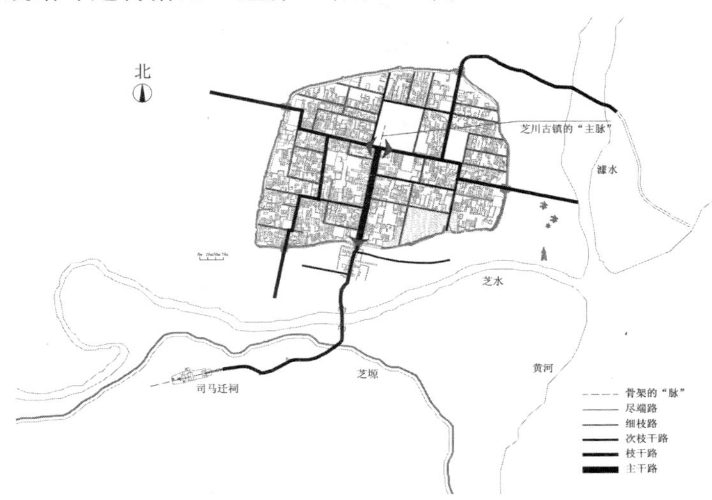

图 5-14　芝川古镇的骨脉结构
（图片来源：作者绘制）

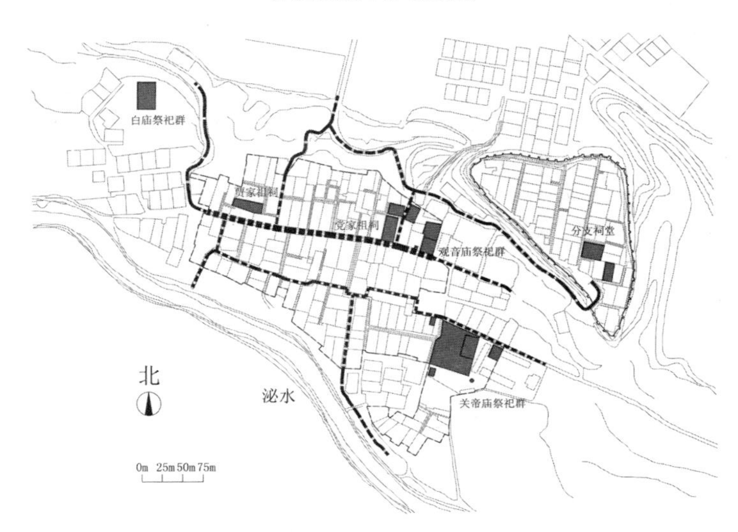

图 5-15　明清党家村骨脉与重要建筑
（图片来源：作者绘制）

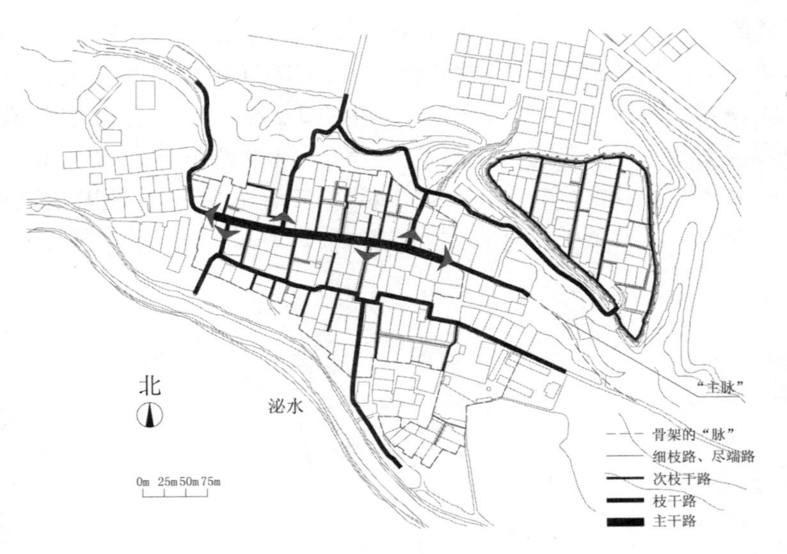

图 5-16 明清党家村骨脉结构
（图片来源：作者绘制）

5. 骨脉结构模式的特点

"骨、脉结构"模式的形成具有明确的内在逻辑，进而表现出以下特点：

"骨、脉结构"直接关系到韩城在不同层面聚居环境中的全局整体。轴线、流线、视线、界线等不同要素，实施基于环境的定位和把控、聚落空间的划分和限定、交通流线的组织、视线关系的引导等，进而最终形成自然和聚居紧密联系的有机体系。

类似于"树"的"枝干"体系，韩城"骨、脉结构"模式亦呈现出生长、发散、扩展的趋势，进而形成了"主干"、"枝干"、"细枝"等不同层次。它们上下贯通，由外而内，由主到次，一气呵成。这种层次性和连续性不仅存在于既定范畴的人居环境中，更将宏观、中观、微观层面的聚居环境联系起来。

骨架的形成依托于内在的、关乎本质的隐性线索。这一线索即构成了骨架的"脉"。本土地方人居环境中，无论晋陕黄河区域、韩城县域、聚落还是单体风景和建筑范畴，都存在着一条贯穿全程的"主脉"，它直接牵涉聚居环境中最为核心关键的内容，表现出强烈的生长性和凝聚性。

"骨、脉结构"是联系不同聚居功能的纽带，其空间承载的意义是"流动"的，具有明确的"达"的方向性。首先指向聚居环境中相对重要的、标志性的内容，而后指向相对次要的内容，最终扩展至大量民居住宅。

作为一种空间形式，街巷、胡同不仅满足交通功能，还是民众聚居生活的公共场所。商业集市、文化聚会甚至婚、丧、嫁、娶等民俗生活都在此进行，进而表现出强烈的内向性、领域性和场所感。另外，“骨、脉结构”模式的形成不仅反映在平面构图上，更直接落实在人的真实感官体验上。

5.2 关键性、核心性与基础性

关键性是指事物、事件、情况最关紧要的部分所表现出来的决定性的、深层的影响状态。在本土人居环境中，关键性要素直接反映出“人们在聚居生存中所意识到的，最为重要、最值得关注的内容和线索”。正因为关键，这些内容往往是以强烈的、突出的、标志性的特征和形象予以呈现的。“关键性”的内涵主要反映在“最为重要的人居功能”、“最为突出的地域特征和空间方位”、“最为强烈的人文精神呈现”等诸多方面，并将这些方面综合起来，相互影响，相互决定，进而形成一种关键价值的客观表现。前文提到的“层次性”，正是基于“关键性”得以呈现的。较低层面往往是以“关键性”的状态在较高层面中表现出来。

当然，人居环境的形成是一个不同层面相互统筹的复杂整体。关键性要素并不是惟一的，而是以一种具有秩序的系统状态表现的。这个系统普遍存在于不同层面的尺度环境中，将自然、人、社会、聚居、支撑网络整合起来，形成一种内在的逻辑关系和有机秩序，建构一种针对非关键内容的统领价值。“关键性”系统的形成，首先得源于其中一个或几个最为重要的赖以生存与发展的核心内容，姑且称之为“关键中的关键”。这些内容是系统得以存在和凝聚的根源，进而形成围合、向心、发散的逻辑意象、空间意象。本土人居环境中，针对关键性与核心性的认识和体系建构，是规划设计的重要切入点，亦成为极具本土智慧的表达方式。

关键性与核心性是通过“基础性”衬托出来的。基础性反映出一种普遍的、大量的、统一的、支撑的状态。本土人居环境中，基础性是自然、聚居等内容的群体表现以及群体内部的组构关系表现。关键性、核心性与基础性相互凸显，相互衬托，并形成了标志体系与核心发散模式、群域肌理模式两种不同的表现形式。

5.2.1 标志体系与核心发散模式

1.“标志”的内涵与“核心发散模式”的形成

“标志”作为一种设计要素，反映基于全局整体关系的“关键”属性。通俗来讲，就是在人类的聚居生存中，什么是最为重要的，这一“重要性”如何体现，相互之间又是什么关系，要领悟本土人居环境中“标志”的深层内涵，须立足于传统文化的认知角度，剖析解读标志的文化特点。例如古代戏台上，表演者手持马鞭作挥舞状，虽然没有真正的马，但并不妨碍人们对其演绎骑马状态的理解。这根马鞭就具备了标志的含义。再如古代政府官员的帽子、行军打仗的战旗等都具备标志属性。这就引发了标志的重要意义：“抽象指代”，即由客观事物中较为突出的关键部分来抽象联系，全面涵盖，代替事物的整体信息（传统艺术表达的写意特征也是基于此而产生的）。这并不是说“设计者”忽视了信息表达的全面和真实，而是通过核心内容和关键线索来建构关乎全局整体的本质内涵和意象氛围。标志和标志体系的建立，反映本土文化价值观下对生存的深层思考。“标志”具备提纲挈领的统筹地位和关乎人居设计本质的精髓要义。基于标志及其体系的认知和确立，贯穿于传统人居设计的全程。

标志并不是惟一的，其本身也并无特定的实体内容指向。传统人居环境的构图要素包括自然、聚落、风景、建筑等，它们都可以成为标志设立的基本对象。在既定范围的人居环境中，诸多标志要素并存，但其体现的指代程度是辩证的，重要地位也不尽相同，相互之间形成了基于功能逻辑和文化逻辑上的构图联系，进而建构标志体系。在这个体系中，总有一个或几个最为重要的核心关键，从而形成了围绕核心，向外拓展的核心发散模式。当然，在晋陕黄河宏观范畴、韩城县域中观范畴以及聚落微观范畴，不同层面的标志体系与核心发散模式呈现出不同的特征，但相互之间紧密关联。由于较高层面涵盖了其下的诸多层面，较低层面常常以标志性意象存在于较高层面中，且同一层面和其涵盖的不同层面的诸多标志以相对宏观和微观的形式并存，进而最终形成上下贯通的有机整体。

2. “标志”的设立依据

本土县域人居环境营造的“标志”设立依属三条原则：一是反映聚居客观功能的重要性；二是体现聚居生存的精神内涵；三是凸显人居环境中的特定空间位置。它们相互融合，体现了标志基于多重内涵的设立根据和依导原则。

（1）客观功能

从功能角度出发，“标志”可体现人类在聚居生存中，最需要什么，最关注什么、依托什么。当然，聚居需求不是单一的，在相对重要的标志性功能要素中，同样具备逻辑关系。例如宏观的山陕黄河体系中，黄河以生命的根本依托体现核心标志地位，沿岸历史城市架构在山水环境当中，以人居环境单元体现次级标志属性；在韩城县域层面，历史城市体现标志的核心功能与地位，其他重要聚落以及风景则是围绕核心城市的次级标志；在聚落层面，以韩城历史城市为例，县署、文庙、城隍庙的标志性反映城市政治功能和文化功能的需求，其他次级标志则围绕其布置，其中城门楼的标志性源于军事防御功能。要素的标志性首先也必然反映不同层面的聚居需求和需求的重要程度。

（2）精神内涵

本土人居环境中，总是一种源自精神层面的认知，自觉反馈基于人本体和宇宙世界的思虑，并渗透在人类聚居生存的环境中。“设计者”以人文的视角切入，将具备强烈精神内涵的实体要素作为聚居的标志要素，进而建构标志体系，反映天、地、人、神等不同角色的定位和相互关系。以韩城历史城市为例，山水要素体现“自然”的存在价值，人工构筑中，文庙、城隍庙、祭祀坛等建筑是“礼乐秩序”的代表，其他寺、庙、祠、观等则反映人性赞誉和上升至神性的宗教信仰。韩城古代城图很大程度上就是基于精神内涵的标志性呈现，它们不仅承载着人居功能，更形成了城市聚居的精神构架。

（3）空间位置

要素的标志性反映聚居环境的空间特征和形式特征。标志首先是基于人居环境中“典型位置”的认知，其次才是置于典型位置之上的人工构筑的形式处理。黄河的标志性不仅基于功能上的聚居依存，在晋陕黄河区域范畴，它还明显反映构图的轴心性。城、镇、村等重要聚落和风景的选址，则是基于自然山水环境的标志位置。聚落中标志性的塔、庙、楼等，也都相对存在于构图面域中的“关键”位置。对于标志要素的具体塑造，重在体现与其所处位置的对应。当然，标志要素是基于其他“基础要素”而言的，进而对比反映出“标志”的整体把控和视觉聚焦。

标志的设立依属于聚居的客观功能、精神内涵和空间位置。那么反过来说，在韩城人居环境营造中，“标志”塑造具有以下作用：第一，标志的突出性，建立人视觉的聚焦，便于表现重点关键内容；第二，人居功能关系和精神认知，很大程度上是通过“标志体系”得以反映的；第三，标志对应其所处的环境位置，顺随“自然之势”，有利于山、水、聚居的统一融合，促进了环境观的落实；第四，在空间形式中，标志有利于设计的变化和丰富，从而使人居美学艺术表达更具特点。

3. 不同环境层面的标志体系与核心发散模式

(1) 晋陕黄河区域层面与县域层面

在宏观的晋陕黄河区域层面（图 5-17），黄河无疑是最为突出

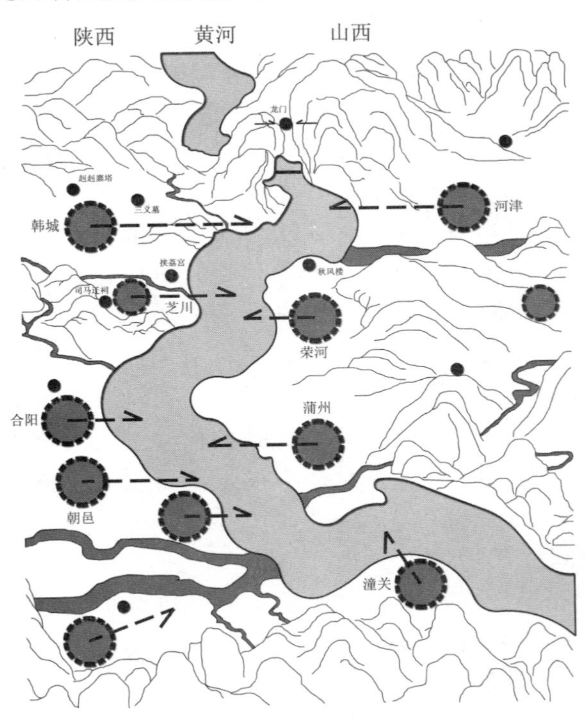

图 5-17　晋陕黄河流域标志体系结构
（图片来源：作者绘制）

的环境标志。与此同时，晋陕沿岸的诸多历史聚落，如韩城、河津、朝邑、荣河、蒲州、潼关等，依次由北向南展开布局，形成了以黄河为轴心，以微观山水为控制依托的标志意象。黄河与沿岸聚落共同以标志的姿态构筑形成了宏观区域范畴的标志体系。聚落是建设的主要对象，但聚落所在的微观山水环境是其存在的基础，基于功能和空间特点，沿岸历史城市围绕黄河布局，必定突出黄河的惟一性和轴心性，使其成为晋、陕区域人居环境的形象代表和意象符号。

在县域中观层面（图 5-18），城市无疑是一县的核心标志，它体现功能层面和精神层面的核心价值以及自然环境的标志性位置，其他要素围绕其布局，城市是标志体系的基础坐标和归宿。芝川古镇、昝村镇、营铁镇、薛峰镇、西庄镇则以军事防御、交通渡口、冶铁生产、商业集市等特定或复合的功能倾向，体现标志性

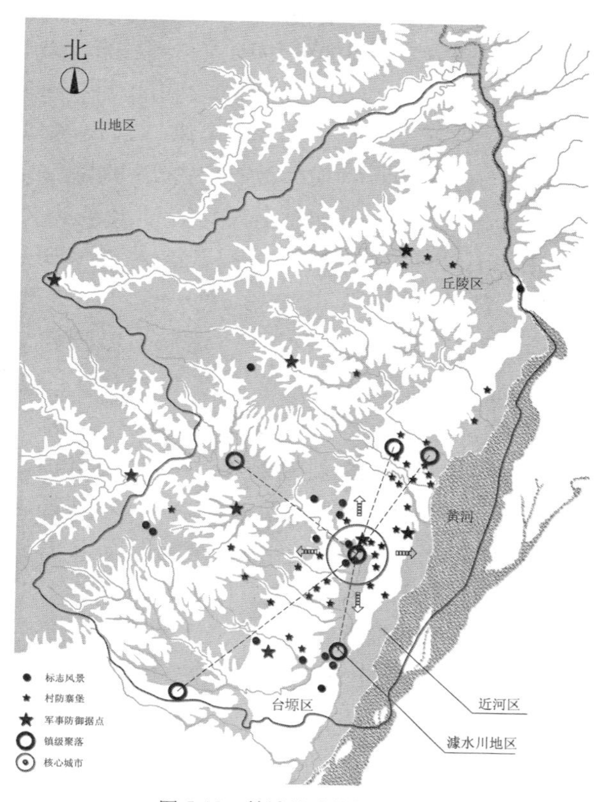

图 5-18　韩城县域的标志体系
（图片来源：作者绘制）

质。它们围绕城市，均衡分布在县域特定的环境位置。此外，还有一些节点，处在防御要地和交通要道上，早期是军事驻地，俗称“环城十八寨”，在战争解除后逐渐演变为村落，但仍能感受到强烈的标志意象。最后，本土县域还存在特有的“风景体系”，“八景”围绕古城布局，完成城市向自然的过渡和联系。景致单元与山水形势紧密融合，在满足一定功能的同时，构建形成了“诗意”的存在。其中，县北“龙门禹迹”和“太史高坟”最为突出，它们处于黄河在韩城境内南北向最宽和最窄的两个位置，是县域东向防御的关键节点，承载着韩城地区极具精神意象的文化内涵。上述内容构成县域层面，以城市为核心的关乎全局整体的标志体系与核心发散模式，完成了对其所属地域的整体全局代表和标志意象凸显。

（2）聚落层面

在聚落微观层面，以历史城市为例（图 5-19），在明万历年和清乾隆年《韩城县志》绘制的城郭图中（图 5-20），北塬、澽水等自然要素，城内的县署、文庙、城隍庙、城门楼等建筑以及城外的金塔、毓秀桥、祭坛、寺观庙宇、文星塔、教场等风景和建筑，以标志的姿态，相对于图纸中未体现的内容，构成了城市聚落的标志体系。这些内容必定是最为重要，且设计者最为关注的要素，进而完成对城市整体的抽象联系和全局代表。韩城历史城市的标志体系和内容，具体表现为：

1）历史城市的核心标志——县署、文庙、城隍庙

县署是韩城地区的统治中心，是城市中最为核心的标志要素。王时敦在《重修韩城县厅堂记》中载：“城在龙门之南，澽水之阳，县则居城乾位，离临康衢。”[1] 文庙是城市精神信仰的核心代表，以儒家普世价值观树立最具标志性的精神意象。《韩城县志》载：“学宫初参错民居而迫隘，堪舆家叹之。邑民杨福厚以五十金易院二区，而广西南程爱以地五亩而扩，东北学基用是始成正大。”[2] 城隍庙则是城市地方精神的代表，《韩城县志》中有《城隍庙记》载：“按庙者，貌也，神之形貌所在也，非庙则无以妥神。”[3] 县署，文庙与城隍庙三者之间具有密不可分的整体关联：首先，县署是城市政治中心，

---

[1] 明万历《韩城县志》卷七“艺文”。
[2] 清嘉庆《韩城县志》卷三“学校”。
[3] 清嘉庆《韩城县志》卷十一“记颂”。

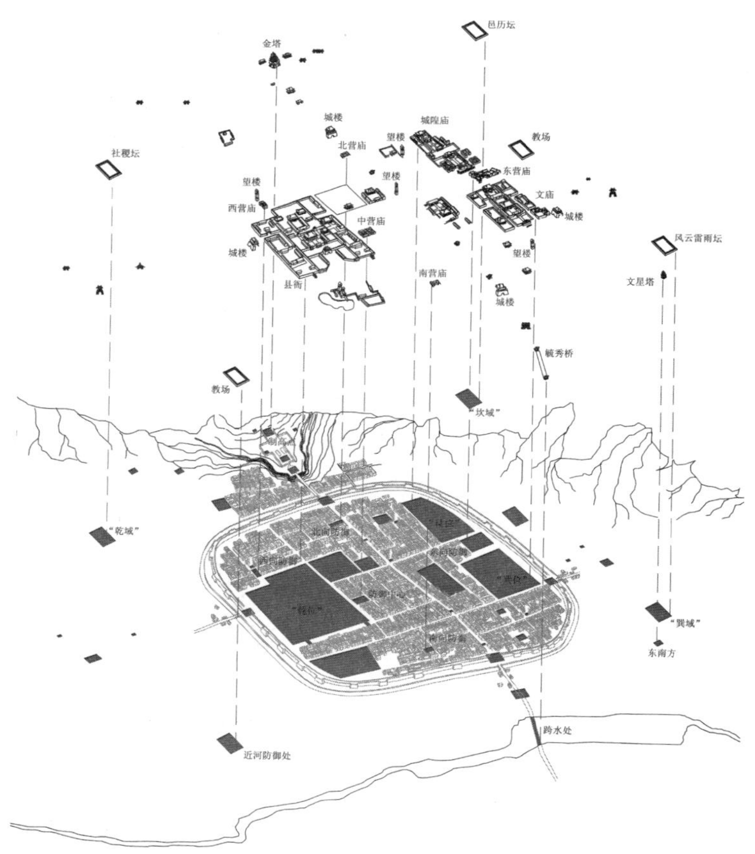

图 5-19　韩城古城标志建筑的环境定位
（图片来源：作者绘制）

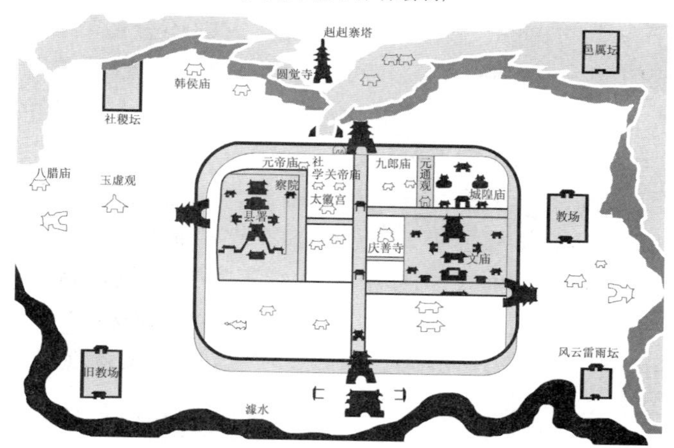

图 5-20　韩城城郭图标志意象
（图片来源：作者绘制）

文庙是城市精神文化中心，二者建立并存的聚落核心地位；其次，县署“设官长以司阳”，实施对聚居民众的管理，城隍庙则“设神主以司阴”，是管理“神鬼”的地方；最后，文庙是城市官方信仰的承载，重点表达基于官方传统的主流精神，而城隍庙则是地方民众寄托剪除凶恶、保国护邦的良好愿望的民间信仰载体。县署、文庙、城隍庙以特有的功能定位，处于特定位置，构成了韩城历史城市中标志体系的核心结构。

2）城内其他标志建筑

a．城门楼

城门和城门楼是进入城池的关键防御卡口。《韩城县志》载：“……门四，东曰：迎旴，西曰：梁奕，南曰：潒涍，北曰：拱宸。……五年，知县左懋第新西关门楼，更名曰：望甸。十三年，大学士薛国观特疏于朝而捐甃焉，知县石凤台首捐，甃敌台者二，荐绅以次竣工，更题其门，东曰：黄河东带，西曰梁奕西襟，南曰：溥彼韩城，北曰：龙门盛地。”[1] 城门楼具备军事防御的重要功能，含有特定的精神意义，又是进入城池内部空间的开端，因此成为城市的重要标志。立足于城下，仰望城楼，即刻引发关乎城池的全局意象，正因为城门楼为城池的标志形象，设计者才要将其修筑得雄浑伟岸，以达到彰显尊威，震慑敌人的军事和精神文化功用。人置身于楼中，引发“观览”的倾向，这种观览性是对整体全局的把控，是对外在环境的审视。

b．五营庙与五座望楼

出于军事防御的安全功能，韩城城市中还分散布局了五座营庙和五座望楼。它们依照东、西、南、北、中的大致位置均衡设立，以南北大街正中之将军楼为中心，形成了基于城防功能的标志体系。《乡土志抄稿本选编五》记道：“营以行军，異哉，庙以五营称，中营近署，余四营均近四城，营皆巨庙，庙皆关帝，岂以志尚武之精神乎，抑以备非常之变。”[2] 营庙的军事功能又附加了祭祀关公，尚武的精神内涵。《乡土志抄稿本选编五》载：“城内四五丈高楼有五，皆贤达所建，有警望敌且可居中号令四城者也，最中为将军楼，四隅各一，亦天然城内之险也。”[3] 五座望楼体现了传统城市

[1] 清嘉庆《韩城县志》卷二“城池”。
[2] 清《乡土志抄稿本选编五》第四十二课“城内五营”。
[3] 清《乡土志抄稿本选编五》第四十一课“城内高楼”。

中“楼”的标志属性。一方面以外在形式引导人的视觉聚焦；另一方面，置身楼中，又具备观览的整体把控性和环境关联性。五营庙与五座望楼巍立于城中，与大量的作为基底的建筑形成鲜明对比，成为城市中的标志景观。

c．其他祠、庙、寺、观和旌表牌坊

城中还有大量庙宇和旌表牌坊，它们以标志性意义体现出历史城市的精神功能和精神含义，祠、庙、寺、观多沿交通主街和次街分布，旌表牌坊则处在街巷的节点位置。

3）城外标志建筑

a．金塔、毓秀桥

金塔和毓秀桥是韩城历史城市环境的收端标志和起首标志。就金塔来说，它位于城市北塬的制高点，体现出强烈的视觉聚焦和整体观览作用。民国 14 年《韩城县续志》中有陈缉文《重建圆觉寺记》载：“……凭轩眺远，挹万峰之秀，揽长河之势，心目一爽，洵巨观也。邑中自宋迄今人文蔚萃，冠于冯翊，咸谓斯境时新致然，信哉……”[1] 金塔又称赳赳寨塔，具有城市防御的军事作用。《韩城县志》载：“城守把总署在北门外圆觉寺大殿西偏赳赳寨下。”[2] 金塔还称为圆觉塔，是圆觉寺的组成部分。《重建城北浮图记》载：“……以为寺不可无塔，亦犹县不可无寺，胡可听其废坠乎？韩之人因请于公曰：塔之建也，佥谓吉星高曜，则岁和年丰，狱讼衰息，寇盗不作，民以康宁，其有关于坤舆之气大矣。又或云：城状如舟，非柁不行，浮图盖形取利济也……”[3]。“赳赳寨塔”是防御标志的称呼，“圆觉塔”是宗教精神标志的称呼，“金塔”则是城市（金城）人居环境标志的称呼；毓秀桥位于城南澽水之上。民国 14 年《韩城县续志》中有程仲昭《重修南桥记》：“治城南门外石桥创自邑绅贵抚刘公，厥后历有兴修，而颂歌追遡者无不以刘公之功为最伟然。使莫为之后，虽美弗继，故自道光间邑令王君壬垣续修后，至今将近百年……亦善举也。”[4] 毓秀桥具有交通和防御的功能属性，又承载着本土邑人的责任精神和奉献精神，成为城南跨越澽水的城市起首标志。

---

[1] 民国《韩城县续志》卷四“碑记”.
[2] 清嘉庆《韩城县志》卷二“城池”。
[3] 清嘉庆《韩城县志》卷十三“碑记”。
[4] 民国《韩城县续志》卷四“碑记”。

b. 文星塔

历史城市聚居环境中，还有一种特殊的标志要素——文星塔。《韩城县志》中有冷崇《创建文星塔记》："盖惟宇内有其不及者，而培补需焉。炼石培天，断鳌培地，修斧培月，六月息培风，其不经矣。至若结绳培之书契，羽皮培之衣冠，巢窟培之宫室，狉獉培之礼乐文章，诸凡圣君贤相创制显庸，大而天经地纬，小而物曲人官，率皆乘时度势，以培补其不及。易云：裁成辅相，此物此志也，而于形胜何独不然哉？盖从来奥境名区，天工居其半，人巧亦居其半。昔古公之荒高山也，乃眷西顾，此惟与宅咏自皇矣。而次章曰：作之屏之，修之平之，启之辟之，攘之剔之，则知人力之培补为不可少云。韩故古雍州域地，龙发自西北三岭山，层峦叠嶂，逶迤曲折百余里，而邑治适当其落，背枕磅礴之峰，面铺玉尺之案，龙虎环抱，左右均匀，况又黄流东绕，畅谷、陶渠诸水漩洄，诚关中第一佳胜，共称为地造天设者也。我世宗宪皇帝御极元年，分府杨公摄县篆，浏览韩邑山水，不胜额喜，第巽峰微不耸拔，议建一浮屠培补之。上塑魁星，北建文昌庙，而大工未克程也，嗣华阳向公成厥志，谕众僦捐，庀材鸠工，始甲辰之四月，迄丙午乃告竣……"[1] 可见，文星塔的设置与韩城所在的宏观环境格局密切联系，设计者试图以人工构筑完成对自然山水的形势改造和"培补"，进而完善其心境认知的理想世界。另一方面，出于对人文的趋导，文星塔承载着"文昌"和"魁星"的精神寄托。

c. 祭祀坛，新旧教场，祠、庙、寺、观

韩城历史城市周边还有风云雷雨坛、邑厉坛、社稷坛、新旧教场等精神性和防御性标志建筑，它们分立于城市外围四角，在构图上形成基于环境的均衡关系。而其他的寺、观、祠、庙等精神建筑则分散于城池周边的环境面域中，体现对核心标志的围合。

综述，在韩城历史城市人居环境单元中（图 5-21），设计者以关乎整体的统筹思维，建立聚居的标志要素，并根据它们之间的功能关系、精神意象以及空间位置，形成核心发散的体系模式。其中，县署、文庙、城隍庙是标志体系的核心结构，金塔形成基于环境的整体统领，文星塔则是对环境的"培补"，上述内容的标志性最为突出。其他要素以标志的不同内涵分散于环境面域的空

[1] 清嘉庆《韩城县志》卷十三"碑记"。

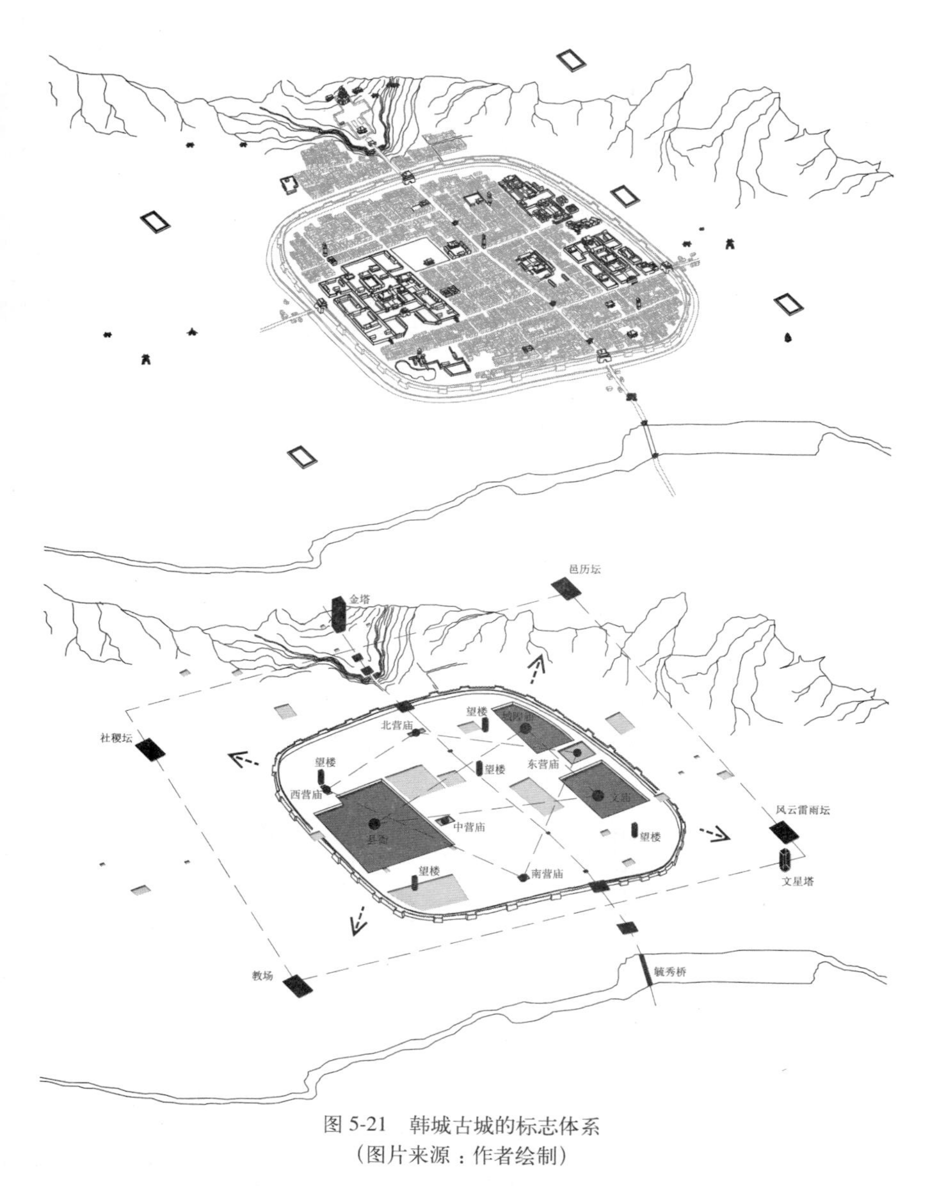

图 5-21　韩城古城的标志体系
（图片来源：作者绘制）

间构图中，最终形成“众星拱月”的整体形态。在镇、村等聚落中，同样存在着标志体系与核心发散模式。在芝川古镇聚落单元中（图 5-22），府君庙是聚落标志体系的核心，它与关帝庙、娘娘庙共同构成了标志体系的核心结构。镇南芝塬上的司马迁祠、东南方向的文星塔等则是聚落的整体意象标志和环境“培补”标志。上述内容的标志性最为突出。明清芝川镇城图的描绘即为佐证

（图 5-23）。在党家村等村落中（图 5-24），宗族祠堂是聚居的核心标志。此外，文星塔是关乎村落整体意象的环境标志，同时以观音庙和关帝庙为中心，形成了村落的标志集群（图 5-25）。

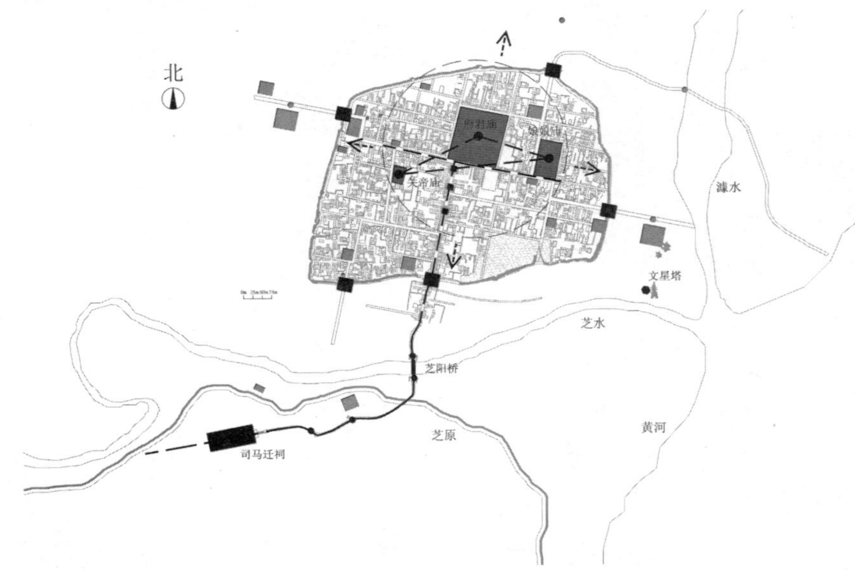

图 5-22 芝川古镇的标志体系
（图片来源：作者绘制）

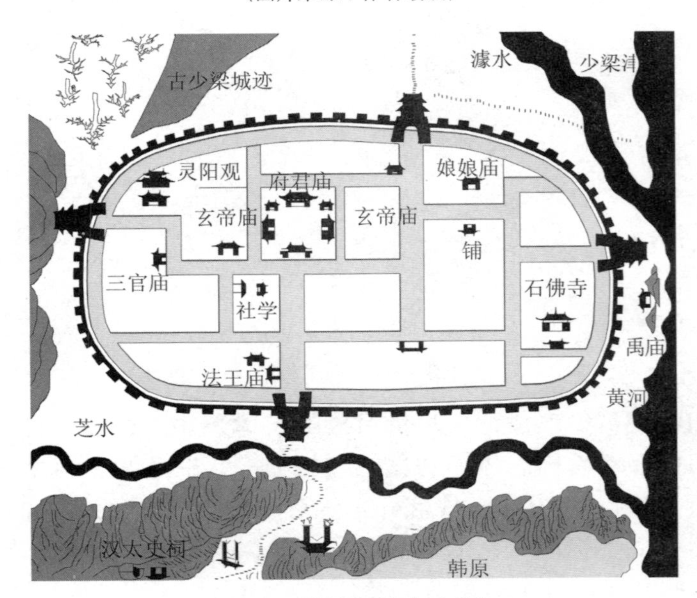

图 5-23 芝川镇城图标志意象
（图片来源：作者绘制）

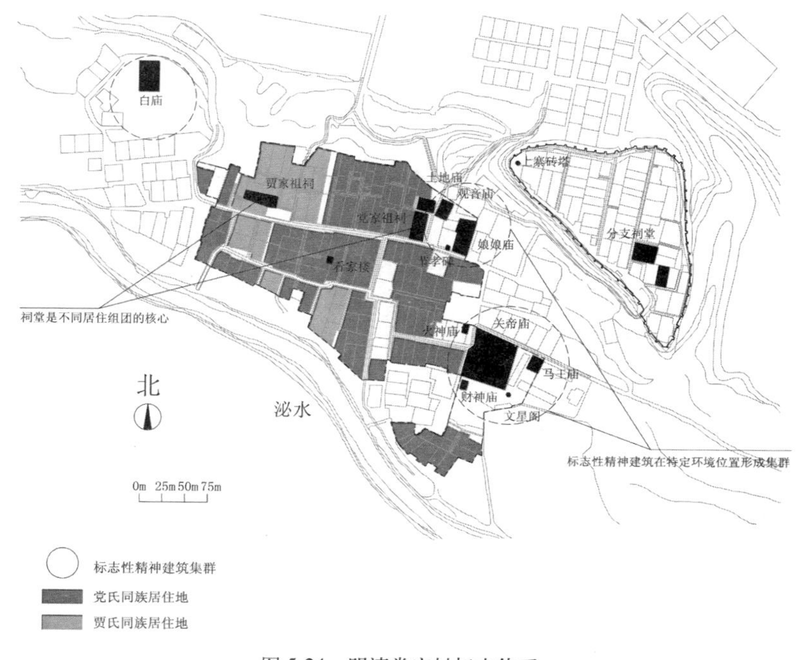

图 5-24　明清党家村标志体系
（图片来源：作者绘制）

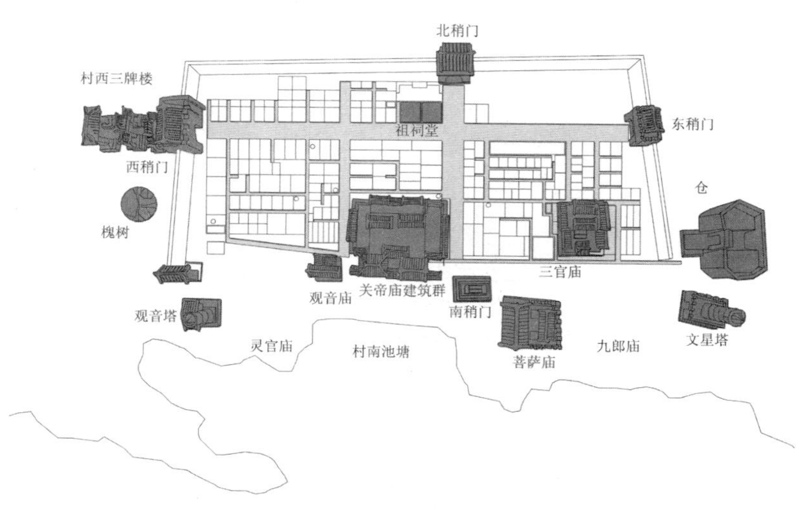

图 5-25　韩城留芳村标志体系
（图片来源：作者绘制）

传统人居环境中的标志体系与核心发散模式具有重要意义：首先，就生态角度来说，标志要素围绕核心，构架于山水环境之间，建立了聚居向自然的过渡和紧密联系；其次，就文化角度来说，标志体系很大程度上是聚落精神的物质载体，它反映人们对于生存的深层认识，促使形成更高层次的信仰追求；最后，就社会角度来说，有利于带动聚落及其周边的风景建设和业态繁荣。

（3）晋陕黄河宏观层面、韩城县域中观层面与聚落微观层面的整体融合

根据清康熙年间绘制的黄河图（图 5-26），可以发现：图中绘有黄河沿岸的诸多城市，在韩城县域，有韩城古城和芝川古镇。但同时，北端龙门、韩城城北的金塔以及芝川镇南的司马迁祠，甚至城门楼等单体风景和建筑也都清晰地体现出来了。客观来说，在晋陕黄河宏观区域中，可以反映城市尺度的标志性，但无法展现风景和建筑尺度。由此可见，古代设计者是以整体性和标志性为导向，将宏观、中观、微观等不同尺度层面融合起来（图 5-27），人为地、有意识地加强对整体的刻画、对重要标志的位置凸显和不同层面的价值凸显以及对不同层面内在关系的呈现（图 5-28）。

图 5-26 （清）黄河图

（图片来源：王树声．晋陕沿岸历史城市人居环境营造研究［M］．北京：中国建筑工业出版社，2011）

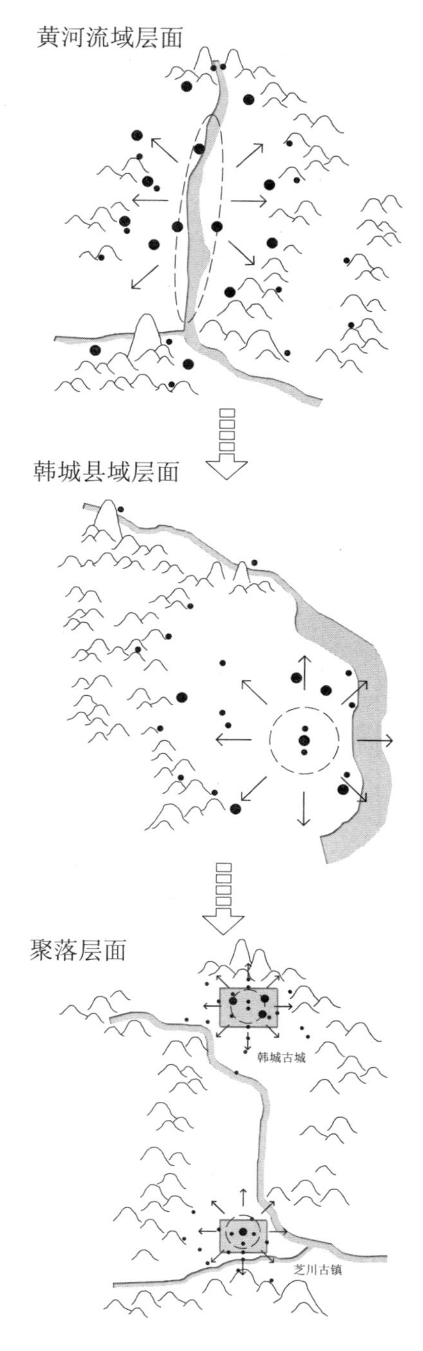

图 5-27　标志体系的统一性
（图片来源：作者绘制）

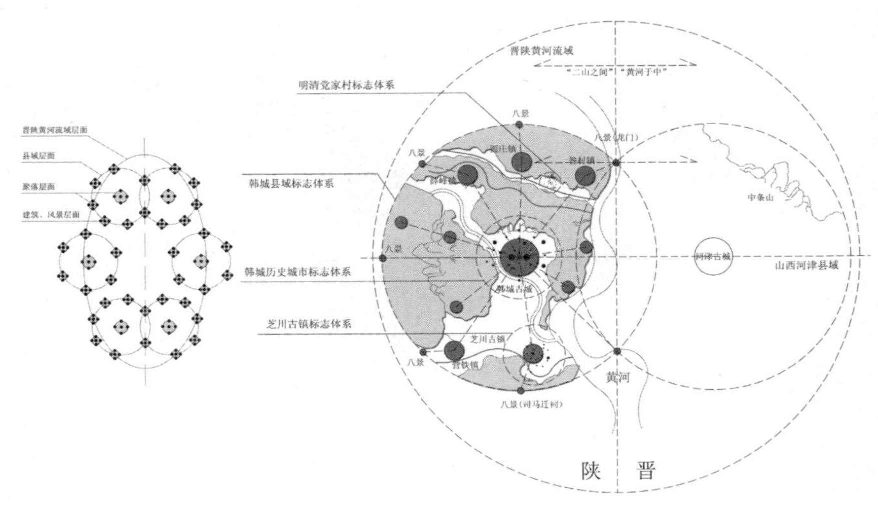

图 5-28　标志体系的融合性
（图片来源：作者绘制）

4. 标志体系与核心发散模式的特点

标志体系与核心发散模式的确立是韩城传统县域人居环境设计的重要方法。古代“设计者”在面对人居环境营造时，根据他们对生存的思考，将聚居环境中最为重要的内容以标志的形式设立，并根据不同标志要素之间的关系，形成围绕核心的发散体系。基于不同角度，标志反映诸多特征。第一，相对于非标志要素，标志的位置、尺度、形式、功能、内涵等较为突出，易于识别，便于建立人的视觉聚焦。第二，标志要素是传统人居环境的核心，直接牵涉聚居生存的本质内涵。标志体系的结构反映聚落的信仰结构，发散模式的形成则体现出聚落的核心价值。只有了解标志体系的内部组构关系，才能体悟本土人居环境营造的精髓。第三，标志体系尽管并未涵盖人居环境的全部内容，却以统领性实施对其他非标志要素的抽象联系和内在把控。第四，楼、阁、塔等建筑形式的标志要素，不仅本身较高，还常常位于环境中的制高点。它们既是被观览的对象，又居高望远，具有对环境的整体把控作用和相互融合意义。第五，在宏观、中观、微观等不同层面的相互贯通下，较低层面常常以标志属性存在于较高层面中。这就建立了不同层面之间的相互联系。第六，一些特定的标志要素，基于不同层面，具有不同的标志内涵。例如韩城城池，在晋陕黄河层面，它是“东、西对峙体系”的组成部分；在县域层面，它是一县的核心。

再如“龙门禹迹”，在晋陕黄河层面，它是控制黄河两岸东、西往来的军事防御据点；在韩城县域层面，它是围绕核心城池的“八景”的组成部分。又如韩城金塔，在县域层面，它是围绕核心城池的“八景”组成部分；在城市层面，它是聚居环境的收端、防御的制高点和宗教精神代表。标志的联系性与复合性，将不同尺度层面融合起来，形成有机整体。从本质上讲，这是由标志要素所处的关键位置的客观意义决定的。第七，标志体系关乎不同层面的全局结构。在晋陕黄河层面，形成了以黄河为核心，两岸表面相互对峙，内在相互凝聚的结构。在韩城县域层面，形成了以城市为核心凝聚，向自然延伸渗透的结构。在城市层面，形成了以县署、文庙、城隍庙为核心的精神结构。与此同时，标志体系将不同层面融合起来，进而形成了从晋陕黄河区域，到韩城县域范畴，再到聚落范畴，甚至单体风景和建筑尺度的整体关系。

5.2.2 群域肌理模式

1. 群域肌理模式的内涵

“群”是针对特定界域和范围的具有共通性质的要素所展现出来的整体性的规模集合。“域”则标识出一种内聚性、稳定性、独立性、文化性的空间场所和环境领域。“群域”即是“群”和“域”的组合，是实体和空间的相互交织与渗透。“肌理”是指物体表面的组织纹理结构，是关乎大小、方向、形态、密度、色彩等不同因素的点、线、面共同组构形成的排列组合关系。肌理具有一种质感，反映出人的视觉感受。“群域、肌理”模式即是针对特定范畴的实体、空间以及内部结构和组织关系的整体性描述。此外，“群域、肌理”模式还有另一层含义：它是特定范畴的，标志性要素的衬托背景和基底支撑。正是有了大规模“群域”和“肌理关系”的存在，“少数的”标志性要素才得以凸显出来，其标志形象才得以确立。

在韩城人居环境中，“群域、肌理”模式即是针对聚落的，具有强烈整体性的，不同功能、不同内涵、不同范畴的建筑、空间集群和结构关系，同时反映出了相对于标志性建筑的衬托基底。传统建筑多以“群域”的形式表现，群域建筑最为普及，占地规模较大，数量较多，因此直接关系到聚落的整体空间结构和文化格局，进而形成了本土特有的建筑空间组织方式以及“群域、肌理”模式。

2. 群域肌理模式的类型

"群域、肌理"模式的对应类型取决于聚落的人居功能。不同的功能特点反映出不同的建筑与空间形式。其中，治理、祭祀、教育、居住等功能的"群域、肌理"表现较为突出，由此形成了行政建筑群、祭祀建筑群（图 5-29）、教育建筑群以及居住建筑群。前三类虽然以"群域、肌理"的形式呈现，却直接关系到聚落的核心功能。它们的规格较高，重要性较强，整体规模和建筑体量较大，形式、色彩较为突出，艺术水准较高，形成了极具文化感和场所感的空间特质，进而表现出强烈的标志意象。居住建筑群是聚落中最为普及，占地面积最大的一类，它是上述三类建筑与其他标志性要素的衬托背景和基底支撑。由此可知，"群域、肌理"模式的对应类型可分为标志建筑群和基底建筑群两大类，前者以治理、祭祀、教育等核心功能为依托，后者则以基础性的居住功能为依托，二者之间形成了衬托与被衬托的相互关系。

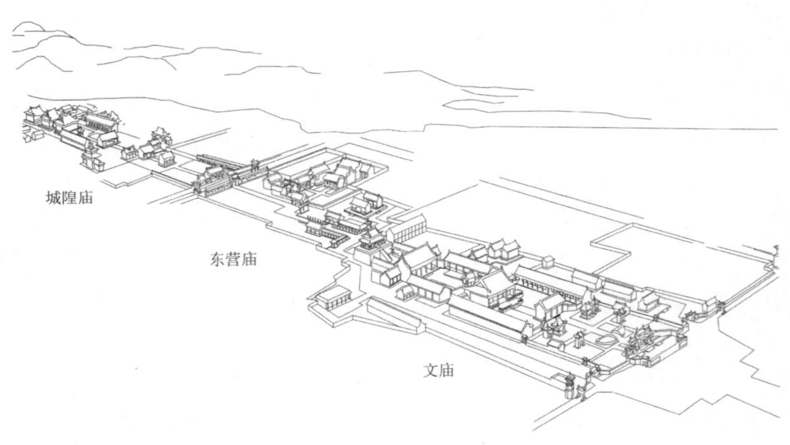

图 5-29　文庙、东营庙与城隍庙
（图片来源：作者绘制）

3. 群域肌理模式的形成和影响因素

（1）"群域、肌理"模式的单元构建

韩城人居环境中，"群域"范畴的建筑是在统一化、规模化、集群化的过程中逐渐形成的，进而呈现出明确的空间递进关系。由"间"形成"房"，由"房"形成"院"，由"院"形成"群落"，由"群落"建构"组团"，最终形成聚落的整体基底（图 5-30）。"群"之所以能够形成"域"，不仅取决于建筑单体的集合，更是空间单元的集合。换句话说，群域是由院落单元为基本单位，通过对空间院落的组织和积续，形成一定规模的集群。院落即可理解为最小范畴的、内聚的、稳定的人居环境细胞单元。“院”作为一种空间场所，呈现出“环境”的属性。其入口具有明确的标识性形象。建筑基于不同内涵，处于不同位置，表现出不同特征。核心建筑高大严整，居于中轴正位。其他建筑则具有围合、对称、提点等环境意象。再加上绿化、小品、装饰、碑刻、牌匾等要素，共同形成了整体的环境特色。可见，由院落空间形成的群域，需要人深入其中,对院落环境和不同院落空间的变化关系进行感知。当然，不同功能类型的群域，具有不同的院落环境特征。

图 5-30　聚落的群域肌理
（图片来源：周若祁．韩城村寨与党家村民居［M］．西安：陕西科学技术出版社，1999）

（2）“群域、肌理”模式的空间组织

以治理、祭祀等功能为依托的标志建筑群和住宅基底建筑群，具有不同的院落空间组织方式。县衙、文庙等标志性群域规模较大，内部功能较为多元，往往以中轴线组织院落，形成多进式。轴线上主要建筑元素有照壁、大门、牌坊、正殿等。居于中轴上的院落空间，具有明确的节奏变化以及启、承、转、合的连续性、导向性和逻辑性。将时空的引导和人的活动统一起来，让人在动态的行进中去体会、感受、领悟环境的特征和意义。此外，一些标志性建筑群，还在中轴两侧设有辅轴，进而形成一种理想性、制度性的“九宫”网格空间。总之，标志群域重在把控不同院落空间的关系，进而形成连续贯通、节奏变化、向心凝聚、相互统筹的环境整体；住宅基底群域具有强烈的统一性和整体性。居住院落规模较小，多为一个三合院或四合院形成的空间单元。大量尺度相当的宅院密集联结，在交通街巷、胡同的划分下，形成虚实相间、高低错落的群域肌理。正是大规模居住群所形成的基底，衬托出了标志群域和其他标志要素的尺度和体量。

（3）“群域、肌理”模式的尺度、模数

居住群域以最小的建筑单位——“房”为基本的构成元素，一般为三间至五间，其尺度大致为 10m×5m。由“房”形成群域的基础单元——“院”，院落空间尺度大致为 6m×10m，院内空间则为 3m × 8m。院落的尺度即是居住建筑群形成的控制尺度。这一尺度与标志群域，即治理、祭祀等大型公共建筑的尺度形成强烈对比，从而将其在基底中凸显出来（图 5-31）。例如韩城文庙中，最大的院落面积为 $600m^2$，最小的院落面积也有 $400m^2$，这一数据是民居住宅院落的 7 ~ 10 倍。此外，居住建筑群和公共建筑群的屋顶形式和体量也有明显不同，居住建筑多采用硬山坡屋顶，韩城地区还有单坡屋顶。韩城县衙大堂则为单檐悬山顶，城隍庙的德馨殿与文庙的大成殿为单檐歇山顶。不同的屋顶形式和体量强化、突出了标志群域和标志建筑的形象。此外，在清光绪《韩城乡土志》中，城郭图绘有基于一定模数的均质网格图底。古人在规划丈量土地时，一般以 50 步或 100 步的整数倍作为基本模数单位。群域建筑的尺度，也是在一定的模数网格内进行控制的。

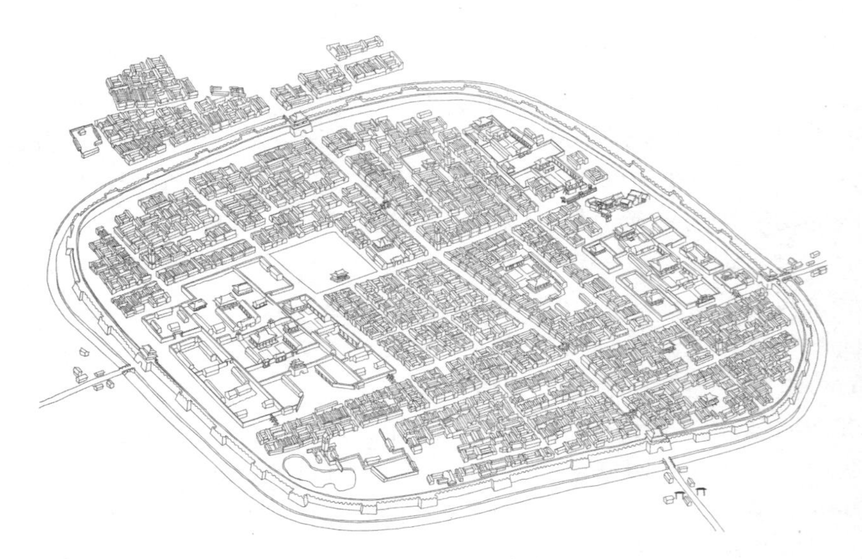

图 5-31　韩城古城的群域肌理
（图片来源：作者绘制）

（4）文化内涵

群域建筑具有深层的文化内涵和鲜明的精神化育功能，且不同类型的建筑群，具有不同的意义。人们身处群域环境中，自能感受到一种体达心灵的文化氛围。“群域、肌理”模式的规划设计，很大程度上就是在发掘不同人居功能的文化意义，进而通过景观、小品、匾额题字、建筑、空间、环境的表达来阐释这种意义，追求精神氛围的塑造，突出一个明确的主题。例如韩城城隍庙入口以砖雕成“彰善瘅恶”四个巨大文字（图 5-32），形成对人的强烈冲击，从而产生精神威慑。王树声提到：“在群域建筑中，不同的建筑类型给人的启示都不一样，但他们都是基于一种对人性的、心灵的活精神的深度的认知而产生出的建筑。群域建筑的精神文化深度，在某种意义上，决定了城市精神文化的深度。”[1]受到本土精神信仰和风水思想的深刻影响，群域建筑在功能安排、建筑位置、建筑形式、空间布局等方面，形成了理想性的“标准”和“制度”，这一“标准”和“制度”正是在长期的文化影响下逐渐形成的。它反映出了本土人居环境设计和建筑营造特有的理念方法。

图 5-32　城隍庙入口
（图片来源：作者拍摄）

4. 群域肌理模式的设计实例分析

（1）县署

明万历《韩城县志》载：“县大堂为五间，前有轩有台有甬。左右有廊，廊各八间。前为仪门三间，解门二，各一间，大门临

[1] 王树声. 晋陕黄河沿岸历史城市人居环境营造研究 [M]. 北京：中国建筑工业出版社，2009：111—112.

街三间。东侧为旌善亭，西侧为沈明亭。大门内东为寅宾馆，仪门稍北为谯楼。堂东侧为幕庭三间，堂后又有堂五间，左右室各三间。后堂之后则县令之宅也，有庭有寝有列舍有书圃，遥枕冈峦，居中离向。东则丞，西则幕，丞之宇视令少减，幕之宇视丞又少减。胥吏公廨杂列幕署之前，囫囵仓廒则森然谯楼东西，而土地祠则东而又北。”[1]依据《韩城县志》中的《邑署图》可知，衙署包含了谯楼、仪门、解门、正堂、吏房、后堂、县令住宅、旌善亭、申明亭、寅宾馆、榜房、鸿雪堂、书房、仓社、狱、土地祠、东仓、县丞旧署、（西）仓、井、公廨、典史厅、典史宅、对街照壁、临街牌坊等诸多内容（图 5-33），涉及行政管理、精神教化、办公、监狱、仓储、典史收集、读书阅览甚至住宅等繁复功能。整体呈现对称布局，以不同单元的院落形式组织，南北向设立三条轴线将整体群落分隔为东、中、西三大部分，每一部分又横向分隔为三个更小部分，进而形成类似“九宫”的格局。但在韩城城郭图中，衙署部分仅标识了沿中轴布局的谯楼、正堂、后堂、县令住宅等部分，说明这些内容具有更为重要、突出的标志意象。

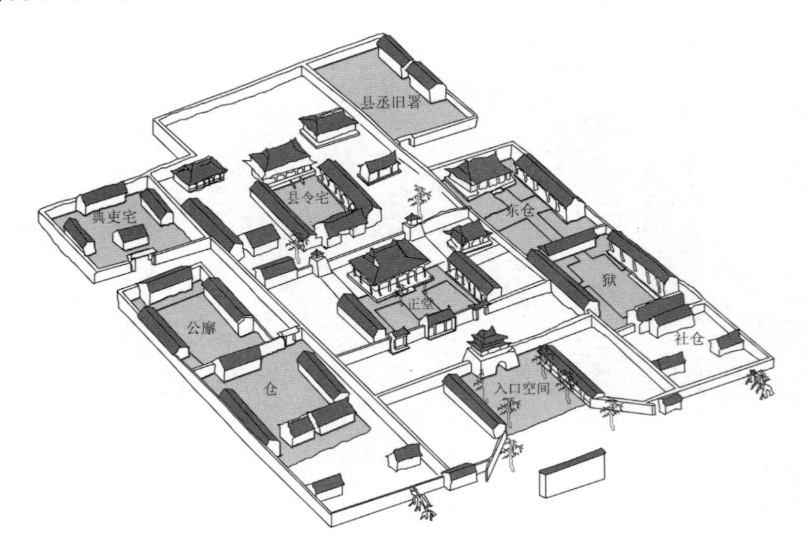

图 5-33　县署鸟瞰图示意
（图片来源：作者绘制）

县署群域的规划设计，是以一种强烈的“制度性”和“标准性”

[1] 明万历《韩城县志》卷一“邑署”。

得以呈现的，具体表现在功能安排、构建形式、空间布局关系等方面：

首先，县署具备相对统一、固定、完善的内部功能结构（图5-34）。主要表现在以下几个层面：第一，治理。关乎政令、宣教、审理等。主要在“大堂”进行，并由正堂、吏房、仪门、解门等组构形成院落环境单元。第二，生活寝居。关乎县令、县丞、幕宾、典吏的居住、宴息、阅览等。除了寅宾馆，主要分布在县署南侧。县令宅园居中，其他分布于东西两端，均以院落环境单元形式构筑。第三，其他行政办事机构。关乎胥吏公廨、监粮、仓储、监狱等。围绕正堂，以院落形式分列于县署东西两侧。第四，礼仪宣教。除了正门、谯楼、两侧榜房围构的入口院落环境外，还有旌善亭、申明亭、土地祠、街口牌坊等。

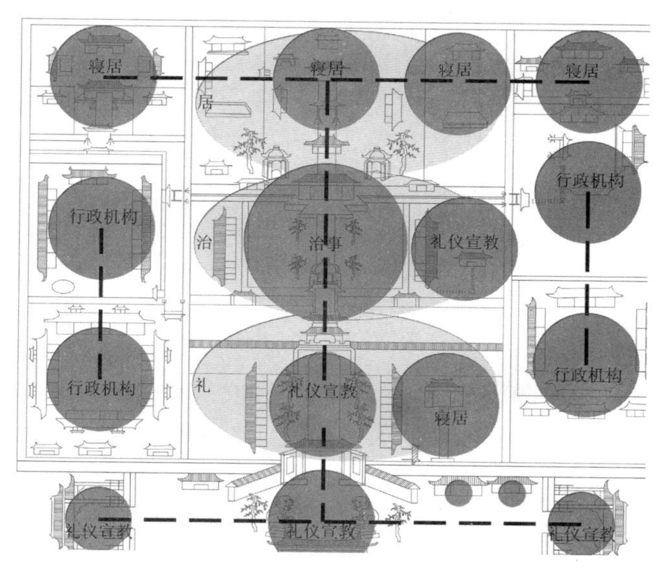

图 5-34　县署的功能布局
（图片来源：作者绘制）

其次，在县署建筑中，门、堂、楼、亭、房、廊、台、墙、照壁、牌坊等形式，均具备“场所环境的针对性”（图 5-35）。它们是针对人在“场所环境”中的特定空间位置、特征、体验而言的，它们因为“环境”的需要而存在，进而形成了一套关于“入”“停”“走”“观”“穿”“居”“俯”“仰”“望”“遮”等的固定的“游走体系”。此外，上述内容与轩、舍、庭、馆、甬、宅、厅、祠等建筑形式又具备“人居功能的针对性”。县署建筑受到环境场所与功能的双重“定制”，进而呈现出建筑“样式”的标准性。最后，不同建筑样式又共同组构形成了固定的院落形式，并以院落单元组合群域。

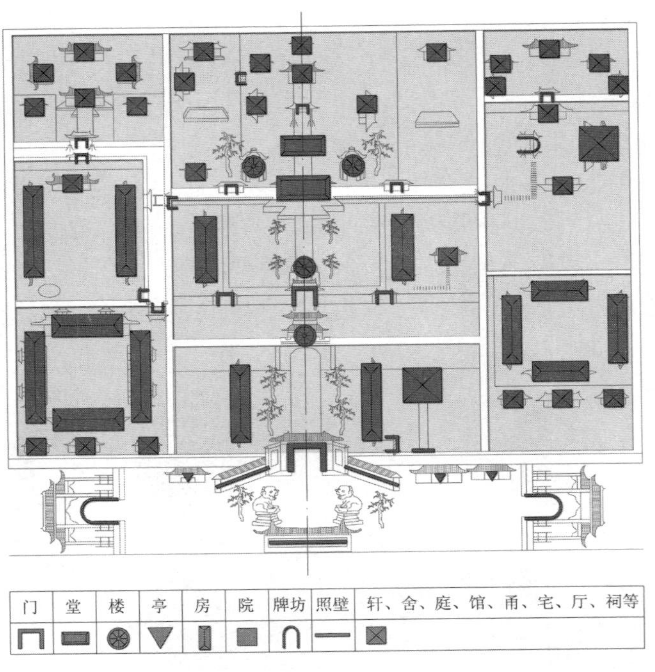

图 5-35　县署的建筑类型配制

（图片来源：作者绘制）

最后，在县署群域层面，不同功能、建筑、空间等，依照一定的组合关系表达制度性的人文内涵（图 5-36）。例如“前堂后寝”的纵向序列关系，“左文右武”“东宾西狱”的横向分布关系，“居中为尊”的整体围合关系等，并最终形成“九宫”制式。

县署作为城市内部更小尺度层面的院落环境单元，以群域的方式满足政府职能和官员业者的空间依存。在功能内容、建筑形式、结构关系的制度约束下，进而形成了一套固定的“标准”，《钦定大清会典　工部》载：“……备其衙署。其制，治事之所为大堂、二堂，外为大门、仪门，大门外为辕门；宴息之所为内室、群室；吏攒办事之所为科房。”❶ 虽然这套“标准”涉及功能、建构、布局等多方面内容，但重点倾向于整体把控，并不影响其在韩城地方

❶（清）钦定大清会典・工部 [Z].

城市中的个性与差异性。

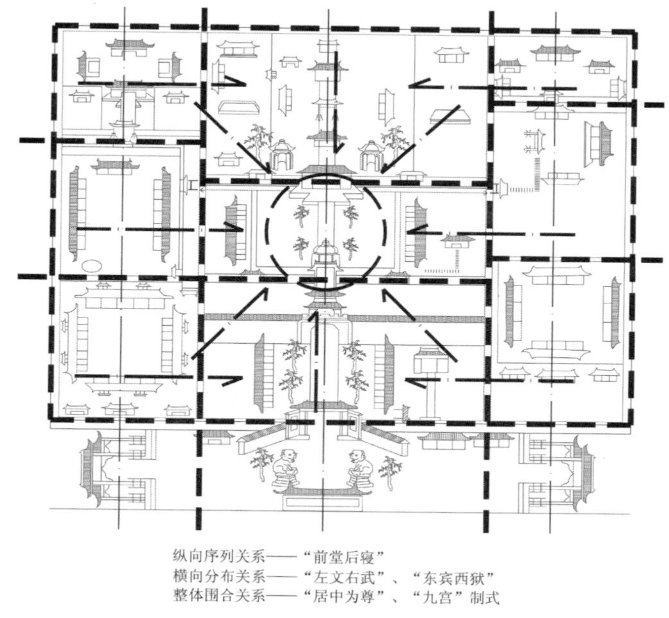

图 5-36　县署结构关系
（图片来源：作者绘制）

（2）文庙

万历《韩城县志》载:“国之制,县之学有明伦堂。韩之明伦堂,则五间。东西为斋，斋亦各五间。明伦堂北为敬一亭，南为先师庙。东西为庑，房各一十三间。前为庙门，又前为棂星门。庙之壖东，有牲舍神厨，俱兑向。厨舍之南为名宦祠，则离向。环庙为路，东曰由仁，西曰行义，皆师儒所允蹈门皆扁曰儒学，行义路之西为乡贤祠，北为启圣宫，由仁路之东，为射圃亭，北为文昌祠。教谕宅一，在明伦堂左，训导宅二,一在文昌祠东少南，一在启圣宫西。庙学之前，东有圣域坊，西有贤关坊，南有屏壁三，达观外内者靡不壮之，此弘修之功也，韩之弘修有四，余皆无记，四记则志皆收之矣。”❶结合《韩城县志》中的《学宫图》可知,文庙包含了照壁、棂星门、泮池、大成门、碑楼、名宦祠、大成殿、东西庑楼、牲舍神厨、明伦堂、尊经阁、乡贤祠、忠孝祠、崇圣祠、教谕宅、文昌祠、训导宅、射圃亭以及入口巷道中的贤关坊和圣

❶ 明万历《韩城县志》卷一“学宫”。

域坊二牌楼等要素（图 5-37）。功能上以尊孔法儒为核心，发端复合的精神教化，设置训导学习儒家经典的具体场所。整体呈对称布局，以不同单元的院落形式组织。南北向将群落分隔为东中西三大部分。在韩城城郭图中，文庙部分仅标识了沿中轴布局的照壁、棂星门、大成门、大成殿、明伦堂、尊经阁等部分，强化这些内容的标志意象。

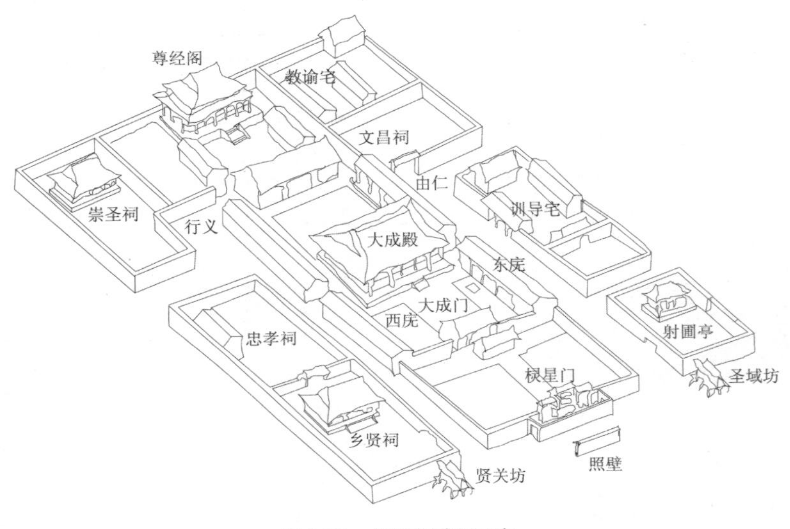

图 5-37　文庙鸟瞰图示意
（图片来源：作者绘制）

韩城文庙表现出了强烈的环境意象和精神氛围（图 5-38）。从学巷入口就可看到牌楼和魁星楼，形成了一个狭长纵深的巷道空间。牌楼上“道冠古今”“德配天地”的牌匾以及“文武官员军民人等至此”的下马石，强化了文庙的环境氛围。通过黉门，进入影壁、棂星门围合的入口空间；再通过棂星门，向北走上 50m 长的甬道，两侧古柏参天，泮池横亘、碑亭林立，形成凝思、体验的一进院落空间；通过戟门，进入第二进院落。大成殿映入眼帘，两侧为东、西庑殿。该院落进深（包括大成殿月台）为 23m，大成殿的高度为 22m，空间高宽比约为 1:1，突出了建筑的整体性。通过明伦堂的过渡，进入收尾院落。尊经阁是文庙中最高的建筑，具有登高观览的环境意象，韩城金塔依稀可见。文庙建筑的环境塑造和院落空间组织具有强烈的整体性、系统性、贯通性和导向性。建筑空间的变化与建筑所承载的功能、意义完整地统一起来，反映出对“文圣孔子的崇敬、对儒学的执着追求、对圣贤品格的推崇以及对乡邑文风勃发的渴望”。

图 5-38　文庙内景
（图片来源：作者拍摄）

基于儒学在国家层面的正统性与神圣性，文庙表现出强烈的典章性与制度性：就功能来说，形成了包括祭祀、教化、学习、生活起居等多项内容的完整配置，不同功能仍有具体划分，其中“教化”最为丰富，如大成、明伦、尊经、忠孝、孝悌、道德、由仁、行义、崇圣、文昌、魁星、名宦、乡贤、棂星等，几乎涵盖了儒学精神的各个角度和内容；就构建形式来说，结合空间场所的需要以及功能需要，形成了包括照壁、池、桥、门、殿、堂、阁、楼、亭、祠、宫、宅、路等多种要素的标准模式；就空间布局来说，纵向序列表达“前礼后学”，横向分布则“左教右训”，整体关系依然体现“居中为尊”，并最终形成“九宫”制式。在功能制度、构建制度与布局制度的约束下，文庙形成了一套固定的“标准”，包括影壁、泮池、棂星门、戟门、大成门、大成殿、明伦堂、尊经阁等。同时文庙附近还常有奎星楼、文昌阁、牌坊等。

5.3　独立性与关联性

独立性是一种明确的、单一的、完整的，关乎范围和形式的状态特征和存在意象。韩城人居环境的独立性，主要表现在以下几个方面：首先，不同的人居功能具有明确的针对性，进而形成了不同的建筑类型、聚落类型和表现方式；其次，自然、人、社会、聚居、支撑网络虽然是相互影响、相互交织的整体，但就外在表现来说，则反映出人类聚居生存的不同方面和不同内容；再次，在营造过程中，“地景—规划—建筑”虽然是三位一体、彼此渗透的，但形成了不同的设计体系，亦反映出文人、匠人等不同的设计“身份”；最后，韩城人居环境的独立性更多反映在不同环境尺度层面的单元性、完备性、整体性以及关乎空间、形式的人居环境设计要素的统筹性、系统性与外在形象的特色性上。独立性反映出人居环境的差异性和地域性。

独立性并不是割立、孤立的存在，而是与关联性并存的。关联性反映出两种或两种以上事物的相互关系。中国人总是本能地去发现、认识、体悟天地自然、宇宙世界以及人本体相通相融的内在关系、相互关系，并在生存与生活的实践中执着地落实、建立这种关系，以期达成真实、客观的，顺应于“天、人”的功利意义和信仰意义。关联性使韩城人居环境的不同功能需求建构起内在的凝聚逻辑；使自然、人、社会、聚居、支撑网络形成相互依存、相互影响、相互扶持、相互融合的关系；使不同的设计构成要素统筹起来，形成空间、形式的有机秩序，并达成“地景—规划—建筑”的一体性；使不同的设计体系、经营角色合作无间；更使不同的环境尺度层面得以贯通、统一，最终形成微观与宏观相结合的、内向与外向动态延伸的效果。从本质上讲，关联性是建构整体性、统一性的重要手段，是中国人对于宇宙世界的真实发现，更是本土营造智慧的显著特点。

一个独立完整的人居环境单元，很大程度上是由其内部的不同要素、不同方面相互关联，建构秩序得以形成的。然而要形成更大范畴的独立单元，则还需这个“小单元”向外发散，向外关联，形成整体。因此，独立性与关联性是相互依存，辩证统一的整体。独立性更倾向于外在的表现，反映差异性和地方性。关联性则更倾向于内在的逻辑，反映整体性和统一性。“独立性与关联性”的意象状态可反映出建筑与环境的关系、轴线关系、图景关系等不同的表现形式。

“对立性与统一性”可以理解为“独立性与关联性”的一种具

体变化。在本土人居环境中，它更倾向于表达在“对称”的山水形势格局下的两个尺度、范畴、地位相当的环境单元的相互关系。韩城地区处于晋、陕黄河沿岸边地，以黄河为轴心，两岸便形成了对峙性与凝聚性并存的状态，在对立关系中建立形成了整体的统一，并共同近河、亲河、融于河。“对立性与统一性”影响着韩城县域人居环境的营造，并直接形成了一种黄河沿岸的边界关系。

5.3.1 “环境”视野下的建筑营造

1. 本土“环境观”概述

林语堂先生曾经提出：“中国人对于房屋和花园的见解，都以屋子本身不过是整个环境中的一个极小部分为中心观点，如一粒宝石必须用金银镶嵌之后，方能衬出它的灿烂光辉。”[1] 由此便可体会出“环境”与“建筑”的关系。“环境”是本土聚居的终极对象，它不仅满足基本的生存需求，更承载着关“人”的生活情趣、精神境界、灵魂价值等，进而呈现出一种整体性的“理想”世界。由于“文人”的参与，本土人居环境营造更为关注“得其环中”的体验和体会，执着追逐“此中有真意”的境界和内涵。单一的建筑显然无法达成这一目标，只有山水、树池、林石、花草等和建筑共同交织，在一番“大道理”的牵制下，方能孕育出环境的秩序和意境氛围。在这样的环境中，建筑是其中的组成部分，是服务于环境的。建筑营造也是以凸显整体环境的“真意”为基本目标：首先，建筑依托于特定的自然环境而存在。正是一片竹林、一池清泉甚至一棵古树，才成全了建筑得以“矗立”的价值。脱离了“自然之境”，建筑便了无生趣，环境也失去了灵魂。其次，建筑很大程度上顺应和契合了环境特质。孤高之处、奇险之处、挑崖之处、滨水之处等，在不同的地域条件下，建筑以不同的形式和尺度融身于环境中，建筑与环境紧密融合，从而彰显出特有的意象氛围。最后，建筑本身的营造也往往体现出一种环境感。楼、阁、台、亭、塔等皆为人的登临而设，人们在这样的建筑空间中，更为关注外在的观览和体验。建筑本身开敞、虚灵，最大程度地收纳着环境，承载着人的心灵感受。总之，本土营造以经营出一番理想的“天、地”环境为基本目标，以人的真实体悟为切入点，

---

[1] 林语堂．生活的艺术［M］．北京：群言出版社，2010：238．

以塑造环境的意象氛围和“真意”境界为原则。在这样的环境中，建筑作为一种手段，服务于环境，契合于环境，阐释了环境，最终满足着人在环境中居、游、观、思及安身立命的全面需求。

2. 人工构筑形式的类型

在本土人居环境营造中，人工构筑体系包括聚居系统和支撑网络两类。除了道路、堤岸、水坝、渠、井、城墙等交通、水利、防御性的构筑物外，以聚居为主导的人工构筑形式通称为“建筑”。传统建筑形式多样，内容繁杂，从不同角度出发，就会形成不同的建筑类型。本书以建筑在环境中“独立存在”的征状为切入点，将其大致分为构件建筑、单体建筑、单元建筑、组群建筑、空间建构五类（表 5-2），从而为进一步研究建筑与环境的关系奠定基础。

环境视野下的建筑类型 表 5–2

构件建筑	门、牌坊、照壁、碑、廊、台
单体建筑	庙、堂、厢、殿、房、庭、阁、楼、塔、亭、榭
单元建筑	院落单元、园林单元、风景单元
组群建筑	建筑群
空间构建	场、院、园、街巷

资料来源：作者根据资料整理绘制。

（1）构件建筑

所谓构件建筑，是指其原本作为传统建筑的组构要件，但在本土人居环境中，却常常独立存在的建筑形式，如门、牌坊、照壁、廊、台、碑等。这些构筑物本是针对建筑尺度而言的，但是，在聚落尺度，甚至相对宏观的环境尺度，它们仍然存在。门是建筑的入口，但还有院门、园门、山门、城门等；牌坊、照壁是建筑的墙体构件，但亦常见于城、镇、村、风景中的街巷入口和交通节点；廊、台是建筑内外的交通构件和观景构件，但在山水环境中，常常独立设置；甚至小尺度的碑，也时常成为聚落中的标志建筑。这些构筑物不仅独立存在，而且往往处在“重要”位置，承载着特有的空间意义。

（2）单体建筑

单体建筑是指具有强烈的“个体”征状，完整而不可再分的建筑形式，如庙、庭、堂、厢、殿、楼、阁、塔、亭、榭、房等。其中，庙是针对祭祀建筑而言的；庭、堂、厢等是针对院落环境和在院落中的不同方位而言的；殿的尺度较大；楼、阁、塔挺拔高耸，便于观望；亭、榭等则是针对交通、休憩、观览等特定功能以及倚山、滨水等特定地域而言的。这些相对微观的构筑物，具有独立、挺拔的形态，便于人视线的聚焦，进而在相对宏观的环境中，针对性地存在于不同地域，反映出明确的标志意象。

（3）单元建筑

单元建筑是指由不同的构件建筑和单体建筑组织形成的具有完整的聚居结构的建筑形式。它体现出内聚性、稳定性、独立性、完整性、场所性等特征，例如院落建筑单元、园林建筑单元、风景建筑单元等。单元建筑可以理解为更低层面的环境组织。相对于单体建筑，单元建筑占地较大，承载人数较多，功能更为完善，环境质量较高，更具有特殊的理想价值和标准价值，因而成为本土人居建设中较为普遍的形式。在聚落尺度和环境尺度中，相对核心、重要、标志性的人居功能，往往是以处在特定位置的单元建筑塑造的。

（4）组群建筑

组群建筑是指由不同的单元建筑，按照一定的尺度关系、肌理关系密集组构形成的建筑群。“组群”形式是人类聚居生存的必然反映，是城、镇、村等聚落得以存在的基础。按照不同的尺度，组群建筑表现出不同性质。首先，由大量单体建筑形成的大规模的单元建筑，其本身即是以功能为导向的组群建筑，如韩城历史城市的县衙、文庙等；其次，在聚落内、外的不同区块中，形成了不同的聚居领域和组群建筑，如里、坊、社、关等单位，类似于现代意义的“组团”；最后，交通街巷等线性要素，将不同“组团”连接形成整体，进而构成了以聚落为对象的聚居主体和更大范畴的组群建筑。总体来说，组群建筑具有整体性、结构性、交通性、密集性等特征。

（5）空间构建

空间构建是指由人工构筑的实体要素所承载或围合形成，但相对“独立”地存在于环境中的空间形式，例如街巷、广场等。虽然这类空间依托于实体要素，但在人居环境中，却独立承载着特定功能，反映出一个完整的场所和领域。空间构建与上述建筑类型共同组成了本土设计的人工构筑体系。

通过上述分析即可发现：一方面，构件建筑、单体建筑、单元建筑、组群建筑与空间构建共同形成了人工构筑体系由小到大，由内而外，不断积蓄，持续发展的完整时序逻辑；但另一方面，这些不同尺度、不同形式的建筑和空间，均可以在环境中独立存在。它们在构筑形成一个有机完善的环境整体的过程中，发挥着不同作用，具有等价的地位，缺一不可。众所周知，建筑的形成是以功能为导向，同时受到自身的空间、形式等美学艺术表达的影响。但在本土建筑营造中，“设计者”还将其放置在更为广阔的环境之中，用不同的建筑类型来迎合空间的特征，阐释空间的意义，进而使人工构筑与外在环境达成紧密契合、完美统一。

3. 环境空间的特征、意义和人工构筑形式的对应关系

空间本身并无意义，是因为有了“人”的参与，才赋予其特有的内涵。但是，空间的意义并不是完全主观的，而是通过人在环境中，基于空间的特征以及“全局整体”和“特定位置”的相互关系，不断体验、审视和思考，而后逐渐被发掘和确立的。根据不同的空间意义，大致可分为启首空间、收尾空间、核心空间、标志空间、观览空间、停顿空间、过渡空间、游走空间等八类（表 5-3）。这些空间的意义并不是完全独立的，相互之间常常复合重叠，本土人居环境营造，正是首先“发现”和“发掘”出这些特定空间和特定空间的意义，而后紧紧围绕不同的“环境特征”和“空间意义”，针对性地进行建筑塑造（图 5-39）。

环境空间的意义特征与建筑的关系　　表 5-3

	启首空间	收尾空间	核心空间	标志空间	观览空间	游走空间	停顿空间	过渡空间
构件建筑	门、牌坊	牌坊、照壁	—	牌坊、碑	廊、台	廊	牌坊、碑	—
单体建筑	楼、庙	庙、堂、殿、阁、楼、塔	—	庙、堂、殿、房、楼、阁、塔、亭、榭	庭、楼、塔、亭、榭	—	—	—
单元建筑	桥（风景）	院落、风景	院落	院落、风景	风景	—	—	—
组群建筑	—	—	建筑组群	建筑组群	—	—	—	—
空间构建	场	—	—	—	—	街巷、道路	—	场

续表

	启首空间	收尾空间	核心空间	标志空间	观览空间	游走空间	停顿空间	过渡空间
空间特征	不同“场域”的分界位置	特定“场域”的边界位置	既定环境范畴的中心和关乎整体的关键位置	具有强烈突出性、独特性的位置	最有利于观望标志空间的位置	动态流动的线性空间	具有节奏控制性的交通节点位置	串联性质的开敞位置

资料来源：作者根据资料整理绘制。

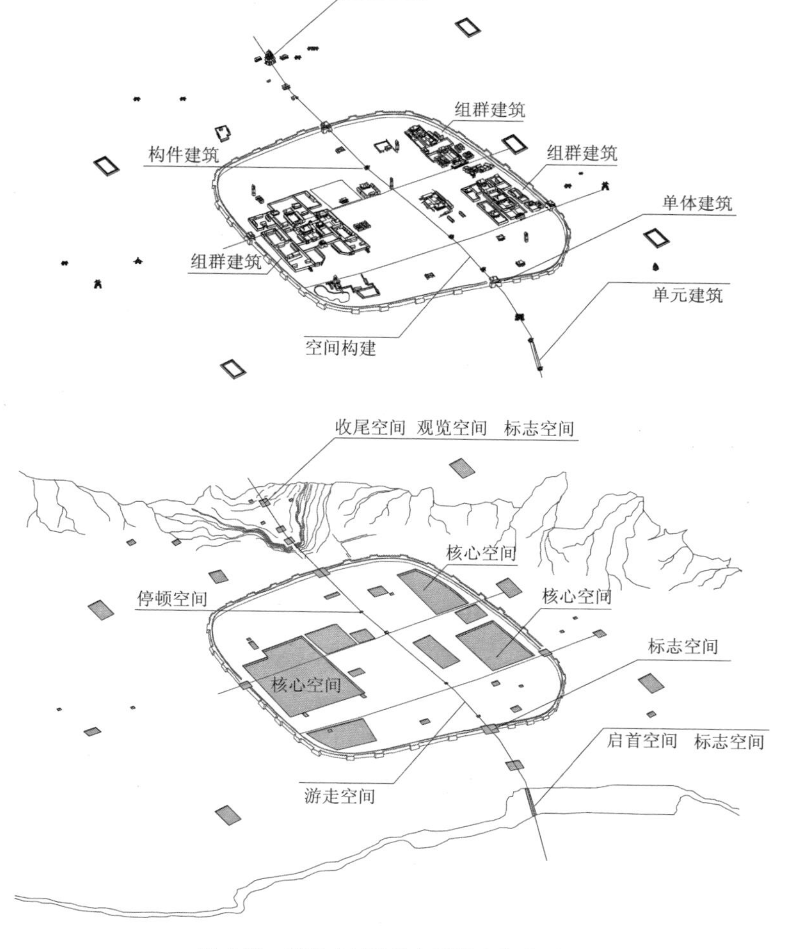

图 5-39 韩城古城建筑与环境空间的关系
（图片来源：作者绘制）

（1）启首空间

“启首”含有开始、发端的内涵。启首空间是交通流线的开端，是进入特定范畴的人居环境的标志。韩城历史城市、芝川古镇将聚落环境的启首空间设置在横跨澽水、芝水的毓秀桥和芝阳桥上，桥头和桥尾设有牌坊。跨过河水与桥，提醒着人们即将进入一个新的领域，牌坊则是“进入”的明确标识。在聚落主体层面，则以城门和城楼作为标志性的“启首”形象。村落环境中，时常以庙和开阔的场地空间作为启首。由此可见，启首空间往往处在不同“场域”的分界位置，如山、水之间，川、原之间，自然环境和人为环境之间等，其人工构筑形式，多是以构件建筑中的门、牌坊，单体建筑中的庙、楼，单元建筑中的桥以及空间构建中的场来针对落实的，体现出“入”“行”“立”“识”等起始意象。

（2）收尾空间

“收尾”即是完成、结束和停止。收尾空间是交通流线的收端，是即将脱离特定范畴的人居环境的标志。在韩城历史城市和芝川古镇中，南北向的收尾空间设置在城北与镇南山塬的制高点，并以金塔和司马迁祠的形式构筑。东西向收尾则以聚落外部的牌坊、教场、庙院、风景等落实。城、镇内部，城门和城楼是标志性的收尾形象。村落中则多以文星塔、庙宇收尾。此外，在建筑院落中，还常以堂、殿、阁、照壁等作为收尾建筑。可见，收尾空间多处在特定“场域”的边界位置，如山塬的制高点、倚山处、河流沿岸、人为环境的边缘等，其人工构筑形式多是以构件建筑中的牌坊、照壁，单体建筑中的庙、堂、殿、阁、楼、塔，单元建筑中的院落、风景来针对落实的，进而体现出“收”“停”“堵”“立”等结束意象。

（3）核心空间

“核心”可反映出最为重要、关键的信息与价值。核心空间即是“设计者”所认识到的环境中最为关键的地段。正是通过这些地段和地域位置，才能更好地承载和落实最为重要的人居功能。在韩城县域环境中，城市是一县的核心，其位置设定在县域东南川原区域的中心，即澽水河谷“二十里川道”的北部端头。在城市内部，县署、文庙、城隍庙共同构成聚落的核心，它们分别处在城市的“乾”位（西北方）、“巽”位（东南方）、“艮”位（东北方），这些位置出于特定的文化与风水认知，对城市全局进行把控。在芝川古镇中，核心建筑——府君庙处在聚落的中心位置。村落中，祠堂往往位于各个宗族组团的中心。由此可知，核心空间一般处在既定范畴的“场域”中心，例如自然山水向心围合形成的领域、聚落内部的中心点等。此外，核心空间还时常处在某些特定的关键位置，这些位置相互关联，进而对环境全局和整体结构实施把控。核心空间所承载的人居功能最为重要，其规模也较大，一般是由单元建筑中的院落和组群建筑针对落实的，体现出“中”“撑”“镇”“固”“嵌”等关乎整体的意象。

（4）标志空间

“标志”易于引起人的注意和视觉的聚焦，也含有抽象代表的意义。标志空间就是环境中那些最易被识别，最为人们所关注和促使人们形成独特感官体验的空间。在韩城县域环境中，多数重要聚落、建筑和风景均处在标志性的空间中。例如川、原形成的凹陷“穴域”，倚靠山塬的基底，山顶的制高点，悬崖峭壁的出挑位置，两山夹置形成的峡谷，大片水域的中心岛屿，近水滨河沿岸等。在聚落环境中，城、镇、村内外的标志建筑，也处在特定位置，表现出标志性的意象，例如主要交通流线的开端、收尾、交叉口、节奏控制点等。从本质上说，标志空间是通过地域环境的独特性和人在环境中的独特体验确立的。这种“标志性”的空间特征和空间意义，成为建筑营造的重要切入点。构件建筑中的牌坊、碑，单体建筑中的庙、堂、殿、楼、阁、塔、亭、榭，单元建筑中的桥、院落、风景，甚至组群建筑和聚落本身，都在顺应着标志空间的特征，进而呈现出“立”“识”“独”“融”的标志意象。

（5）观览空间

“观览”是人在环境中的本能行为，观览空间就是环境中那些最有利于观景或收纳全景的位置，例如“居高望远”之处、“隔河对望”之处等。一方面，观览空间是相对于被观览的对象而言的，通过人在环境中的游走，特定的观览空间和对应的标志空间紧密联系；另一方面，观览空间本身往往又是相对于其他观景位置的标志空间。因此，构件建筑中的廊、台，单体建筑中的庭、楼、塔、亭、榭，单元建筑中的风景，都可以作为观览空间的针对性构筑对象。“看”与“被看”辩证统一，密不可分，进而使环境在人的游走和观望下，紧密融合，形成有机整体。观览空间体现出“观”“向”“识”“连”等意象特征。

（6）停顿空间

“停顿”是指在连续过程中的暂停和间断，它既有时间的概念，又有空间的概念。停顿空间就是指人在环境中完整游走的历程的停点位置和顿点位置。通过对停顿空间的发掘和塑造，有助于加强对环境的节奏控制，更有助于人对环境的体验和对特有精神信息的关注。在聚落环境、风景环境和建筑环境中，停顿空间多处在交通流线的标志性节点上，例如街巷口、盘山小路的拐点、顺延河道的突出位置等。“设计者”往往在这些位置设置牌坊、碑楼等小型构件建筑，一方面加强标识性，另一方面引导人对牌坊、碑楼上人文信息的关注，最终体现出“停”“识”“观”“憩”等意象。

（7）过渡空间

“过渡”是两个不同时空范畴得以顺利交接的连贯环节。过渡空间是上一个“场域”的结束和延续，又是下一个“场域”的开始和渗透，它加强了环境的整体性和融合性，更有助于人在环境中游走历程的连贯性。过渡空间具有隐性特征，是通过院、场等空间构建，而非人工构筑物来实现的，进而体现出“穿”“连”“渗”“融”等意象。

（8）游走空间

“游走”反映动态的、流动的意象。游走空间承载着人在环境中连续的、不间断的行进历程，反映出线性的构图特征。在聚落环境中，它主要反映在街、巷、胡同等交通空间上。在院落、园林、风景等环境中，“游廊”则是针对性的游走建筑。游走空间体现出“流”“向”“域”等意象。

综上所述，本土人居环境营造，并不急于对建筑本身进行设计，而是首先在更为广阔的环境之中，通过人对特定空间的体验和审视，发现空间的特征，发掘空间的意义，而后利用不同的建筑类型，针对性地契合这种特征，阐释这种意义。这样一来，环境与人工构筑建立了紧密联系，从而形成了有机整体。

5.3.2 轴线关系

1. 轴线的内涵

“轴线”一词源于西方。勒·柯布西耶认为：“轴线可能是人类最早的现象……刚刚会走的孩子也倾向于按轴线走……轴线是建筑中的秩序维持者……轴线是一条导向目标的线。”[1]在西方设计观中，轴线作为一种构图关系更多反映城市和建筑内部的空间引导和形式组构。传统中国早期并没有“轴线”的说法，在本土人居环境营造中，“设计者”讲“朝、应、向、对”。通俗来讲，即希望通过轴线来“朝什么”，“应什么”，“向什么”和“对什么”。这种动向特点引发了与轴线密切相关的其他要素，进而建立了一种相互关联，将自然、聚落、建筑、风景等内容统一起来，形成整体。轴线还有另一层含义，王树声提到：“中国古代城市基本上都是采用中轴线处理手法……中轴已是一个具有多重含义的崇高的复合概念。城市的中轴已不是简单地代表某一层面的含义，而具有政治、礼制、军事、交通、象征等含义，更是一个城市或城市营建者对文化理想和精神境界追求的表现。”[2]由此可知，虽然轴线适用于中、西以设计为主导的诸多领域，但基于文化认知的不同倾向，轴线设计的切入点不同。在本土营造中，轴线更倾向于驾驭在整体环境范畴之上的基准设置、定位原则、相互关联和文化反映，体现对聚居环境的把控和引导。本书中，笔者更为关注：轴线是基于什么而产生的？在人居环境营造中，如何影响聚落、建筑、风景等的布局？

2. 轴线的定位

依照“轴”的线性特点，可以将其分划为端头的两个节点和中间的一条线段。中间的线段正是基于两端的节点予以控制形成的。所谓轴线的定位基准，就是两端节点位置的确定。以韩城历史城市为例（图 5-40），城池坐北朝南，首先形成了一条贯穿南北的纵向主轴。其北端节点控制在城池所属川地与北面高起塬地的分岭之界，依照北面塬地的东西走势，该点处于北塬中段向南伸出的标志位置。该位置又是韩城“八景”之一——“园觉晨钟”的所在。主轴南端节点控制在距离城池更远的范围，此处是苏东塬与芝塬之间的澽水混同芝水、黄河形成的三水交汇处。控制主轴南北的两个节点，处于城市所属自然地貌环境的标志位置，具有强烈的“形胜”特征和“风景”特质。也正是基于此，韩城城池的主轴并没有呈现正南正北，而是南偏西 7.5°。

---

[1] （法）勒·柯布西耶．走向新建筑 [M]．陈志华译．天津：天津科学技术出版社，1991：154．

[2] 王树声．晋陕黄河沿岸历史城市人居环境营造研究 [M]．北京：中国建筑工业出版社，2009：90．

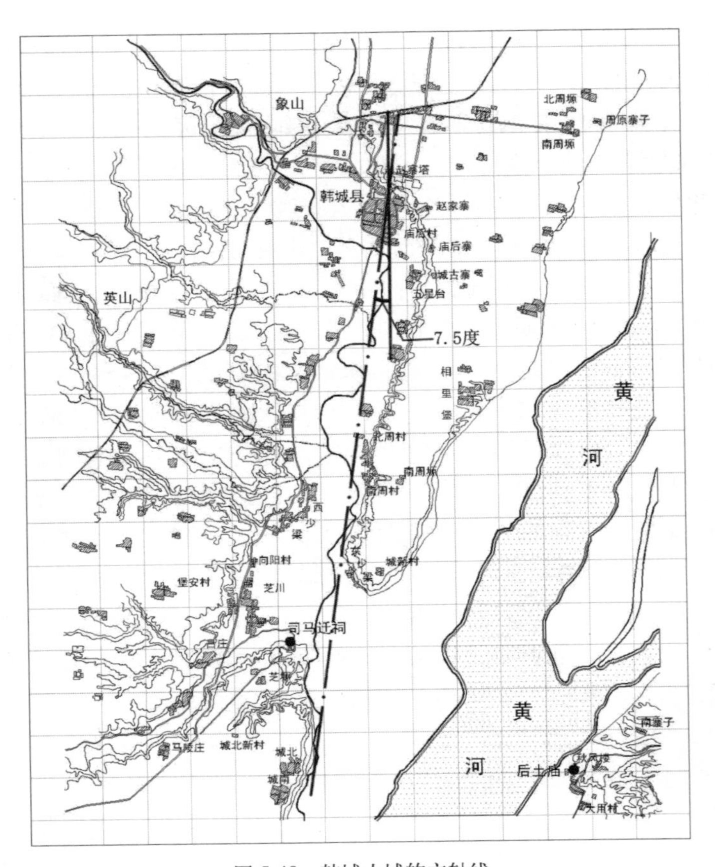

图 5-40　韩城古城的主轴线

（图片来源：王树声．晋陕沿岸历史城市人居环境营造研究［M］．北京：中国建筑工业出版社，2011）

由此可知，轴线的定位关系具有以下原则：第一，轴线是针对城市、镇、村、风景、建筑等人工构筑形式的重要设计手段。其目的是通过外在自然环境来寻求聚居结构内部的定位和秩序，同时建立了人工环境与自然环境的相互关联和整体融合。第二，轴线的定位基准是由地域环境中的"特定位置"决定的。这些位置关乎特殊的自然形态和空间形式，或高耸、或奇险、或夹置、或孤立、或转折等。特殊的位置反映出特殊的意义。轴线将具有特殊含义的自然部分和聚落等人工构筑统一起来，进而形成了更大范畴的、全新的、浑然一体的结构秩序。第三，聚落等人工构筑的周边，常常存在着蕴含深厚精神文化内涵的风景、建筑等历史遗迹，这些人文史迹往往处在地域环境的特定位置，表现出标志性的意象，进而成为轴线定位的基准。轴线将聚落和人文胜迹统一起来，从而建立了空间上、视觉上、精神上的联系。第四，在建立了自然环境与人为环境的关系后，轴线即成为聚落等人工构筑内部的“准绳”。它直接关系到主要交通的组织，重要建筑的布局，聚居结构的形成等，因此往往居中设置。“中轴”不仅落实在空间和形式上，更反映出神圣、象征、纪念等精神和理想层面的意义。第五，“因天时，就地利，故城郭不必中规矩，道路不必中准绳”[1]。受到自然地形等因素的制约，聚落的建设顺应着自然形态发展。轴线仅提供趋势上的引导，聚落结构并不需要完全依属于轴线。例如韩城历史城市的中轴——南北大街，呈现出“直中有曲”的特点。第六，从本质上说，轴线的定位关系反映在“人所处的位置”与“环境范畴的标志节点”上，体现“看”与“被看”的关系，是通过人在环境中真实的视线感知和体验获取的。

3. 轴线序列和轴线体系的形成

轴线可分为实轴和虚轴两类。实轴是指由聚居环境中的标志节点和标志建筑控制形成的轴线和轴线的延长线。虚轴上并无建筑，仅反映交通道路和视线关系。通过环境中的定位基准确立了主轴后，聚落中的标志建筑沿主轴展开，进而形成了轴线序列。以韩城历史城市为例，由北向南，金塔、圆觉寺、北关牌楼、北城门楼、主街上的三个牌匾、将军楼、南城门楼、南关牌楼、毓秀桥等一线展开，贯穿于城市的纵向主轴上，形成了具有强烈标志意象的城市建筑序列。轴线序列的形成具有以下作用：第一，主轴是“设计者”在聚落和外在环境之间寻找到的“生命根基”，建筑序列在依托于轴线的同时，有意识地强化和凸显了主轴的地位和精神意义；第二，沿轴线展开的建筑并不是均衡设置的，而是具有节奏的把控，反映出主轴的“启、承、转、合”；第三，轴线建立了聚落与外在环境的关联，建筑序列进一步加强了聚居环境的整体融合；第四，轴线和轴线序列体现出聚落的功能属性，主要交通组织、视线引导、商业街设置、建筑布局等反映出聚居的重心和精神含义。

当然，聚落中的轴线并不是惟一的，且有明确的主次关系。韩城古城在东西横向还形成了两条辅轴。其中，城市北面的东西辅

---

[1] （春秋）管子. 管子 · 乘马 [Z].

轴，其西端发自城外自然环境，向东延伸贯穿城内，而后在城外东面的教场完成收尾。西关牌楼、西城门楼、城隍庙牌匾、教场等建筑贯穿在该轴上。城市南面的东西辅轴，其东端发自城外自然环境，向西延伸贯穿城内，而后在城西完成收尾。东关牌楼、东城门楼、文庙牌坊等建筑贯穿在该轴上。南北纵向主轴和东西横向的两条辅轴共同构成了韩城历史城市的轴线体系（图 5-41）。王树声提到，黄河晋陕沿岸历史城市的轴线布局主要有三类，分别是“T”形、“I”形、“Y”形。韩城古城的轴线体系则是“T”形的变化，即垂直于纵向主轴的横向辅轴，上下错开成为两条，推测是出于军事防御的需求。轴线体系作为一种构图要素，主动牵涉图面表达的诸多内容。除了满足环境定位的基本作用，还对聚落布局实施影响，引导空间形态，设置建筑实体，组织交通街巷，划分功能面域，建立视线和图景关系，承载精神内涵等。其中，楼、塔等标志建筑常常处在轴线体系的中心和交叉节点上，如韩城将军楼。在满足防御功能的同时，呈现出一种向上的“观瞻之势”和向心的空间凝聚。芝川古镇同样反映出明确的轴线、轴线序列以及轴线体系。作为“T”形的变化，防御特征更为强烈。相对于城、镇，村落聚居受到所在自然环境的狭域性和复杂性的限制，轴线、轴线序列和轴线体系并不十分明确，但仍能感受到轴线趋势的存在。

虽然轴线关系是针对聚落、风景、建筑等人工构筑而言的，但是，在更高层面的区域范畴中，以外在自然山水的标志节点和人文胜迹作为定位基准，不同的“人工环境单元”建立了不同的轴线关系。这些轴线相互关联，并存于环境中，形成了不同的环境范畴，不同区域层面的轴线体系。以韩城县域层面为例，“金塔—县城—澽水入黄河口”三点纵贯一线，“苏东塬南端—芝川古镇—司马迁祠”又成一线。此外，西庄镇、昝村镇、薛峰镇、营铁镇等都形成了自有的与外在环境的标志节点相连的轴线关系。这些轴线将自然节点和聚落、自然节点和自然节点、聚落和聚落统筹起来，形成了相互关联的网络和紧密融合的有机整体。再以黄河晋、陕区域为例（图 5-42），由北至南，韩城、河津、朝邑、蒲州、潼关等城市分布在黄河两岸。其中，蒲州城的轴线设置已经超出了周边环境的范畴，而是在更大区域内寻找定位基准。“按唐元载中都议：河中之地，左右王都。黄河北来，太华南依，总水陆之形势，壮关河之气色。按旧志：西阻大河，东依太行，潼关在其南，龙门在其北。”[1]这样一来，蒲州城与南面的华山、潼关城，北面的黄河龙门，甚至东面的太行山建立关系，形成了更为开阔的整体视野。黄河两岸不同城市的轴线相互依存，山水自然和人工聚落紧密联系，极大程度地建立了黄河晋、陕区域的整体性。

图 5-41 韩城古城的轴线体系
（图片来源：作者绘制）

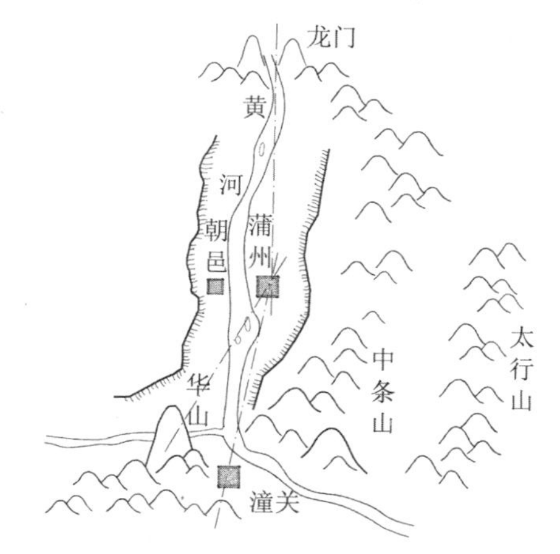

图 5-42 晋陕黄河区域轴线体系示意
（图片来源：王树声．晋陕沿岸历史城市人居环境营造研究［M］．北京：中国建筑工业出版社，2011）

[1] （明）边像．蒲州志［Z］．

由此可知，在聚落环境和区域环境中，轴线体系反映出不同特点。聚落中的轴线体系较为规整，它将自然与人工构筑统一起来形成整体；区域环境中的轴线体系呈“网状”，进而建立了更大范畴的自然与聚落、自然与自然、聚落与聚落的整体关联。

5.3.3 图景关系

1. 图景关系的含义

韩城地方人居环境营造，并非就聚落论聚落，就建筑论建筑，而是以相对整体的“境”作为对象，将人为环境与所在的自然环境建立紧密联系。归根结底，是将人居环境和“人”统筹起来，满足人的生存，探讨人的发展。因此，人居设计必然最终落实在“人”对环境的真实体验、具象感知和精神共鸣上。换句话说，人居环境营造是以一幅幅生动的“图景”展现出来的，“图、景”形式建立了人工构筑和自然环境的联系，也建立了不同尺度、不同层面的环境范畴的联系。“图”是一个二维概念，“景”是一个三维概念。“景”是全方位的，当人处在特定的位置，在特定的视线角度和视域范围下，就会形成二维的“景片”。因此，基于人的位置变化和视线变化，同一个“景致单元”可以反馈出不同的“景片”；同时，将“景片”投置在更大范畴的环境背景中，就会形成相对整体的二维“景面”。“景致单元”是物质要素的三维集合。“景片”是人在不同位置和视线角度下的景致单元的二维反映。“景面”则是针对整体之“境”的不同尺度范畴的二维整合。人对于环境的体验和感受主要是通过“景面”获得的（图 5-43）。本土设计不仅是针对三维空间和形式的设计，还对二维的“景片”和“景面”进行处理。所谓“图、景关系”，就是通过人在环境中的特定位置、视线角度和视域范围，将三维的空间和形式与二维的图面反映融合起来，将人工构筑和自然环境融合起来，将不同尺度的环境范畴融合起来，从而进一步实施整体统筹、构图处理和重点描绘。清华大学杨鸿勋先生将这种设计表达方式概括为“掩映”。

“图、景”关系建立了聚落、建筑、风景等人工构筑在“看”与“被看”之间的相互联系，也建立了与周边大尺度自然环境的联系。这种联系是确立人工构筑朝向、走势、空间、形态等内容的重要前提。最终形成了一幅幅引人入胜，勾人感怀，发人深思的精彩图景，进而塑造出独特的意象氛围，并对人实施精神影响和人文熏陶。

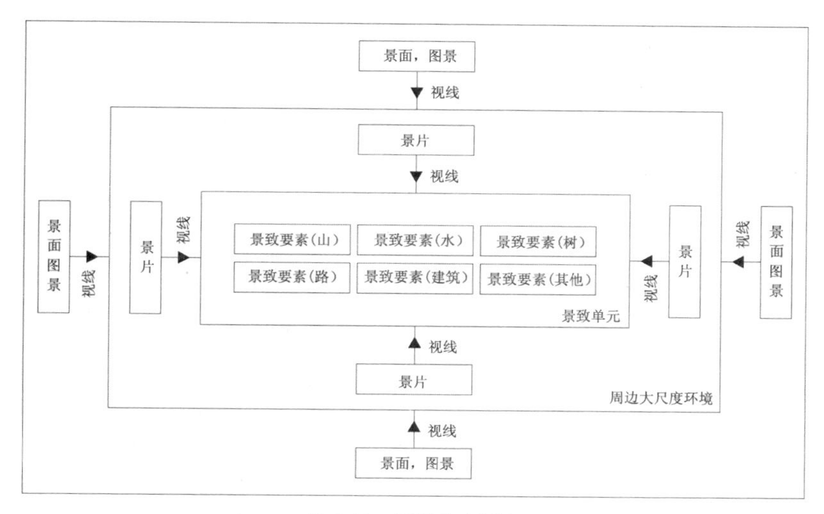

图 5-43　图景表达原理
（图片来源：作者绘制）

2. 图景关系的形成条件

本土设计是以“人”在环境中的真实体验为基础的。人在微观与宏观之间游走，视线在旷奥之间穿插，由于“人”的直接参与，人的尺度、建筑尺度、聚落尺度、环境尺度统一融合在“三维版”的画卷之中。因此，“图、景”关系的形成直接关系到人所处的位置、视线角度、视域范围等条件。

人所处的位置直接决定了“看什么”以及形成什么样的图景。立足位置的确定具有以下原则：第一，它们多处在环境中的标志节点上，如“山顶”“崖边”“谷底”“对岸”“楼阁”等处，这些位置或者有利于登高远望，对环境全局进行审视，或者基于某个角度，对环境的把控更为直观以及形成了特有的透视效果；第二，“观望点”的选择是针对即将进行的人工构筑创作而定的。在确定了聚落、风景、建筑的基址后，还要进一步将其纳入环境背景中进行审视，人处于不同的位置，人工构筑对象就会形成不同的环境景面（图 5-44）；第三，人的立足位置还取决于所看到的“先天

图 5-44　文庙尊经阁上望金塔
（图片来源：作者拍摄）

环境”的优劣。当处在特定的“观望点”时，反馈于人的视野的环境优美、独特，那么这些位置就成为了绝佳的观景平台。标志节点、人工构筑对象与环境本身综合决定了人在“图、景”关系形成中的立足位置。“图、景”关系的形成还取决于人的视线角度和视域范围。当人立足于相对的“低”点时，就会形成仰望的角度。一般情况下，当仰角为 8° ～ 10° 时，视野最为饱满，观望范围较好，山塬完整，构图中心明确，画面感强。韩城金塔和县南司马迁祠，都是基于人在山塬底部，向上仰望的视线图景进行控制的（图 5-45）。当人立足于相对的“高”点时，就会形成俯瞰的角度。俯角也以 8° ～ 10° 较为合适，视野开阔，纵深感强，构图圆满、完整，但构图中心突出，以标志性姿态体现出“濒险”、“欲坠”的视觉感受。此外，还有一种“平视”角度。“平视图景”带有强烈的透视意象，将远近、左右的整体环境收纳在视野中。多数情况下，当水平视角为 60° 时，所看到的环境内容较为清楚，构图完整，30° 时，则体现出明确的聚焦感。例如“院落”形式内部环境，即是通过“平视”角度形成图景的。人居环境的“图、景”关系很大程度上是借助仰视、俯视与平视综合形成的。

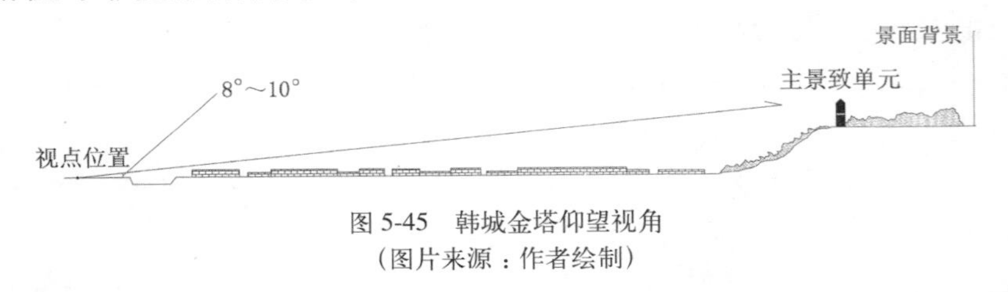

图 5-45　韩城金塔仰望视角
（图片来源：作者绘制）

此外，需要说明的是，人居图景的形成并不完全等同于照相原理，当中必然含有“人”的主观参与。一方面，一些特定图景（如鸟瞰图）的立足位置可能是人根本无法到达的，是通过人的审视、感受、体验和想象获取的；另一方面，图景中的某些内容，仅是依稀可见，甚至根本看不见，是通过人的方位联系和精神联系确立的。同时，即使是完全真实地，反馈于人视野的图景，也必然呈现出唯有“在场”，才能感受到的精神气韵和意象氛围。因此，图景的形成是三维空间和二维画卷的融合，是通过“人”容身于环境现场后，主动观览、体会、选择，甚至触发听觉、嗅觉等多种感官方式，进而最终确定的，而非被动的成相、成景。这是本土设计的重要特点。

3. 图景设计实例分析

(1) 城门楼

左懋第《新西城门楼记》载:"崇正五年壬申冬十有一月,懋第为韩城令,大雅中溥彼韩者如见焉。登其城,东带河,南望华山,北望大禹导河积石所至,西望之土人指巍屼者,象山,又南梁山也。诗所谓'奕奕梁山,维禹甸之'者耶?……令秋八月成,楼屹如……会余来,望禹甸,思三代,大夫士与汉循吏所以治其民者而不得门。暨楼成,父老请更名,因以望甸名焉。"❶

唐代王勃在《夏日登韩城门楼序》中载:"下官狂走不调,东西南北之人也。流离岁月,羁旅山川,辍仙驾于殊乡,遇良朋于异县。面胜地,陟危楼,放旷怀抱,驱驰耳目。韩原奥壤,昔时开战斗之场;秦塞雄都,今日列山河之郡。池台左右,觉风云之助人;林麓周回,观岩泉之入兴,则有惊花乱下,戏鸟平飞,荷叶滋而晓雾繁,竹院静而炎气息,赏欢文酒,思挽云霄,人赋一言,庶旌六韵云尔。"❷

孙龙竹《重修城垣四门楼铺舍记》:"又念东门楼文星所居,更高大之。"❸

可见,城门楼的设计并不是孤立的,而是首先立足于城楼所在的位置,审视周边的环境,而后将城楼纳入外在环境形成的图景中,将城楼作为构图的核心进行空间和尺度的把控。黄河、华山、龙门、巍山、象山、林麓、岩泉、惊花、戏鸟、荷叶、竹院、文星塔等不同尺度、不同范畴的要素分别与东、南、西、北四城楼融会起来,将三维的空间视野转变为二维的优美画卷。四个城门匾额一度发生变化,但均佐证了"图、景关系"的真实存在。东门原称"迎旴",迎近清晨日出,后改为"黄河东带",将黄河作为图卷背景;西门先后称为"梁奕""望甸""梁奕西襟",是以西面梁山群峰作为构图基础的;北门后称"龙门盛地",以北向更远范畴的黄河龙门作为视线的定位基准;南门原称"濂浡",南向濂水成为了南门的构图背景。当然,"图、景"关系的立足位置并不是惟一的,南门后称"溥彼韩城",则是处在城南濂水上的毓秀桥口,对韩城城池和南城门楼进行构图和描述。

---

❶ 清嘉庆《韩城县志》卷十一"记颂"。

❷ 清乾隆《韩城县续志》"艺文"。

❸ 清嘉庆《韩城县志》卷十三"碑记"。

（2）赳赳寨塔

民国 14 年《韩城县续志》中，陈缉文《重建圆觉寺记 》载："韩之治，环以河山，倚峦望岳，吁计川泽，聚落延绵，盖绣错壤也。城之北缘岗列绀宇曰圆觉寺，相传为唐之遗境。宋咸平中赐额曰圆觉禅院，金大定中铸巨镛，晨昏击拊，举邑闻声，遂列八景之一。门前牌坊三间，自山门而登为大佛殿，左右阎王殿各三间，又北为中殿，为后殿，旁庑各若干楹。由后殿而升为藏经楼，一名凤鸣阁，凭轩眺远，挹万峰之秀，揽长河之势，心目一爽，洵巨观也。邑中自宋迄今人文蔚萃，冠于冯翊，咸谓斯境时新致然，信哉！……而余适承乏来韩，每一登览，见三峰之峙，莲萼呈秀，洪涛之回，锦浪文交，收秦晋之氤氲，毓川原之灵瑞，快我襟怀，怡然起兴，健羡曾杜二公与贤士大夫同心恊力十余年，以成兹佳境也。……吾知诸君子或将洁植丛林，清修净土，以举牟尼；或将旁舍延师，富育英才，以翊休明，俾韩之科名增而鼎铨隆，则居斯土者之所乐见，而亦游宦者之所伫望有光云，是宜序。"[1]

赳赳寨塔是韩城历史城市的标志，其"图、景"形成的立足点有两个：一是处于塔本身所在的城市北原的制高点，俯瞰环境，"河山、峦岳、川泽、聚落、万峰、长河、三峰、莲萼、洪涛、锦浪、秦晋、川原"等共同构成了人视野中的雄浑画卷（图 5-46）；二是立足于城市所在的川谷中，仰望环境，山塬、台阶、草木、牌坊、巨镛、山门、圆觉寺正殿、藏经楼、凤鸣阁等映入眼帘，形成了另一幅图画（图 5-47）。赳赳寨塔正是放置在这两幅图景中，以特定的形式和尺度，完美迎合了构图的需要，确立了构图的中心，进而呈现出标志性、凝聚性的意象。

图 5-46　韩城金塔俯视图景
（图片来源：作者拍摄）

[1] 民国《韩城县续志》卷四"碑记"。

(3) 毓秀桥

图 5-47　韩城金塔仰视图景
（图片来源：作者拍摄）

《韩城县志》中，李星曜《重修澽水桥记》载："……行抵城南，有桥势若长虹，询之，知为前福令所倡而修之者也。县城西五里许，两峰矗立，澽水出焉。名曰黄花川，其流东注，为南北限，桥适当之。其桥身及趾皆石修，七十八丈，广一丈六尺，高二丈二尺，桥下穿眼一十一孔，配对如法，实完且固。桥之侧护以石栏，用防坠。桥之北有亭，可以瞩远。其南则有小石桥三孔，以为卫桥，前后又各竖坊以表之，驱车过此，眺梁山，听澽水，耳触成声，目遇成色，吁亦伟矣哉……今韩绅士来请记，并献所绘图，余披览之，如置身梁山澽水间，因思桥当澽流所聚，风气钟美，草木秀发，实与邑人士精神志意相感通，爰名其桥曰：毓秀，而纪其梗概如此。"❶

民国 14 年《韩城县续志》中，程仲昭《重修南桥记》载："……人并将两岸之堤一律修筑，此为桥之正式工程，而遂及于看河楼、宾兴阁、善成虹梁之牌坊者，本地风光也……"❷

毓秀桥横跨澽水，是韩城历史城市的南向开端，立足于该点向西北方观望，象山、狮山、黄花川、梁山、澽水、城池、草木等共同形成了人视野中的图景（图 5-48）。毓秀桥正是在这张画卷中进行设计的，桥的位置、方向、尺度和空间形态完善了构图的均衡，凸显出构图的中心。同时，设计者在图景中布置亭、看河楼、宾兴阁、牌坊等标志性建筑，进一步丰富了环境图景，也使其成为观景的重要平台。

(4) 县署、文庙

县署与文庙均位于城市内部，以院落群域的形式构筑，其环境图景的立足点在院落内部。《重修韩城县厅堂记》载："有庭有

❶ 清嘉庆《韩城县志》卷十三"碑记"。
❷ 民国《韩城县续志》卷四"碑记"。

图 5-48　毓秀桥图景

（图片来源：作者拍摄）

寝有列舍有书圃，遥枕冈峦，居中离向……观夫连楹接栋，耸汉凌云，领顽梁山，已成一邑之壮观。”❶解含章《重修学宫记》载：“……名宦祠易旧更新，屹然爽然。风水家言泮池、棂星门太低而俯，当填高数尺，昂首于前。乃高其地三尺许，泮池桥屹然高起，下设二眼，以使其固，四旁上下石条砌之，中植菡萏，养以文鳞，自桥至棂星门悉加崇高，黉宫内墙暨外八字墙悉为修整如法……”❷

在聚落内部，“图、景”关系的形成表现在三个方面：第一，“院落”或“园林”形式很大程度上加强了人为环境与外在环境的联系。人置立于院或园中，以仰视的角度遥望，回馈于视野中的图景囊括了内部与外在环境。建筑尺度与环境尺度被统筹在“三维画卷”中（“借景”就是基于这种方式产生的）。第二，所谓高瞻远瞩，只有置立于相对较高的空间，才能以相对全局的视野在人工构筑内部观览外在环境。因此，“楼阁”成为重要的观景平台。第三，在院落或园林内部，通过遍植树木、花草，布置怪石、水池，自然与人工构筑紧密融合形成小尺度的环境图景。以文庙一进院落为例（图 5-49），设计者结合泮池、小桥、流、金鳞，道边种植苍劲古柏，配搭小松，四角布置青黄草地，若干碑亭林立其中，荫翠环楼，若隐若现，远处大成殿门凸显出空间的穿透力，红墙映衬作为基底，水声、鸟声不绝于耳，风吹树摆，清雅静谧中透着神圣端重的精神意蕴，形成了绝美的平视图景。

（5）司马迁祠

❶ 明万历《韩城县志》卷七“艺文”。

❷ 清嘉庆《韩城县志》卷十三“碑记”。

图 5-49　文庙图景
（图片来源：作者拍摄）

《韩城县志》中，《重修司马公祠记》载："北绕秀水，清涟有声，南距通衢，悬崖多栢。西北梁山层峦列座，东面黄河巨浸回澜，而公之墓祠中焉，盖胜概也……若有以昭公之文章者焉，盖奇观也。"[1] 立足于山塬底部向西南方向仰望，梁山、芝塬、澽水、芝水、芝阳桥等形成图卷，青天为幕，绿荫翠映。"设计者"在这样的图景中布置楼、院、台、牌坊、踏步、树木等，凸显出构图的重心，人工构筑和自然环境紧密融合，进一步完善形成了"遥望太史"的绝美画卷（图 5-50）。再立足于山塬中部仰望，顺坡建一牌坊，上书"高山仰止"题额，与远处山顶的祠院、古树遥相呼应，古道蜿蜒，两侧古柏林立，依稀可以看到山门处"史笔昭世"的题额以及更远处祠院入口"河山之阳"的题额。牌坊、山门、古柏等景致单元在西南方向形成"景片"，与远处的匾额题字、山顶古祠、芝塬等环境背景形成"景面"，塑造形成了"高山仰止"的图景（图 5-51），呈现出瞻仰、尊敬、纪念、憧憬的情感氛围。

图 5-50　司马迁祠图景
（图片来源：作者拍摄）

[1] 明万历《韩城县志》卷八"艺文"。

图 5-51 “高山仰止”图景
（图片来源：作者绘制）

5.3.4 边界关系

1. 边界的内涵与构成要素

边界承载着空间限定的意义，突出了聚居环境的范围。它是针对特定范畴的人居环境的“领域”界定。但在本土人居环境中，宏观、中观与微观环境往往是相互融合形成的有机整体，边界并不是要将环境对象与外在周边分隔开来，恰恰是通过边界来建立人为环境与自然环境的关系以及不同尺度层面的环境关联。韩城县域人居环境的边界构成要素主要包括聚落边界、山界、河界与天际线等。这些要素共同组构形成了一种边界模式（图 5-52），反映出了山、水、聚居相互融合的三维的空间领域，凸显了环境的核心，更将视野推至更为广阔的外在范畴，将不同尺度的环境联系起来。

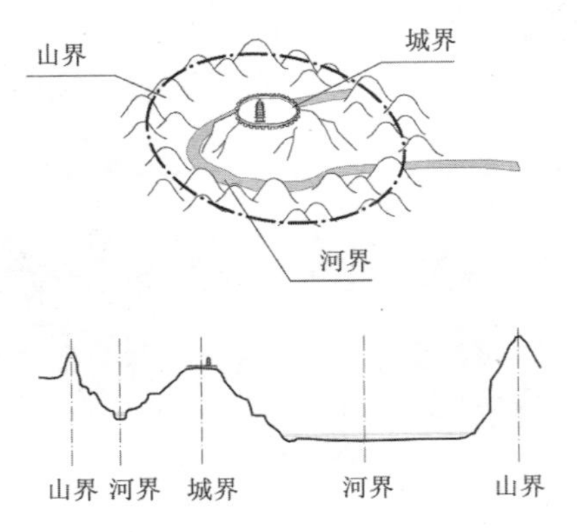

图 5-52 聚落的边界模式示意
（图片来源：作者绘制）

2. 韩城县域人居环境的边界设计

（1）聚落边界

聚落边界是指城、镇、村等历史聚落本身的人工界定，主要是以城墙、城壕、围墙、建筑外墙等形式构筑的。城墙出于军事防御功能而设置。据明代薛国观《修城疏》记载，韩城城市最初“仅弹丸一土城，周围四里许”[1]。《韩城县志》载：“城延一里二四十三步，袤一里三百二步，环六里六十五步，高三丈，址广三丈三尺，面广一丈六尺。”“雄谍相望，俨然金汤。”[2] 芝川古镇的城墙边界则为“城高 3 丈，宽 1 丈 5 尺，环城 5 华里”[3]。历史城、镇中，城墙上的城门楼作为聚落边界上的标志建筑，居高远望，在承载着防御、交通等功能的同时，将聚落与外在自然环境联系起来。村落中，多数是针对防御性寨堡修筑围墙，村落本身则以建筑外墙作为边界。由于处在不同的地域环境，不同的聚落反映出不同的人工边界特征。平地而筑的聚落边界规整，多为方形。受制于特殊地形条件的聚落，其边界则呈现出不规则形态。总体来说，聚落边界以人工构筑的形式，更多地承载着防御功能，同时反映出聚落的外在形象。

（2）自然边界

在韩城地区，山、塬等大尺度的地形要素，与黄河以及境内的盘水、濛水、芝水等水系要素，以不同的尺度共同完成了对韩城县域、聚落环境等不同层面的空间围合，进而塑造出了一个更大范畴的内向的、稳定的环境领域。更为重要的是，通过对自然边界的经营和边界上的“标志”的设立，黄河两岸、县域环境内外和聚落内外相互影响、相互促进、彼此参与和关照，最终形成了紧密的融合与有机的整体。自然边界分为山界与河界，由山脊线、塬边线所形成的人居环境边界即为山界，河界则是指由河岸线形成的不同聚居范畴的边界。

由于韩城地区处于黄河沿岸边地，黄河的防御功能、交通渡口功能、航运功能极为突出，以黄河以及滨河沿岸的山塬形成的县域东部边界发挥着重要的影响力和功能作用。在这一边界上，沿南北一线，设有大量军事性聚落和防御性寨堡（图 5-53）。

---

1. 周若祁．韩城村寨与党家村民居 [M]．西安：陕西科学技术出版社，1999：19．
2. 清嘉庆《韩城县志》卷二“城池”。
3. 韩城市政协芝川地区文史调研组．古韩雄镇——芝川 [C]．内部发行，2012：157．

图 5-53　黄河沿岸原地景观
（图片来源：作者拍摄）

此外，结合地势还设有为数不少的标志性风景建筑。它们共同形成了韩城地区极具特色的沿河边界景观形象，在凸显边界存在意象的同时，更建构起了边界内外的关系（图 5-54）。其中，南部的司马迁祠和北部的龙门禹庙控制着边界的南北端头。司马迁祠位于县南近邻黄河的芝原上，居于高处，可俯瞰和远望。建筑朝向东北黄河方向，视线直指黄河及对岸，山西境内的中条山依稀可见，进而在晋陕黄河两岸之间建立起了防御的功能关系、视线关系、精神关系和整体的环境关系（图 5-55）。龙门禹庙位于县北黄河晋陕峡谷中，是连接两岸的枢纽。陕西韩城与山西河津皆在此处建设禹庙建筑群。作为两个"边处"在晋陕文化边界的胜景之营造，在相互"竞争"和"对抗"的同时，共同的文化价值观驱使其寻求相互之间的呼应和统一，并共同亲河，近河，融于河。最终不仅形成了向心交融凝聚的整体的"龙门禹迹"风景，并将黄河两岸联系了起来（图 5-56）。

综述，韩城县域东部，沿黄河的山、河自然边界，在承载人居功能、围合县域空间的同时，通过边界上的标志性聚落、风景和建筑形成了极具地域特色的、安全的、生态的、景观的、生存的边界形象，更将晋陕黄河两岸、县域内外联系起来，形成彼此融合的整体。

在聚落层面，城、镇、村周边的自然山水构建形成了聚落环境的边界。它们围合限定出一个内向、封闭的空间领域，突出了聚落的核心地位。与此同时，在聚落的自然边界上，结合地势，时常设置标志性风景和建筑。例如韩城历史城市中，北塬上设有金塔，南面濛水上建有毓秀桥；芝川古镇中，芝塬上设有司马迁祠；明清党家村中，南北塬地上曾设多座砖塔。这些标志风景和建筑往往居于高处，可远望俯瞰，建立了与聚落的整体关系，形成了聚落的边界景观形象，完善了一个山、聚落、水浑然一体的有机整体，更有一种趋向于外的发散意象，将聚落环境推至更为宏观的视野中。

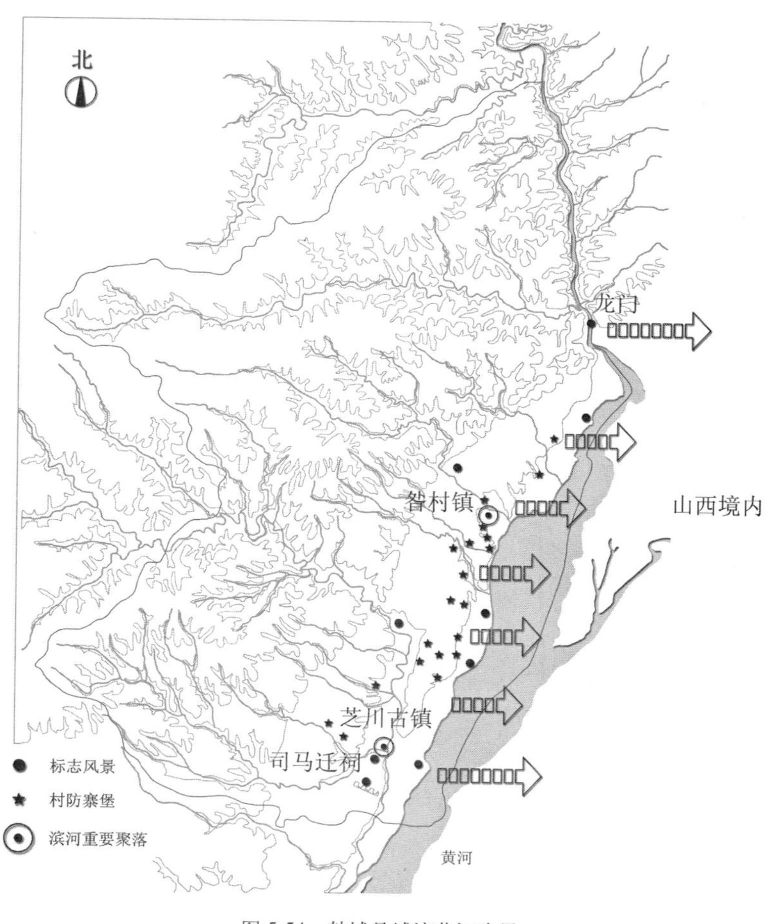

图 5-54　韩城县域滨黄河边界
（图片来源：作者绘制）

图 5-55　司马迁祠朝向与视线
（图片来源：作者绘制、拍摄）

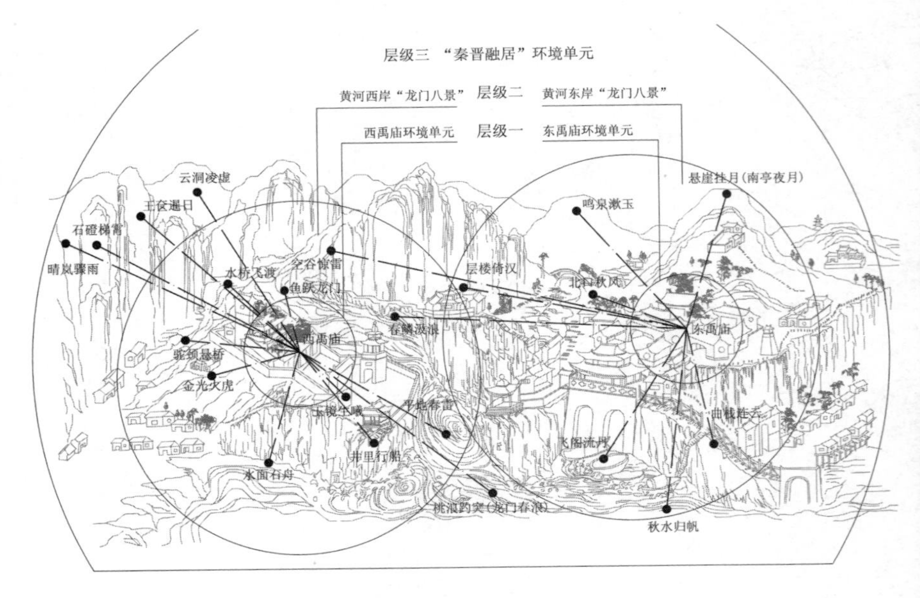

图 5-56　黄河龙门禹迹图
（图片来源：作者绘制）

(3) 天际线

本土人居环境的另一种边界，即是由地形和聚落、建筑的空间、形式变化所形成的天际线。它是特定范畴的人居环境在人的透视视野中反映出来的，以天幕为背景的自然山水、聚落、风景、建筑等共同形成的二维与三维相互融合的外形轮廓线。天际线反映出人居环境中自然环境与人为环境的关系，也反映出人为环境内部的空间关系，更渗透着深层的文化取向，因而具有强烈的地域特色，成为了展现环境形态与形象的重要边界要素和独特视角。韩城地方人居环境中，结合地势的标志性的聚落、风景和建筑往往是天际线最为鲜明和突出的组成部分。

3. 边界的意义

边界具体承载着人居环境的功能意义、尺度意义、范围意义和形象意义。首先，边界落实了聚居环境的客观功能。它是政治疆理划分的重要手段，同时，山界、河界、城界等又是抵御侵袭、构筑军事防御的有力武器。其次，边界决定了特定人居环境的尺度，进而形成了不同的层级。例如周庆华教授曾有这样的论述："……由于沟壑区的自然地貌，特别是河谷空间体系形成了适于不同人居环境生成的三个等级地域空间，从而形成了十分明显的流域河谷空间等级与人居环境空间等级之间的对应关系，使人居环境形成较为清晰的不同等级的分布特征：城市主要分布于一级支流河谷；镇区主要分布于二级支流河谷；乡村主要分布于三级支流河谷。"[1]边界的尺度影响不仅反映在聚落中，还贯穿在县域甚至黄河流域等区域范畴的，进而决定了不同层面的人居环境营造。再次，边界围合了人居环境的范围，突出了一种"领域"意识，将人为环境纳入到自然环境中，从而使自然山水与聚落共同组构形成了聚居的生存范畴和经营范畴。最后，边界反映出一种形态。这种形态并不局限于平面中，而是以三维的空间视野直接反馈在人的感官体验上，进而形成人对聚居环境的形象认知。本土人居环境营造，特别重视对边界位置的经营和建筑塑造，就是在强化和突出地域形象。从本质上讲，虽然边界是空间的限定要素，但本土人居环境中的边界更多还是在建立一种外向的联系（而非割裂）

[1] 来嘉龙．结合山水环境的城市格局设计理论与方法研究[D]．西安：西安建筑科技大学，2010：42．

和内向的环境（而非建筑），进而寻求一种有机的整体意象。

5.4 自然性与人文性

自然性与人文性具有狭义和广义的内涵区分。狭义的自然性是指相对于“人”的宇宙世界、天地万物的具象表现。广义的自然性则反映出一种普遍的物质性、客观性、真实性、规律性、生命性，甚至是科学性；狭义的人文性指向“人”的范畴，是关于人的抽象的精神文明成果。广义的人文性则是由人体悟、发现、创造的，关乎“人与自然”的求真、求善、求美的融合探索。在西方价值观中，自然与人文是各自为体的。而中国人则本能地把“人与自然”反映在交融的整体上。或者说西方人重在探讨两个范域中相互独立的部分，中国人则看重相互融会的部分。

以当代的视角来说，世界本质上是物质的，并不以人的意志为转移，这是科学理念下实事求是的客观反映。科学的本质就是揭露物质世界的本来面目。但科学是手段和工具，却不是最终目的。科学引导的技术进步可以促进物质性的改善和提升，却并不能完全满足人类的精神、情感和信仰需求。

中国古代的文人先贤，以哲学的角度寻求客观世界的“真实”，进而形成了大量朴素的唯物观点，这与科学的本质并不矛盾，并且这种“真实”往往是更具普遍性和本质性的“大真”。它并不一定特指某种具体物质，而是指向物质内在的“关系”“道理”“规律”，所以常常具有拓展性和发散性，最终形成一种指导性和标准性。同时，广义的人文并不局限于对“真实”的探索，更有一种反馈于人的对“真实”的情感追求和精神追求。换句话说，“求真”是“求善”的根源，“求善”则是“求真”的终极目标。当探寻到了“真”与“善”的意义，并且在艺术表达中予以呈现，就会展示出“美”的内容。本土背景下，自然性与人文性不仅不是对立的，更有一种趋同和彼此的呼应，它是“科学求真、人文求善、艺术求美”的融合。

5.4.1 “人文”探索在传统人居环境营造中的重要意义

人居环境营造必然最终落实在人类聚居的区域、聚落、风景、建筑等不同尺度层面的空间和形式上。但是，本土营造首先是以本土文人、匠师等经营者的认识和关切为出发点，进而形成自有的设计理念和表达方法。换句话说，试图探析传统人居环境营造的本土智慧，就无法回避对古代经营者思维状态的分析和思考内容的解读，即他们在人类聚居空间的营造过程中最关注什么、希望表达什么，这本身即是人文探索层面的核心问题。无论如何发展，人居环境作为人类生活场所的属性永远不会改变，人才在此孕育，文化在此生发，民族历史在此绵续。经济的发展和技术的进步能促使其不断变大变新，变富变强，但生活在此中的人，依然有人生、有性情、有理想，人居环境不仅担负养育人的功能，还有教化人、培养性情和传承文化的责任。因此，规划与设计不应也不能忽视人文问题。本土人居环境正是以“自然与人”为体悟对象，以人的物质需求，特别是精神需求为目标，将人文探索落实到人类的生存生活中，渗透在诸多领域甚至每个角落(图 5-57)，最终经营创造出一个承载着“全人”需求的聚居环境。基于这种认识，人文精神成为传统人居设计的灵魂，它直接影响聚居空间的塑造。这种认识不仅仅在于对“美”的实践追求，更是“直入心灵”的震颤。中国本土营造特别重视对涵养人文精神的空间的规划和设计，重视承载、彰显民族文化价值观和“意义信仰”的场所和环境。换句话说，就是人居环境营造不能忽视那些涵养“中国人之所以为中国人”的意义空间。

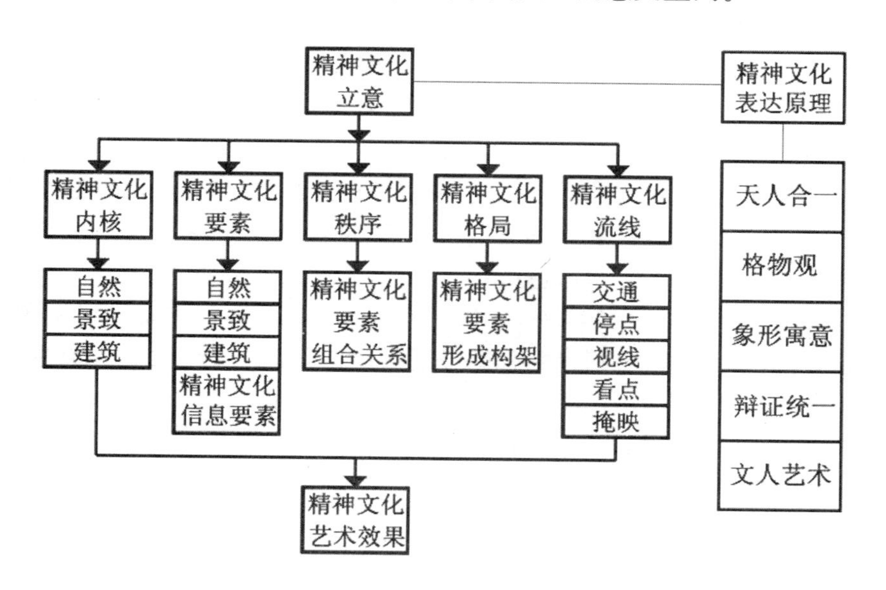

图 5-57　人居环境的文化构筑
（图片来源：作者绘制）

广义地说，人居环境营造的终极目标是使人类更理想、更完善地生活在地球之上。狭义地说，不同的民族族群，因为不同的文化，在不同的地域，形成不同的聚居环境。这就必然牵涉“地域”和“人文”这两个因素在相互影响作用后形成的特有的聚居特征和环境状态。通俗而言，即“一群人”，在国家、区域、城市、镇、村等不同层面的地域空间中，世代繁衍，生生不息的生存根本和生活特质。总之，试图深刻领悟和探析“中国”传统人居环境设计的精髓，除了深入认识中国地域的自然属性之外，还必须面对以人文探索为内因的本土背景。它是本土营造的关键线索，是人类聚居生存的重要组成部分，更是中国传统文脉的重要特点。这关乎历史的客观与真实，也是时代的机遇和责任。

5.4.2 人文探索的类型

1. 认识论

方东美提到：周代文化是“早熟的文化”。“其文化的早熟体现在宗教神秘文化尚未充分发展的时候，就已经将神秘宗教转变为理性支持的道德文化。”[1] 在人类社会早期，还未形成现代意义的科学视角，“体悟”是最为原初和本质的认识方式，“体悟”的对象往往是针对自然和人本体的融会思索。因此，形成的研究结果带有浓重的人文色彩，但同时反映出基于“人”的客观性，甚至科学性。中国古代的智者先贤用人文探索的方式来认识“人与自然”“人与人”的关系，寻求宇宙世界、生命体系的原初本质，进而形成了大量深刻丰富的人文精神成果。由于人文精神的灌注，人居环境中一切物质性要素（无论是自然存在，还是人工建设）都与“人”具备密不可分的融会贯通。相对于更加进步的当代，尽管处于历史进程的相对早期，中国古代文人与思想家已经领悟到具备科学本质的、超越时代的普适规律。大思想家王夫之曾说道：“古今之世殊，古今人之心不殊。居今之世，以今人之心，上通古人之心，则心心相印，古人之心无不灼然可见。”[2] 人居环境营造，正是受到了这番人文探索下的“大道理”的牵制和影响。归根结底，本土人文探索的传统是以文化认识为出发点，来探寻“自然与人”

---

[1] 蒋国保. 方东美论儒释道会通 [J]. 中国社会科学院研究生院学报, 2010 (03): 55.

[2] 王树声. 中国本土城市规划的历史经验 [R]. 2013 年中国城市规划年会会议报告.

如何和谐并存、持续发展的客观真实。

2. 信仰建构

在探寻信仰的具体内容之前，首先要解决的问题是："为什么要在具象的人居环境物质建设中谈及抽象的信仰精神？"信仰是关乎文化认知的升华，是人类在生存生活中对高级文明极致追求的精神本能和理想建构。传统人居环境中，探寻信仰的重要意义在于发掘特定地域空间中生存生活的人们共同追寻着什么，这种追寻又是如何反诸和触及人们生存生活的环境领域，同时受到信仰精神熏陶的地域环境又对生活其中的人们产生了怎样的影响。

本土信仰重在探讨人类生存与周围各方面的关系，而后形成一种以人为主体的认知内容和推崇方向，指导人类面对外在与内在的种种问题，最终达到境界的提升，即接近理想的"完善"（这里既有个体人的完善，也有世界的完善）。这种"完善"激发关乎认识的情感宣扬，它成为了人们赖以生存的精神满足和行为动力。中国古代文人一直在寻找经营人生和经营世界的本质道理与终极方法，并执着落实于人居环境营造中，进而形成了特有的地域精神。信仰绝非空虚抽象的"大话"，它直接渗透在传统人居环境营造的方方面面。尽管中国的信仰体系内容多样、纷繁复杂，但主流价值观却往往能够融会并存。正是这种促使各方面既相互独立，又相互关照、相互扶持、相互通融的本土文化内容、文化逻辑和文化态度，成就了"中国人之所以为中国人"的精神内涵，也实现了本土特有的人居环境。

在本土人居环境营造中，正是饱读儒家经典的文人士大夫作为中坚力量，发挥着核心作用，他们几乎可以称为人居环境的"总设计师"。受到儒家信仰的深刻影响，本土聚居环境表现出以下特点：首先，由于文人的参与，"人文是否兴盛"很大程度上成为聚居环境优劣的重要标准，即"人杰地灵""文荫武备"。王树声提到："本土城市规划十分重视城市的人文化育功能，把城市看成是人文教化之地和培养高尚道德的地方。同时，重视人文化育也不空虚，规划先贤总是怀揣一种人文理想，并始终追求将这个理想落实在城市空间建设中，执着不已。由此，城市规划始终在追求一种人文境界。"[1] 文庙等儒家祭祀场所和教育场所，往往是历史城

[1] 王树声. 中国本土城市规划的历史经验 [R]. 2013 年中国城市规划年会会议报告.

市的精神核心。人居建设不仅仅局限于功能和美学的范畴，更要附含深层的人文意义。这种“意义”并非设计师牵强附会的主观强加，而是社会大众普遍认同和主动发扬的关于“人”的儒家“道德精神”。本土人居环境中，处处展现着对“仁善”的颂扬，对“圣贤”的纪念，对“精神价值”的化育。空间成为人文道德的承载器皿，进而呈现出特有的环境场所精神。其次，儒家信仰用“礼”作为“仁”的表现形式，通过“礼”来表述“仁”的关系，建立“仁”的规范，完善“仁”的制度，形成“仁”的理想秩序，直接促使人居环境形成了一套由上而下，极其完备的“典章”和“礼乐”关系，它决定了传统聚居中不同实体要素的尺度规模、形式、色彩和功能属性等。“礼”的核心意义并不在于确立了等级，而是直接触及了不同历史环境下的社会本质关系，告诉人们应当尊重和颂扬正确的人伦秩序。中国古代的智者先贤，将“礼乐秩序”落实在人居环境中，规范人们的行为，引导特定的社会价值，最终还是为了建立他们心中的那个“理想大同”的世界。最后，儒士君子以“天地”为对象，以“山水”为情怀，人居环境营造成为他们落实信仰、建构身心理想、体达人生境界的重要舞台。道家以自然为本，进而指导人向自然学习。儒家则以“体己”的方式，再外向于自然，将天地万物容纳于胸。“子曰：知者乐，水；仁者乐，山。知者动；仁者静。知者乐；仁者寿。”[1]人生于天地间，天地亦在人的心间。儒家将“天地山水”和“人”彼此参与，将视野推至更为广阔的“天、人”交融，大地承载着人心，人心使大地充满诗意。儒士们坚信优美的自然环境可以涤化人的心灵，他们登山临水，感受那“立于天地间”的境界。基于这种认识，本土人居环境营造，特别重视对一个人的性情和精神风骨的涵养。正如吴良镛先生提出的，中国文人儒士规划的城市绝不可能忽略了山水，在规划立意之初，山水意识早已是“胸中自有丘壑”了。

3. 地方传统与家园情感

如果说信仰体系落实了“中国之所以为中国”的整体凝聚性，那么地方传统和家园情感则更倾向于表达民间生活习俗和中国不同地域范畴的地方凝聚性。它主要表现在以下几个方面：首先，地方传统具有民间色彩。它以“乡土”视角来进行人文探索。

---

[1] 南怀瑾. 论语别裁 [M]. 上海：复旦大学出版社. 2005.

一方面，地方传统是主流价值观的坚守和支撑，是儒、释、道信仰的地方落实，例如对儒士圣人的纪念，对家族伦理的继承等；另一方面，地方传统反映出民间百姓的文化态度和精神寄托，例如对城隍、邑厉的敬畏，对神话传说的娓娓道来，对“万善同归”的追求等。当然，地方传统在建构其地域属性的同时，仍然依属于本土共通的价值观和文化背景。其次，地方传统依赖于地方自然环境，反映地域自有的特征。它以人类生存生活的基本需求为导向，更倾向于表达人在聚居环境中所受到的地域影响，因此可理解为“生存生活的文化”。例如韩城地区处于黄河沿岸边地，对黄河极为重视，因此建有大量河神庙、大禹庙。再如韩城作为“边地县境”，承担着重要的军事防御功能，因此修建有大量关帝庙，以求庇护。此外，地域内部的自然环境、气候特征和当地习惯都直接影响着建筑风格、空间形式等。最后，地方传统表现出强烈的家园情感，承载着乡土邑人对故土的责任和热爱。这种情感在人类聚居的地域空间中产生了深层的凝聚性，突出了地方人居环境的差异性和标志性，进而满足了人类心灵的归宿感。

5.4.3 人文视角下的本土人居环境营造观念

以“人”的意义为出发点，以人文途径来探索宇宙世界、认识“自然与人”，进而指导人类的生存生活，是中国本土的重要传统。这一传统渗透在政治、军事、文化、商业、艺术，中医、饮食、体育等诸多方面，同时也成为了本土人居环境营造的重要线索。

1. 本土人居环境的“治世观”

在中国哲学文化发展历程中，无论是易学开首、诸子百家，还是“儒、释、道”思想，都是主动自觉将人类的生存发展作为经学研究的首要任务，虽然存在着“出世”或“入世”的不同表现，但其思想内涵都是本着“治世救人”的使命。古代的先贤圣人“为天地立心，为生民立命，为往圣继绝学，为万世开太平”[1]。这种强大而真实的责任意识，使得本土价值观不同于西方，自初就带有“治国”、“营国”的强烈使命和现实意义。本土人居环境营造，正是基于这样的背景予以展开的。

[1] 北宋思想家张载名言。

2. 本土人居环境的“时空观”

本土任何一种哲学体系都在寻求“人对外在的认识”。“外在”即是一个基于环境的，关于“宇宙”“世界”“天地”的空间观念。同时，这个空间还具有辩证意义的运动性和变化性，“空间”和“时间”紧密联系在一起，呈现出生命体系的、持续发展的、动态的整体性。例如在儒家看来，创造生命世界与安排人的生活是统一的。方东美提到：儒家“把整个宇宙的秘密，人生过程展开在时间的变化、发展、创造、兴起中”。“儒家若不能把握时间的秘密，把一切世间真相、人生的真相在时间的历程中展现开来，使它成为一个创造过程，则儒家的精神就没有了。”[1]这便有了对趋向于理想的“境界”的追求。儒家的社会“大同”与个人“成圣”，道家的“和谐”“得道”与“归真”，甚至佛家的“看破”，都使得本土人居环境营造更愿意去经营创造出一个具有理想境界的时空对象。“时空”成为体达“真理”，提升“境界”的重要舞台。

3. 本土人居环境的“道德观”

笔者认为，“理性支持的道德文化”构成了中国文化的核心价值。道德绝不仅仅是人对更高素养的追求，是“天”和“人”都赖以生存的根本保障之“理”。先贤圣人们一直以“寻找真理”作为确立思想的基本前提，并且这种“真理”逃脱不出“生命价值”的印迹。尽管本土不同的哲学体系具有不同的定位基础和认识途径，但都基于一个共同的前提，即“道、德合一”。“道”是自然世界的运行法则，“德”可以理解为为人处事的基本原则。生命的真理就是“道”，“道”反馈于人本体即是“德”。“道、德”是相互影响，统一并行，密不可分的共同体。例如孔子将果核称为果仁，在他看来，“仁”的本质已经上升为纯然至真的状态与生命发端的核心。基于这种认识，“精神的灌注”就成为了本土聚居环境优劣的重要标志。清末进士陈善同曾专门论及城市建设：“一邑之有建设也，犹人身之有知觉运动也。人身无知觉运动则死，一邑无建设则庶事废驰，民物之生存几乎息矣。顾建设，形式也。形式必有精神贯注其中，而后效用乃出。若徒取形式而已，则亦犹人失其为人之理，具此五官四肢，徒解知觉运动，究何贵哉？吾志建设，吾愿言建设者，进求之于精神之地，毋徒拘于形式之间

[1] 蒋国保. 方东美论儒释道会通 [J]. 中国社会科学院研究生院学报，2010（03）：54.

也。”[1] 人居环境的评价标准很大程度上取决于化育人文、生发人才的能力。环境的优美舒适与经济的繁荣昌盛都是伴随着人文的鼎盛一并统筹的。这样，就不难理解本土人居环境缘何要费尽心思地化育人文，孕育道德精神氛围，如此众多的神宇祠庙承载着历史环境下，人们对于道德的寄托，对于生命价值的认识。同理，君子儒士们也将“道德境界”与“生命理想”放置在“天地自然”之间，而非人本体之上。

4. 本土人居环境的“天人观”

如果说“道、德合一”是中国哲学认识论的根本，那么“天、人合一”则是中国哲学实践论的根本。“道德合一”与“天人合一”在本质上是相通的。“天”的意义更倾向于一种生命价值，“人”的意义则更多地体现出一种文明价值。繁盛的自然生命世界孕育了人，“人”首先是宇宙世界的生命精华，而后创造了高度的人类文明。基于这种认识，本土人居环境营造推演出两个基本原则：“自然生命场所的繁盛”与“人文精神氛围的化育”。“天人合一”在人居环境中的重要意义就是上述二者是相互影响、相互扶持、统一并行、密不可分的共同体。“西方著名学者海德格尔强调发掘人的生存智慧，调整人与自然的关系，纠正人在天地间被错置了的位置，主张在完善天人关系的同时也完善人类自身。他认为，重整破碎的自然和重建衰败的人文精神二者完全是一致的，并把希望寄托在文艺上，认定这种最高境界是人在自然大地上‘诗意地栖居’。”[2] 所以古代思想家往往将生命场所的繁荣归际于人文化育的昌盛，将人文精神的兴华定位在自然生命的盎然生机中。张士佩《芝川镇城门楼记》载：“是城也，当初筑时，一堪舆者登麓而眺，惊曰：‘芝川城塞韩谷口，犹骊龙口衔珠，珠将生辉，人文后必萃映。’迩岁科第源源，果付堪舆者之言，人未尝不叹。是城武备而文荫也。”[3] 可见，勾画出一个充满蓬勃生机的自然天地，与经营出一番充斥着人文精神的文明社会，不仅不是矛盾的，更是相得益彰，相互映衬的。当然，在本土人居环境营造的具体实践中，由于经营者的身份不同，自然与人文的侧重也不一样。在主流价值观下，儒士文人对于环境营造的把握更倾向于以“人文精神的化育”为

---

[1] 王树声．中国本土城市规划的历史经验 [R]．2013 年中国城市规划年会会议报告．

[2] 曹林娣．中国园林文化 [M]．北京：中国建筑工业出版社，2005：437．

[3] 明万历《韩城县志》卷八“艺文”。

切入点，进而引导生命场所的繁华。在登临山水、感怀天地境界后，他们首先希望人居环境成为“高尚”的具备“德”的地方，进而成为“繁荣富庶”的地方，即“人杰而后地灵”。这种认识更多反映了儒生的理想意义。在地方和民间价值观下，经营者往往首先通过对自然山水中的生命现象的观察和体悟，赋予人文意义，总结归纳出一定的规律和道理、法式和模型（风水学说），从而促使人居环境呈现出一种生命意象，进而为孕育人才提供土壤，即“地灵而后人杰”。这种认识更多反映了历史环境下民众对于生存的“现实意义”。但无论如何，自然生命的昌华和人文精神的荫翠被扎实地捆绑在一起，自然在镌刻人文烙印后迸发生机和意境，人文通过自然得以更好地宣化和发扬。这种“人文生态”观是本土人居环境设计的精髓要义，同时也奠定了中国美学的基础。

5.5　传承性与发展性

传承性反映出相对静态的、持续的、坚守的稳定存在意象。发展性则具有动态的、变革的、创新的状态特征。表面上看，二者呈现出相互对立的关系。但在本土环境下，传承性与发展性则是相互依存的。中国人往往认为：事物的发展并不在于无端的、突然的、关乎整体系统与格局的、面目全非的重新组合，而应当是循序渐进的，遵循着固持不变的道理，在量变向质变的推进过程中，有因有源的、关照过往的、连续的、整体的、会通的“生长”历程。也就是说，正是有了传承性的前因，才成就了发展性的结果。而对于“发展”的机能认知，也并不停留在单一的物质本体上，更倾向于不同物质、要素方面，在满足共同价值和意义基础上的相互之间积极的、辩证的作用成果。

本土人居环境中，传承性与发展性的辩证关系具体表现在以下几个方面：

第一，所谓“万变不离其宗”，本土营造长期遵循着一个持守不变的“道”，沿传千年，执着不已。这个“道”从未脱离“人”的印迹。换句话说，本土人居环境从来都是以“人”的物质性、精神性的全面的、成长的生命需求为核心价值的，未有更变。这个不变的、传承的“道”，即是发展变革的基础。

第二，化育人文、承载精神信仰是本土人居环境特有的长期传统。中国的文化建构和信仰建构，自始就定位在关乎“人与自然”和谐统一的深层根源和本质意义上，因此就具有了一种发展的潜力。事实上，本土文化一直处于不断继承和不断发展的状态中。传承与发展的意义就在于：用历史的文化线索来建构符合当代现实的文化体系，并在人居环境营造中阐释这种内涵，彰显这一精神。

第三，本土“发展观”从来都不是牺牲某一方面，来获取另一方面的进步，而是追求各个方面相互扶持、相互提升的圆满、中和与大同境界。人与自然是密不可分的整体，技术的进步、人类的发展不应也不能以牺牲自然环境为前提。人居环境营造，正是基于自然、人、社会、聚居、支撑网络这五个方面的相互影响、相互作用、相互映衬，进而寻求共同、整体的发展途径。

第四，本土营造轻建筑，重环境，意在形成一种空间格局，这一格局反映出生活的、生产的、文化的、精神的有机秩序。这一秩序体现出生命价值的发展动力。在不同历史时代的人居环境中，从功能需求到自然、轴线、构架、标志、群域、边界、景致等设计构成要素，单一的某一方面皆有可能变化，但皆形成了强烈集结的、围绕核心的整体空间格局。

第五，尽管存在短期的调整，但整体上看，本土人居环境并不是在大拆大建中形成的，而是一个长期的、逐渐积累的过程。在不同的历史时代，由于人们继承和秉持着共同的文化价值观，进而形成了持续发展的、不断充实的完整脉络。

小结：本土人居环境营造，存在着一套“中国自有”的，并且是“古已有之”的方法与智慧。这已达成学界共识。基于这个前提，本章以韩城地区为研究对象，将晋陕黄河流域、县域、聚落、风景与建筑等不同的环境层面结合起来，通过一个整体的人居系统来梳理本土“规划设计”的实践方法。由此提出，本土营造不仅反映在“自然、轴线、构架、标志、群域、边界”等设计构成要素的具象表现和外在形式上，其空间形态的背后自有一番“道理”的牵制和约束。“设计者”显然更为关注不同要素相互统筹而建立的关系、秩序、逻辑，以此呈现出一种超越物质的关切生命意义和价值的辩证“状态”。从这样的视角切入，总结归纳出本土营造意欲表达的五种状态以及相对应的表现形式：

第一，整体性、个体性与层次性。通过山水聚居模式、骨脉结构模式的研究，来证明不同环境尺度和层面，具有相对统一的设计表达意向。一方面成就了既定范畴人居环境的“个体”完善，另一方面，又将不同层面统筹起来，相互影响，相互决定，形成连续贯通的“层次”，进而建构一个向内、外延伸的，宏观与微观相结合的，彼此交织渗透的，全面的有机“整体”。

第二，关键性、核心性与基础性。本土人居营造之要义在于以“人”的真实关切为出发点，将人居环境中“最关紧要”的内容提炼出来，形成一种具有秩序的定位系统——标志体系与核心发散模式。这一系统具有向心围合凝聚，向外延展发散，支撑统领整体，孕育生机，承载和阐释其内在精神内涵等重要意义，因此成为了极具本土智慧的规划设计方略。“关键性”与“核心性”通过“基础性”衬托出来，“基础性”则表现为一种具有内在结构关系的群域肌理。

第三，独立性与关联性、对立性与统一性。通过建筑与环境的关系、图景关系、轴线关系、边界关系等角度的研究，来阐释本土人居营造在不同要素、不同时空维度、不同范畴下，既能“独善其身”，又能“兼济彼此”“整合统一”的状态表现。最终不仅呈现出强烈的地方特质，也留存了本土共通的凝聚意象。

第四，自然性与人文性。通过对本土文化观和价值观的深层解读，明晰自然性与人文性在传统人居理念中相趋同、相呼应的哲学根源，由此反映出人文探索在人居设计中的核心意义与凝聚价值。本土“规划设计”不仅是空间、形式的艺术表达，更是集治世观、时空观、道德观、天人观于一体的“科学求真、人文求善、艺术求美”的综合展现。

第五，传承性与发展性。传承与发展是相互依存的共同表现。本土营造，长期传承了一种精神、一种秩序、一种逻辑、一脉历程和一个关乎生命的“道”。这一精神、秩序、逻辑、历程和“道”的内在组构随着时代的演进，具有不断发展的无限潜力。其发展的根源在于本土文化价值的理性高度与深度，其发展的机能则体现在不同内容、要素方面相互关照、相互作用的真实“生长”。

6　县域人居环境营造的实践途径

所谓“实践途径”，是指本土县域人居环境的规划、设计和建设是如何实施的，依存于什么样的人员结构和支撑机制，不同建设“群体”发挥着怎样的作用，遵循哪些原则，反映哪些特点等。

6.1　县域建设“群体”和组织结构

韩城县域传统人居环境的营造，虽然并非出自现代意义的明确的“规划设计”概念，却自有其从上至下和从下至上的运行机制和人员结构。总体而言，“参与者”主要包括：知县、风水师（堪舆者）、文人士大夫、宗族乡绅、宗教人员、工匠、民众等诸多群体。其中，知县作为“一县之长”，承担着县域发展建设在政治、军事、文化、经济、生态等多方面的官方决策与综合把控；宗族乡绅是乡土地域内部物质建设与文化建设的倡导者和发起人；文人士大夫、风水师（堪舆者）、匠人则是县域人居环境营造在“规划设计”层面的中坚力量；民众是县域建设的支撑。

当然，这种“分工协作”并不是绝对的，如知县作为文士阶层，常常直接参与“设计”。地方文人和乡土邑人也是县域建设的重要发起人。由于不同社会群体皆饱含着家园建设的高度责任感，在“一人”发起，“数人”商讨后，“众人”建设便如火如荼地展开：

宋代尹阳《修太史祠记》载：“……予咨嗟而致式之因，低徊周览，则栋宇甚倾颓，阶所甚卑坏，埏隧甚荒芜，惟是享尝缺然不至。予乃愀然发喟，属诸耆老而告之曰：……而冢庙卑痺如此，其不称公之辞与学也甚矣，犹不为邦人之耻欤？予乃率芝川之民，择其淑慧而好事者，凡一楹一桷至于瓦甓门疏之用，悉以资之即公之墓……”[1]

---

[1] 明万历《韩城县志》卷八“艺文”。

元代王鹗《龙门建极宫记》载："……今道者姜公其人也，公名善信，河东赵城人，年十有九，挺身道流……一日语及禹门神祀因兵而毁，惜无为经画者。时公侍侧，乃潜有兴复之志。师亡，公即抵其所，陋其旧制而将益之。鸠众议工……公精诚感发，助役者多自负所食，不远千里，欣欣跃跃，若神使然。肇基丙午而落成……"❶

清代左懋第《重修东门记》载："忆流贼发难，自万历乙卯岁始，嗣后间一入寇，至崇正三年春正月大肆猖獗，控弦驰马约千数，直抵韩城下……五年毒蔓曰滋，无月不报，惊韩民其旰食乎。维时城矮堞颓，不堪保障，前任诸明公奉两院明文酌之，乡士大夫变易空闲余地，供缮城之需，而役未终。是年冬，余莅兹土，目击东西门之朽敝，韩之忧尚未歇也。且东门生气所发，关阖县风运，更宜崇隆，于是鸠工庀材，扩旧制而增之高，不三月而竣其事……"❷

清代解含章《重修学宫记》载："……岁丙子霖雨，台崩阁倾，沔县黄先生秉铎于此，顾而伤之，更观明伦堂东西两斋渐就颓圮，且斋积秽浊，名宦祠摧折破坏，急思修理，就县令福公言之。公慨然许诺，募邑中绅士，莫不欢欣踊跃，乐输助工，筑台固基，重建尊经阁……"❸

根据上述记载，县域建设的营造历程展现若干特点：第一，建设"项目"多为公共性质，对县域发展、民众生活起到关键作用，产生重要影响；第二，官方"项目"，自有官方资金投入，而大量地方自建工程，资金则来源于文人、士人、乡绅、商人等相对富裕阶层的集体募捐；第三，"发起人"的德行、威望、素养与能力是推动建设落实的关键凝聚；第四，县域建设发挥着诸多社会群体的客观"能力"和"设计"智慧，并不局限于社会"角色"本身的定位。

总体而言，韩城传统县域人居环境营造，更倾向于集合社会广大力量的、有序进行的、自成体系的人居活动。"规划设计"是隐含在不同群体的整体性导向与阶段性把控中综合实现的：

首先，县域人居环境并不是单一"设计行业"或群体的个体创造，而是集合了"治世"使命与"乡土"情怀的不同社会角色、职能的共同成果。上至"一县之长"，下至"黎民百姓"，均发挥

❶ 清嘉庆《韩城县志》卷十"艺文·序·记"。
❷ 清嘉庆《韩城县志》卷十一"记颂"。
❸ 清嘉庆《韩城县志》卷十三"碑记"。

着基于营造设计的“积极性”“参与性”和“创造性”。

其次，在县域建设中，不同社会角色的“参与性”和“创造性”，立足于不同层面的规划设计环节（图 6-1）。正因为古代并未形成独立的“规划设计”专业和群体，反而发挥了不同行业对于“规划设计”的特有贡献（表 6-1）。如知县针对整体层面进行综合把控，堪舆家针对山水环境层面实施“定位”，文人士大夫在规划设计层面植入“灵魂”，工匠实施建设层面的布局、形式、空间落实，民众则承担着地域乡土聚居的具体功能与文化传承等。营造历程贯穿于从上至下的每个层面，设计智慧在不同环节皆有发挥。

最后，虽然不同社会角色所行使的“设计”职能具有针对性和独立性，却并不妨碍其整体性、统一性、融合性的呈现。首先，不同设计“群体”的建设职能具有一定程度的兼容性。如“循吏经营”与“文人创造”皆含有关乎风水堪舆的“环境形势意识”，风水师亦承担着文化内涵和精神意象传达的责任和使命，工匠中也不乏大量“舍其手艺，专其心智”的哲匠。其次，作为规划设计的主控力量，士人阶层和文人阶层本身即是“通才”，他们不仅具有一定的规划设计素养，还发挥着综合全盘、整体把控的全局作用。最后，关于“规划设计”的能力和素养，之所以能够在不同社会群体中流传开来，得源于传统中国共同的“道”——将“人与自然”架构在文化层面和艺术层面的深度融合中，它是人居环境营造在不同环节有机融合，呈现高度统一的凝聚核心。

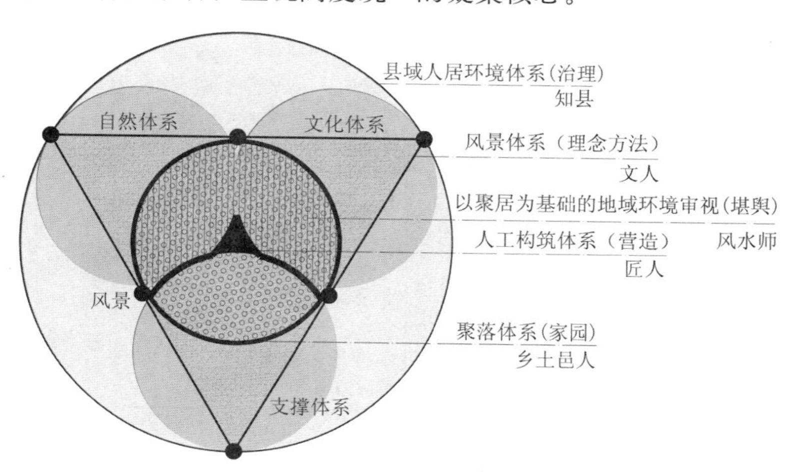

图 6-1　县域人居环境营造的职能分工
（图片来源：作者绘制）

县域人居环境营造的“群体”和“职能” 表 6–1

建设人员	知县	文人士大夫	风水师	匠人	乡土邑人
规划设计角度	循吏治理	理念与情感表达的本能与创作乐趣	“自然生命立场”下的环境研究	人工构筑	“家园”建设
针对性职能	县域聚居“治理层面”的功能内容 治、祀、教、市、居、通、防、储、旌、游等	风景营造与宅园设计	堪舆相地	营造技艺	“家园”聚居需求的完善
具体功能作用	综合性、“针对性”地决策县域建设的开拓、定基、立址、功能内容和基础设施，把控方向，初步构建人居环境营造的框架	文人士大夫确立了人居环境规划设计的基本原则和理念——“载道”	审视县域山水环境，通过“特定”的认知态度，培补、改善、加强、凸显自然的形式风貌和文化意义	形成一套关乎结构、材料、施工方式、美学表达等的方法体系	县域建设的重要发起人和倡导者
	控制县域建设的标准、规模、结构，延承县域建设的官方“定式”、制度、传统等，实现地方人居环境的整体性、共通性、传承性	文人士大夫创造了人居环境规划设计的基本方法	梳理山水环境的同时，建构与聚居的特定关系，为重要的聚落和建筑选址，进而创造或改善其“形局”	融入本土和自有的艺术灵感，把控规模尺度、规划布局、组织院落、设计形体和空间等	县域人居环境建设的重要力量
	统筹县域建设的申报审批机制、人力资源、资金配给、督工计料、工程进度等，为县域人居环境营造提供坚强后盾和有力支持	发掘风景、创造文化景观与县域风景体系	确立人居环境中一些特定建筑的空间位置，进而构筑乡土文化格局	承担着具体营建的繁复内容，如管理组织、指挥调度、进程安排、与上级部门沟通汇报等	本土宗教人士亦为县域建设做出贡献
	直接参与县域重大工程项目的规划设计	在人居环境规划设计的理论层面进行总结和提升	对已建成的人居环境提出问题，给予具体指导，确立解决方案	建设落实	
人居环境涵盖内容	（县域层面）自然、聚居、支撑、文化、风景	自然、文化、风景	自然、聚居、文化	聚居、支撑	（“家园”层面）自然、聚居、支撑、文化、风景

续表

建设人员	知县	文人士大夫	风水师	匠人	乡土邑人
规划设计层面	全局整体层面	核心价值观层面与风景层面	特定视角下的聚居环境层面	人工构筑层面	地域“家园”层面
规划设计“关键”	以自然环境为基础，对“标志地段”的客观功能进行发掘、利用、改善	“标志点”的寻胜发掘	确立和改善风水形局	体现建筑在群域基础上的“标志性”塑造	“精神家园”的维系和传统继承
规划设计目标	整体框架与功能结构的完善以及重点关键内容、位置的复合属性	人与自然相互成就，相得益彰下的意境效果	“生命气象”与“地域精神成果”	“固基”“立势”“成境”“贯气”等艺术感知	“人因地而杰”“地因人而灵”

资料来源：作者根据资料整理绘制。

6.2 县域建设职能与分工

6.2.1 知县——县域治理和建设的“守土者”

县域人居环境营造是县域治理的重要内容。知县作为“一县之长”，乡野地域的“守土者”，承担着全局视野下，“决策性”“统领性”“关键性”的县域建设使命。根据史料记载，大量韩城地方知县在人居环境营造中贡献卓著，尤以明清时期为甚，如西晋汉阳太守殷济，唐代西韩州治中云德臣，宋代县令尹阳，明代知县周吉诚、全文、王应选、刘泮、左懋第、石凤台、全侯、马攀龙、马春芳、李简，清代知县杨鉴、刘方夏、傅应奎、康行僴、王廷选、翟世琪等[1]，他们在规划设计中所发挥的作用是最为全面、整合、深远以及客观理性的：

第一，知县在“县域治理”的全局视野下，“综合性”“针对性”地决策县域建设的开拓、定基、立址、功能内容和基础设施，把控方向，初步构建人居环境营造的框架。安全保障是“治县”的基础：知县须考量自然环境的聚居适宜性并进行合理的“生存选择”与改善。还须确立军事防御功能，构筑县域防御体系和设施。民众生息是“治县”的根本：百姓聚居、农耕田产、道路邮驿、救济震灾、工商业发展等相关内容均为知县必察要务。政权的实施

[1] 清嘉庆《韩城县志》卷四“文官表·循吏”。

是“治县”的官方责任，包括：县域疆理划分、政策传达、赋税收缴、政权的核心设置、全面覆盖、机构建设、乡土统筹等内容。教化的“立”与“兴”是“治县”的人文使命，包括：信仰推行、教育发展、官方祭祀活动和地方传统习俗的落实等。在保平安、便民生、施政权、兴教化的县域治理需求下，知县不仅确立了“治、祀、教、市、居、通、防、储、旌、游”等多项人居功能，还将这些功能相互统筹，因时变通，巧妙而富于针对性地落实将以自然和人工构筑相统一的人居环境规划设计中。以明代嘉靖年间，韩城知县全侯倡修芝川城为例，（明）韩邦奇在《芝川镇城记》中载：“韩城全候役民而民乐趋之，其处之有共道，感之有共素，可知矣。嘉靖壬寅以来，屡患兵戈，凭陵郡县两掠太原，极其滳毒，归正人屡言复欲下平阳，掠蒲坂，渡河入陕。韩城邻平阳，止隔一水，芝川巨镇东与河距，候乃筑城浚隍以遏其冲，沿河筑墩台以便瞭望，增厚县城以图固守，其役可谓繁且大矣，闻候之始建。……侯讳文，贵州都匀人，起家乡进士。”[1]芝川城首先立址于县域特殊的“形胜要地”，因军事战略的防御需要而建，又是东渡黄河的重要交通节点，后期逐渐发展成为韩城县域重要的次级核心聚落、商业中心以及文化重镇。芝川之所以能够成为集防御、交通、聚居、商业、文化等多功能于一体的“古韩雄镇”，首先得益于知县全侯的整体视野、全局把控、综合考量、关键选择、合理设置，“守土者”的学养智慧凸显了县域人居环境营造的“规划”价值和“设计”意义。

第二，知县控制县域建设的标准、规模、结构，延承县域建设的官方“定式”、制度、传统等，实现地方人居环境的整体性、共通性、传承性。县域人居环境总是以整体性凸显地域的独特性和差异性，同时确立完善国家层面的统一融合，其背后必有共通的文化与传统。知县是地方建设中，控制实现这种“整体”和“共通”的第一人。具体来说：首先，知县确立地方建设的“共同内容”。这些内容虽仅限于“公共的”官方营建，却涉及执掌一县“命脉”的重要职能，这些职能在物质层面和精神层面实现了国家的统一。其次，知县确立“重要建筑”与环境形成的“结构定式”，限制营建的等级规制、限制私人第宅的“过分自由”，控制县域建设的整体性，实现县域基本人居格局的形成。最后，知县延承县

[1] 明万历《韩城县志》卷八“艺文”。

域建设的固有制度和传统，持续完善县域建设的均衡，填补县域建设的缺失。《韩城县旧志》载："……嘉靖二十一年，知县全文剏四门月城，厥后去焉，至今人念之不置。隍外为郭，南郭台门知县王应选剏之，西郭则县丞刘泮也，东郭则邑民成之，北郭民居蓰于三关，里闬蕃衍，道路多岐，关门以此尚有待云。"另载："……明嘉靖二十一年，知县全文创四门月城，后废。崇祯三年，甃上下各三尺，遇雨辄崩。五年，知县左懋第新西关门楼，更名曰：望甸。十三年，大学士薛国观特疏于朝而捐甃焉，知县石凤台首捐，甃敌台者二，荐绅以次竣工，更题其门，东曰：黄河东带，西曰梁奕西襟，南曰：溥彼韩城，北曰：龙门盛地。本朝雍正七年，知县刘方夏修筑重葺四门楼，鼓楼在县前……"[1]韩城作为河西边陲重地，向来承担着军事防御职能，"筑城"和"修城"已然成为历任知县持续坚守，并最终达成完善的传统和责任。《韩城县志》另载："号萝石尝讲学其地祠右书院，因以命名，历年久远，尽行颓废，至乾隆五十二年，县令傅应奎重修少梁书院，在县南二十二里芝川镇城内。初康熙间县令康行僴建义学五所，城中文庙一，东司一，城外左公祠一，芝川一，昝村一。雍正八年，邑令刘方夏建社学三所，邑城芝川昝村各一，岁月既久，尽行颓废。乾隆五十二年，县令傅应奎重修萝石书院，创建汪平书院，以芝川系韩邑首镇旧有芝阳书院在镇城南门外，颓废无存，公改建于城内，且倡众捐金八百余两，生息为诸生延师束修之资，易名曰少梁书院。"[2]韩城地方教育的蓬勃发展，同样得益于历任知县的"办学"传统。此外，自西晋汉阳太守殷济首筑司马迁祠后，宋代县令尹阳，明代知县李简，清代知县康行僴、翟世琪等大量"县官"，皆持续修缮扩建司马迁祠墓，将其固定成为韩城地方建设的传统。总之，"守土者"承担着县域建设在国家层面与地域层面之间的过渡联系，体现了县域人居环境营造的"规划"责任和"设计"使命。

第三，知县统筹县域建设的申报审批机制、人力资源、资金配给、督工计料、工程进度等，为县域人居环境营造提供坚强的后盾和有力的支持。首先，县域建设中，涉及官方重要内容，知县需报请上层省、府、州，甚至中央批准。或者鉴于地方建设的

---

[1] 清嘉庆《韩城县志》卷二"城池"。

[2] 清嘉庆《韩城县志》卷二"学校"。

特殊情况，不得不“突破”某些律令，也需知县首先上报申请。例如崇祯十三年，韩城重修城池，一改土城为砖城，正是鉴于军事战乱、兵匪荼毒的特殊情况，在上报奏请后，得以实施的。其次，知县作为县域建设的负责人，须统筹控制工程进展的不同环节，从支给资金、人员安排到“定制样式”、工程用料，虽有不同层面的具体负责人，仍需知县统一调度，并最终“拍板”决策。最后，知县具有官方权威性和律令强制性，因此承担着县域建设的监督权和审验权。上述内容虽并未涉及县域人居环境的具体“规划设计”，但体现了“守土者”在县域建设中的控制力。

第四，知县直接参与县域重大工程项目的规划设计。在中国古代传统人居环境中，大量循吏不仅以“父母官”的身份，在地方建设中发挥导控全局的作用，更以“文人士大夫”的身份，直接参与县域重大工程建设，如“修城”“治水”“广构祠祀”等，他们不仅深入一线，凝聚和带动着地方民众的建设热情，其学养和智慧更表现出了“规划设计”的重要意义。除了上述提到的韩城历任知县修缮城池、办学建校、扩建司马迁祠外，仍有大量事迹：唐代西韩州治中云德臣，率百姓自龙门修渠引黄河水灌田。明代知县马攀龙带领民众疏导澽水灌田。知县左懋第重修县城东西门、子夏庙、白居易祠。清代县令康行僴更是参与大量工程的规划设计，《韩城县志》载：“……明府名行僴，字锷霜，号韬园，甲戌进士，晋安邑世家。其在韩也，砌司马太史之塚，新少傅香山之祠，重建圆觉禅院之浮图，特起萝石左公之书院，暨今苏山一举，殆庶几于古良吏之遗风矣……”[1]（这些知县的具体规划设计，在“文人士大夫的建设职能”部分将进行详述）总之，“守土者”还在具体建设中，植入规划理念，渗透设计灵魂，发挥统领作用。

6.2.2 风水师——确立县域人居环境“空间形局”和乡土文化格局的“相地者”

风水师所掌握的风水学说，用以“针对性”地解读、建构自然山水环境与聚居的“特定”关系。这一“关系”在一定程度上具有基于自然规律的客观认识、相对理性的人居功能考量、文化层面的“特色”解读以及艺术层面的“空间设计”指导性。当然，

[1] 康乃心《重修汉典属国苏子卿祠》，清嘉庆《韩城县志》卷十三“碑记”。

同时也夹杂着“非科学”性、非理性甚至迷信的内容。但无论如何，相对于其他社会角色，风水师作为“相地者”对于自然山水环境与聚居的关系解读较为深入，具有体系性和“专业性”，进而在传统人居环境“规划设计”中，在不同层面发挥着不可替代的重要作用和深远影响：

第一，风水师审视县域山水环境，通过“特定”的认知态度，培补、改善、加强、凸显自然的形式风貌和文化意义。如冷崇（金）在《创建文星塔记》中载：“盖惟宇内有其不及者，而培补需焉。炼石培天，断鳌培地，修斧培月，六月息培风，其不经矣。至若结绳培之书契，羽皮培之衣冠，巢窟培之宫室，狉獉培之礼乐文章，诸凡圣君贤相创制显庸，大而天经地纬，小而物曲人官，率皆乘时度势，以培补其不及。易云：裁成辅相，此物此志也，而于形胜何独不然哉？盖从来奥境名区，天工居其半，人巧亦居其半。昔古公之荒高山也，乃眷西顾，此惟与宅咏自皇矣。而次章曰：作之屏之，修之平之，启之辟之，攘之剔之，则知人力之培补为不可少云。韩故古雍州域地，龙发自西北三岭山，层峦叠嶂，透迤曲折百余里，而邑治适当其落，背枕磅礴之峰，面铺玉尺之案，龙虎环抱，左右均匀，况又黄流东绕，畅谷、陶渠诸水漩洄，诚关中第一佳胜，共称为地造天设者也。我世宗宪皇帝御极元年，分府杨公摄县篆，浏览韩邑山水，不胜额喜，第巽峰微不耸拔，议建一浮屠培补之。上塑魁星，北建文昌庙，而大工未克程也，嗣华阳向公成厥志，谕众僦捐，庀材鸠工，始甲辰之四月，迄丙午乃告竣……”[1]文中特别强调了在“乘时度势”的基础上，“以培补其不及”的核心意义。韩城文星塔正是基于“巽峰微不耸拔”的认识而进行的环境“培补”，其本身的“建筑意义”倒在其次了。风水师首先体验、研究、发掘自然山水的“时势”，在顺应“时势”的基础上，以看似“微观”的改造方式，直接触动自然形势的核心部分，进而达到进一步改观整体格局的妙意。因此，“对自然形势的认知”和“改造方式”体现了“相地者”在人居环境规划设计中的重要价值。

第二，风水师在梳理山水环境的同时，建构与聚居的特定关系，为重要的聚落和建筑选址，进而创造或改善其“形局”。正是基于自然山水的“审势”，堪舆者首先既定了聚居得以“兴旺”的理想

[1] 清嘉庆《韩城县志》卷十三“碑记”。

环境格局，并以此为原则，在县域环境中为重要聚落和建筑“选址”，进而落实聚居的“形局”。当然，很多情况下，聚落位置受到政治、军事、交通、商业等因素的客观影响，先于堪舆“判定”而存在，风水师则需根据已有的“山、城、水”关系，进行一定的要素选择，并赋予文化意义，创造出理想的风水格局。如《韩城县续志》中对县城的形势描述为：“西枕梁麓，千岩竞秀；北峙龙门，九曲奔流。诸水襟带其前，大河朝宗于外，崇峦峻岭回环迭抱，封域宅中地造天设，登高而望之，如织如绣，郁郁葱葱，声名文物之盛雄于西京，非偶然也。”[1]前人在《芝川镇城门楼记》中对芝川古城的形势描述为：“……是城也，当初筑时，一堪舆者登麓眺，惊曰：‘芝川城塞韩溪口，犹骊龙口衔珠，珠将生辉，人文后必萃映。’迩岁科第源源，果符堪舆者之言，人未尝不叹是城武备而文荫也。今侯创楼城，视昔峻丽百倍，是益光大其珠，欲显硕人文为济济继也……”[2]郭宗傅在《重修司马公祠记》中，对司马迁祠的形势描述为：“……在韩城县芝川镇南陆北际，半岩之间……祠在墓前，东向，以墓东向故也。……北绕秀水，清涟有声，南距通衢，悬崖多栢。西北梁山层峦列座，东面黄河巨浸回澜，而公之墓祠中焉，盖胜概也……”[3]在实施韩城古县城、芝川古镇、司马迁祠等人工构筑时，对自然形势的审视、选择是奠定风水形局的基础。“选址”和创造聚居的“风水形局”体现了“相地者”在人居环境规划设计中的实践意义。

第三，风水师根据特定的“文化地理”认知，确立人居环境中一些特定建筑的空间位置，进而构筑乡土文化格局。风水学说的“象征”意义，不仅针对自然、人工构筑等实体要素和它们组构形成的“空间状态”，还关系到具体方位。《韩城县旧志》载：“县之大政在祀，而韩之祀典风云雷雨则坛于邑之巽域，社稷则坛于邑之乾域，邑厉则坛于邑之坎域，城隍则庙于邑之艮域，此皆建置也。”[4]王时敷在《重修韩城县厅堂记》中载：“……城在龙门之南，澽水之阳，县则居城乾位，离临康衢。”《韩城县志》载：“学宫初参错民居而迫隘，堪舆家叹之。邑民杨福厚以五十金易院二区，

[1] 清康熙《韩城县续志》卷二“形势”。
[2] 清嘉庆《韩城县志》卷十一“记颂”。
[3] 明万历《韩城县志》卷八“艺文”。
[4] 清嘉庆《韩城县志》卷二“祠祀”。

而广西南程爰以地五亩而扩，东北学基用是始成正大。”[1] 上述提到的“巽”“乾”“坎”“艮”等是风水学说中，针对方位的固有名词。以“乾”为例，“乾”所指代的方位是西北方。朱骏声在《说文通训定声》载：“达于上者谓之乾。凡上达者莫若气，天为积气，故乾为天。”[2] 衙署作为县域“核心中的核心”，与“乾”的意义相通，故“社稷则坛于邑之乾域”，即县城西北方。“乾”、衙署与“西北方”建立了整体的象征关联。县域重要的祭祀建筑，在风水师的一套认知体系中，赋予“特定”的象征含义，并置立于“特定”方位，进而构成了独特的空间格局和乡野自有的文化格局。当然，由于其中夹杂着非理性，甚至迷信成分，“特定建筑”处于“特定位置”所构成的“特定格局”，仅仅反映出“相地者”在人居环境规划设计中自有的文化态度和传统，并不具备真正意义上的科学性质。

第四，风水师还对已建成的人居环境提出问题，给予指导，确立解决方案。如解含章在《重修学宫记》中载：“……风水家言泮池、棂星门太低而俯，当填高数尺，昂首于前。乃高其地三尺许，泮池桥屹然高起，下设二眼，以使其固，四旁上下石条砌之，中植菡萏，养以文鳞，自桥至棂星门悉加崇高……”[3] 除去迷信成分，“相地者”依据风水学说，在文化层面和艺术层面，具体落实其经验甚至变相重塑不同尺度、不同对象关系的风水形局，确实对人居环境的规划设计起到了积极作用。

诚然，风水师及其风水学说的“精华性”与“糟粕性”并存，二者甚至相互融合，很难分离。古人对此早有认识，孙龙竹在《重修城垣四门楼铺舍记》中载：“……谓夫子深通堪舆家言，而余以为不然也。昔者汉代循良雉驯虎渡懋著奇勋，彼岂有异术哉？亦其德泽教化有以致之而已矣。修城，有司之责也。地脉虚渺，不可凭之事也。乃科第发祥，有若掺券，不先不后，适当其会。盖吏廉则士民乐，士民乐则百物昌，遂地气发皇，文明之运与时偕登。微长吏之德泽教化，亦乌能阴为转移，捷于影响如此哉？故曰理之所在，数亦从之也……”[4] 但这并不能否定堪舆者在人居环境规划设计中发挥的“积极”作用，其生态意识的建立、对自

---

[1] 清嘉庆《韩城县志》卷二“学校”。
[2] （清）朱骏声．说文通训定声[Z]．北京：中华书局，1984．
[3] 清嘉庆《韩城县志》卷十三“碑记”。
[4] 同[3]。

然资源的发掘和保护、对聚居和自然关系的把控以及对中国特有文化传统和艺术传统的发扬，都是值得借鉴甚至延承的。

6.2.3 文人士大夫——县域人居环境“规划设计”的“载道者”

传统中国文明，自有其海纳百川，“融”天地万物，“宗”四民各业，“贯”历史长河，进而上升至“真理”的对自然、人以及相互关系的推究、认识、体己和应用。文人士大夫阶层，作为古代社会的精英，正是在这种“真理”的教育下成长，并不断发展推拓出“新”的“真理”。他们是中国文明的传承者、推进者、创造者。反过来说，受之影响，古代人类的生存、生活、各种行为活动均试图不同程度地反映、落实这一“真理”——“载道”。“人文”和“自然”是中国文化命题之所在，在“文以载道”的同时，文士阶层还将“天地”“山水”作为“载道”对象，于是，经营人居环境就成为了文人士大夫的主观自觉和“载道”实践方式。

文人士大夫的社会角色，主要反映两种身份：一是循吏。前文已述，知县实施县域人居环境营造的整体把控与决策。对他们而言，“规划设计”是县域治理的重要内容，更是职责与使命所在。二是文人。这一群体不分“在朝”或“下野”，他们将“规划设计”作为自我表达、情感抒发、实现“天人”之“道”的创作乐趣。恰恰是这一“乐趣”，使其成为了传统人居环境规划设计在理念、实践方法以及理论研究方面的创始人。

除了前文提到的历任知县，韩城当地还有大量“名士”，如汉代董翳，明代薛瑄、薛国观、张士佩、刘永祚，清代刘荫枢、师彦公、贾宏祚、张廷枢等，他们中多数曾经“在朝”担任要职，隐退归乡后，以乡土“邑人”的身份，和“知县”一同作为县域人居环境规划设计的“载道者”，进行实践探索，发挥着“核心”价值：

第一，文人士大夫确立了人居环境规划设计的基本原则和理念——“载道”：“天道”“人道”“天人之道”。正因为对自然、人及相互关系的深入探索，儒士群体的创作目的反映在一种“文化认知”上：首先，自然是中国文化的生发根源，是承载人类生存、生活、心灵、信仰的根基。对自然的认识就是对“生命”的认识——此谓“天道”。正因为此，“登临山水”是文人规划设计的前提，“亲近自然”方能达成“虽由人作，宛自天成”的立意。其次，“化育人文”是“人”与人居环境得以蓬勃的推动力。道德精神的彰显、人生信仰和理想的实践、社会文明的发展、历史责任的传承、教育质量的落实、生命境界的提升、人之性情的凸显均得益于文化的兴盛——此谓“人道”。鉴于此，“彰显文化”是文人规划设计的重要目的，“朝其文”方能实现“人”在人居环境中得以“存在”的深层价值。最后，“天道”与“人道”是相通、相融的，二者相辅相成、相互成就、相得益彰、交相辉映，进而升华至更高的境界——此谓“天人之道”。“人”因“自然”而触发“性灵”，有了更深远的体察和关照，更崇高的精神与文华；“自然”因人而彰，有了更超凡的气质和美感，更深厚的底蕴和内涵。人居环境则因文人的规划设计，灌注了“天人之道”，进而抖擞精神，更具生命意象和直入心灵的精神意象，并实现了涵养地域乡土精神的“人杰地灵”的人居理想。

第二，文人士大夫创造了人居环境规划设计的基本方法——如何在天地、山水间经营出一个“蕴”自然之“意象”，“彰”道德之“文华”的人类聚居场所。《韩城县志》中有薛亨（明）《省溉效禊二亭记》，涉及县域中南部，以“濊水出山口”为核心向外延展的人居环境营造，特别详细地记载了在该环境背景下，知县（明）马攀龙对“柿园双亭”的风景发掘和建设(图 6-2)。以此为“案”，文人的规划设计大致展现了在时序逻辑上的几个步骤：①“马公

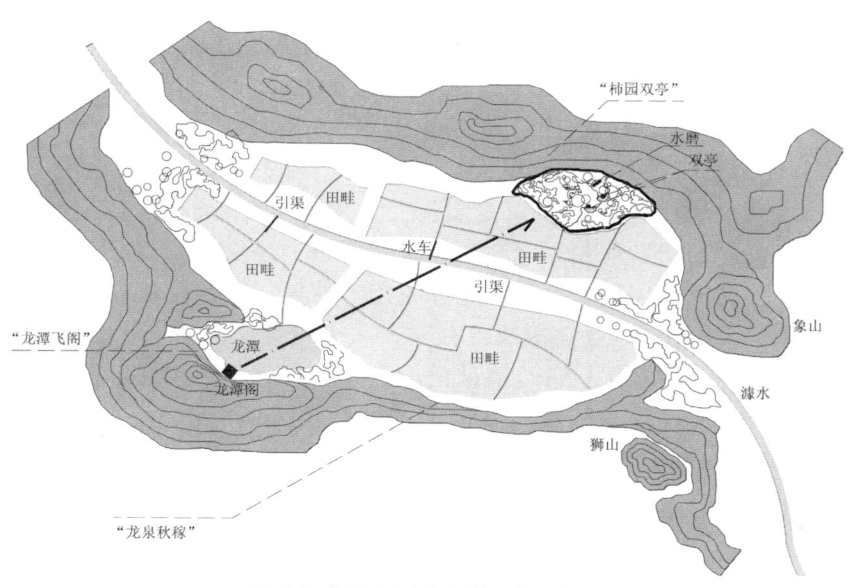

图 6-2 “柿园双亭”风景环境示意图
（图片来源：作者绘制）

修治渠，道德立民安”；②“登胜寻胜景，飞阁望柿园”；③“凿池营二亭，盘磨导经水”；④“潇洒念羲之，省溉效禊垂；双亭忧乐间，千古文胜韩”。它们分别针对人居环境营造的不同环节，表现出强烈的地域特色和中国特色。

1. “马公修治渠、道德立民安”——立旨、定基

1539～1543年，明代知县马攀龙自澽水上游白马滩至今县城东南的城固村，修渠31条，灌田5311.9亩，不仅满足了该区域引水灌田的生存需要，更改善形成了良好的宜居环境。“柿园双亭”则是围绕这一环境向外延展而进行的“二度”风景发掘和创造。建亭之要义并非在“亭”，它是文人“为生民立命”，“以天下为己任”的道德与精神承载。

2. “登胜寻胜景、飞阁望柿园”——寻胜、梳骨

马攀龙并没有随意选址进行建设，而是首先深入环境当中，试图寻求一块“独特”的“胜地”。“寻胜”之方式也颇为讲究：“公暇，延诸士大夫于岭南青龙阁，阁悬崖，俯瞰渠堰，分流如带，畦苗蓊郁，远达河滨，诚韩邑之奇观也。薄暮言旋，阁径崎岖，公眺河北柿园有茂荫可备游憩。”[1] 澽水南岸山岭峰处，已有“龙潭飞阁”之景，亦是“韩城八景”之一。该处位居崖边高地，可俯瞰周围全域。马攀龙正是基于这个“观望点”，“发现”了澽水北岸临河倚山的一片柿园，由此确定了建亭的空间范畴。更为重要的是，不知不觉间，南岸“龙潭飞阁”与北岸柿园已经完成了对澽水及两岸山岭，甚至更远的黄河的整体“把控”，并共同组构形成了宏观层面的人居框架，这一框架直接关系到中观层面“柿园双亭”的经营。马攀龙的“规划设计”智慧，并不在于“无端”生出一片仙境，而是以特定视角，就特定位置，梳理寻找出环境内容之间的一分秩序，“寻天造地设之巧”，发掘“胜景”之所以能够成为“胜景”的存在基础。

3. “凿池营二亭，盘磨导经水”——营建、点睛

宏观框架既定，柿园基址已有，进一步的环境建设、人工构筑由此展开：“所市诸民为亭二，前方后圆，俱凿小池，亭后又盘水磨，与方亭前水车遥对，若两翼然。引水绕亭入池，始散之田，不数月落成。”[2] 正因为柿园基址在宏观层面的“独特”，才成就了“双

[1] 清嘉庆《韩城县志》卷十“艺文·序·记”。
[2] 同上。

亭”的标志性和“灵性”。又因为“双亭”的设置，柿园环境更具“画龙点睛”的意味。二者在交相辉映的状态下，达到了更高的艺术水准。与此同时，还在亭后设置水磨，水磨的位置显然仍是基于“龙潭飞阁”之高点，在宏观层面确立的，这样才能形成“与方亭前水车遥对，若两翼然”的空间效果。马公还围绕双亭，凿池、引水，进而形成了微观层面的“水、亭、林”的环境单元，进一步凸显着亭之美、亭之趣、亭之意。从某种意义上说，马攀龙正是站在宏观层面，实施中观层面的规划设计，又基于中观层面，完善丰富微观层面。不同层面之间，总是围绕“双亭”这一核心关键要素，来实施贯通融合。文人规划设计的智慧实是在“大小”、“高低”、“旷奥”、“主次”、“彼此”等辩证关系中，游走穿插、游刃有余、相互关照、共同成就。

4.“潇洒念羲之，省溉效禊垂；双亭忧乐间，文景千古韩”——点题、凝神、升华

从实体空间建构来看，“柿园双亭”的风景营造已经完成。但就文人的规划设计来看，“自然天道”与“为生民立命”，“以天下为己任”的“人道”似乎还可挖掘出更为深入丰富的“融合之道”，亦有更为直接的表达：“节届中秋，寅宾亭上，举觯飏言曰：此地山川耸结，林木丛密，芳馨映带，不亚兰亭。今灏气澄空，清风漾波，激水泛觞，形神萧洒，亦一时胜会也。名此亭一‘省溉’，一‘效禊’，可乎？佥曰：善。复询曰：省溉，则闻命矣。兰亭修禊，今古侈为美谈，但畅叙中感慨，系之今，兹效禊果效其游目骋怀之乐耶？抑效其情随事迁之忧耶？公莞尔曰：‘昔人炉视天地，铜视万物，聚散消息难逃大数，兴尽悲来，竟亦何益？窃谓大块遗我以委顺，无处无可乐之地，一命以上皆有所寄，随在皆分忧之时。吾奚居惟遇胜地，与贤者乐山水之乐；处歉时，与黎众忧□□之忧，如斯而已。无论远者，即此地枕山傍溪，亦足乐矣。当其恒旸水涸也，禾槁于垄，叶枯于枝，汗滴土锄莫可施，瓮抱园灌罕盈畦，公赋罔措，草窃叵测，安得不忧？一旦旻天垂吊，雨随祷应，泉涌蹊谷，水盈沟浍，槁者苏，秀者实，三农望慰，四野帖然，民鲜愁叹之声，官免追征之苦，能无乐乎？惟乐，始见水利之功溥；惟忧，则疏浚之心自有不容缓者。若巡省无所乐，固无自彰忧，亦有时忘此亭之所以建也。’薛子曰：仁不遗民，智不后时。公先事忧民忧，临事乐民乐，又建此亭志不忘，其为韩民虑深且远矣！

宜书诸石，以风来哲，庶登此亭者，勿翦伐，勿倾颓，后之效今，如今之效昔，荫庇吾韩，宁有极耶！”[1]

马攀龙和众士大夫在“亭”中体验着“自我经营”的风景环境，感知其承载的“道”。“形神萧洒”，不由勾想王羲之与兰亭的相互成就。一祭修渠之利，二效仿兰亭之“神”，分命“二亭”为“省溉”“效禊”。“事出有因”，题名响亮而直入心怀。诸士大夫还进一步就“古”兰亭之“忧乐”延展“今”双亭之“忧乐”，一“忧”一“乐”间，“省溉”“效禊”二亭又有了更丰富的人文拓展。马公最后的“总结”一语道破：“建此亭志不忘，其为韩民虑深且远矣！”“庶登此亭者，勿翦伐，勿倾颓，后之效今，如今之效昔，荫庇吾韩，宁有极耶！”[2]“风景”与“人文”再度达成相互成就和融合，“文”以“景”而“实”，“景”因“文”而“灵”。二者之间紧密而真实的联系，在于共同持守的那个“道”。

由此可见，载道者的“规划设计”并不单纯指向“实体”，而是通过“实体”表达“人与自然”的“融合之道”。在“形而下”的具体操作层面，通过自然与人工构筑的巧妙融合，达成外在之“形”与内在之“神”的融合，“化腐朽为神奇”；在“形而上”的审视层面，落实着自然与人文的融合、人工构筑与人文的融合、风景经营与人文的融合。多项“融合”实现了传承意义下的“古今融合”，正因为如此，即便今天“柿园双亭”之景已消失殆尽，但“那个地方”和精神意义却被韩人执着固守下来。更为重要的是，传承之意义并不在于“古”，“融合之道”仍在推拓、发想、升华、创造着“新”的内容和时代意义。

第三，文人士大夫在人居环境规划设计中的主要成果反映在发掘风景、创造文化景观、设计私人宅园等方面。除了上文提到的明代知县马攀龙建有“龙泉秋稼”之景，还有很多：汉阳太守殷济和韩城历任知县相继建设形成“太史高坟”司马迁祠，明代山西河津名士薛瑄对黄河龙门胜景的发掘，唐代白居易建有“香山云寺”，清代韩城名士刘荫枢修有毓秀桥，形成“濊水朝宗”之景，清代知县康行僴建有“左院棠化”“苏岭黛色”“园觉晨钟”等景……虽然县域整体层面的规划设计是“循吏”身份下，文人的治理责任，

[1] 清嘉庆《韩城县志》卷十“艺文・序・记”。

[2] 薛亨《省溉效禊二亭记》，清嘉庆《韩城县志》卷十“艺文・序・记”。

但受制于政治、军事、经济等多方面客观因素的影响，“小尺度”的人居环境营造更有利于表达文人的思辨和创造力。又因为传统中国之“道”，永远脱离不了“自然”之命题，风景的发掘和建设、宅园经营，就成为了文人规划设计之“集大成”。当然，这并不意味着“小尺度”的风景仅反映“小尺度”的成果和作用，如“太史高坟”奠山河“开势”之雄胜，“禹门春浪”联秦晋交融之广韵，“圆觉晨钟”统全域整体之“形势”等。文人的全局观和梳理“八景”之传统，形成了县域特有的规划设计层面的风景体系。

第四，文人士大夫在人居环境规划设计的理论层面进行总结和提升。儒士的思辨能力决定了其“理论”层面的建树，但这一理论更倾向于如何“承道”、“扬道”。人居环境的规划设计正是隐含在这些关于“道”的论述之中。《韩城县志》里，有大量文人的记颂、艺文、碑记，这些内容虽然“题”为“城”“楼”“桥”“塔”“阁”“亭”等的“修”“建”，但除了“如何修建”，文章总以大量篇幅阐述修建的因由目的、人的环境体验——这两部分才是修建的“道”，建筑因此而存在。基于这种认识，文人的规划设计理论，与其说是“如何营造”，不如说是“如何在营造中释道、传道”。反过来说，这种“道”也实实在在地指导和影响着“如何修建”。

总之，文人士大夫是传统人居环境设计的“灵魂”，中国“自有”的规划设计智慧，很大程度上，来源于这个群体的创造。

6.2.4 工匠——县域人居环境营造的“建构者”

在县域人居环境中，工匠群体是实施具体“建筑创作”和“施工落实”的主力。“规划设计”中，尽管存在官方层面的“控制”，在一定机制、标准、规定的限制下，匠人们依然就建筑的布局、样式、材料、细节等方面有着广阔的创作空间。具体来说，表现在以下几个方面：首先，工匠是具有特定营造“技艺”的专业群体，这一技艺通过师徒、父子等方式在乡土民间世代传衍，进而形成一套关乎结构、材料、施工方式、美学表达等的方法体系。它是支撑县域建设中人工构筑的基础。其次，在这套方法体系之下，能工巧匠们“舍其手艺，专其心智”，一方面落实文人和风水师的规划设计“立意”；另一方面，又融入本土和自有的艺术灵感，选料、把控规模尺度、规划布局、组织院落、设计形体和空间，并绘图、制作“烫样”等。这一环节充分反映出“匠作者”的创造智慧。再次，作为复杂的工程项目，工匠中的“负责人”承担着具体营建的繁复内容，如管理组织、指挥调度、进程安排、与上级部门沟通汇报等。最后，正是大量基层、无名的工匠群体，和地方民众一同，真正落实着县域建设的“一砖一瓦”。他们的双手和血汗，使“规划设计”的成果得以展现。总之，“建构者”不仅是县域人居环境营造的“支撑”，他们还有着“在实践中进行设计创作”的优良传统，其自有的设计智慧、艺术灵感、工作方式甚至施工办法等都对当代发展具有借鉴意义。

6.2.5 其他（宗教人员、宗族乡绅、商人等）——地域乡土建设的“倡导者”和支撑力量

县域人居环境不仅为人们的聚居生存提供依托，它更是“一邑之百姓”安身立命的“精神家园”。除了“守土者”“相地者”“载道者”“建构者”等视角外，本土民众均抱持着县域家园建设的自发责任和热情。这是地域乡土精神得以呈现的重要根源。从某种意义上说，县域建设不仅是官方政府的责任，还得益于大量本土“邑人”的“行善义举”。具体来说，表现在以下三个层面：首先，宗族关系是县下民众聚居生存的重要支撑，“族长”“乡绅”在维持管理族内事务的同时，还是县域建设的重要发起人和倡导者；其次，韩城地区多有外出“为官者”与“经商者”，他们在外饱受“思乡之苦”，归乡后，不仅具有“个人出资”的经济能力，更带回了其他地域的文化传统，这些人“修桥补路”“兴祖祠”“建学堂”，成为韩城县域人居环境建设的重要力量；最后，本土宗教人士亦为县域建设作出贡献，如隋唐时期，韩城建有大量佛寺、道观、石窟，均在僧道人士主持下兴建，韩城另有“横山仙观”之景，为明代道士赫净元首建，县城以西有玉虚观，为明代道士程居实重修等。总之，本土“邑人”在县域人居环境的“规划设计”中，承担着“发起人”和“倡导者”的作用，同时更是乡土传统和地域精神的重要根源。

6.3 县域人居环境营造的传统机制

县域人居环境营造，之所以能够发挥不同社会角色的“融合”作用，很大程度上得益于不同实践途径的“融合”。官方途径、民间途径与文士途径既各成体系、各自独立，又相互依赖、相互配合，共同完善、成就着人类聚居的需求和环境成果。这三条途径即构

成了历史人居环境营造的三条传统机制❶（图 6-3）。

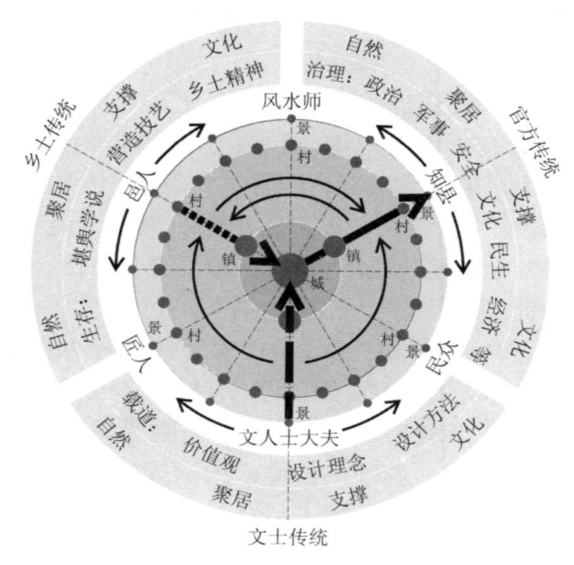

图 6-3　县域人居环境营造的三大传统
（图片来源：作者绘制）

6.3.1　官方传统

官方传统是基于“国家治理”的需求而实施的地方县域人居环境营造。

首先，县域建设必须落实完善国家统治层面的功能内容，必须遵守由国家制定的法令、规范、制度等。以韩城为例，城池的修筑，行政、财政、刑罚等官署政权机构的设置，文庙、城隍庙等祭祀功能的落实，道路、游驿组织等，均属官方传统的控制范畴。这些项目多为官方出资并组织规划营建。另外，官方传统还通过具体法令制度，控制限定了营建的等级、规模尺度、标准样式、工程运行等，其目的是保证县域建设的整体性和有机逻辑性。上述内容构成了县域人居环境营造不可逾越的原则性“纲领”。

其次，县域建设必须满足政治、军事、民生、文化、经济等多方面的综合功能，官方传统是落实这些需求的核心与保障。县域建置，疆域界定与划分，军事防御，水利治理，农耕田地开拓，城、镇等重要聚落的选址，交通、商市、救济、医疗、仓储、学校、

❶ 本书提到的三条传统机制，参考了西方人类学家雷德菲（Robert Redfield）提出的“大、小传统”概念。但并不与其直接对应，更多是针对本土背景下，不同文化传统的方式和特点的描述。

旌表等内容的落实等，均在官方传统下以“知县”为首进行通盘考虑。这些内容是“官方纲领”的具体拓展，体现着“县域治理”的全面性与客观性。

最后，官方传统所产生的“主流文化”对地方县域人居环境有深远影响，有利于国家的统一和地方文化的交流融合。例如县域聚居和自然山水的特定关系，治署、文庙、城隍庙所形成的“统一定式”，社稷坛、邑厉坛、风云雷雨坛、教场围绕城池所形成的“统一定式”等，在黄河流域历史城市中，具有共通性。这种“共通”实现了更高层面的融合。

总之，官方传统是地方州县城市人居环境营造的“纲领”。在官方传统下，知县以“循吏”的身份，承担着县域建设“由上至下”的官方责任，保证“纲领”的权威性，拓展“纲领”的具体实施。文人、风水师、匠人、乡绅、僧道、民众等均是首先在知县的带领、控制、决策下，实施县域人居环境营造。官方传统在县域建设中体现着整体性、原则性、控制性、统领性、客观性、共通性、交流性、融合性等特点。另一方面，由于官方传统仅把控“整体结构”与“核心关键”，更倾向于“为什么而建”以及“建什么”，并不妨碍县域人居环境营造中乡土传统与文士传统关于“如何建”的创造性智慧。

6.3.2 乡土传统

乡土传统是基于“民众百姓聚居生存生活”的需求而实施的地方县域人居环境营造。一方面，官方传统的整体把控并没有也不能深入到基层民众生活的细枝末节；另一方面，地域乡土内部自有其丰富的、主动的创造性表达和赋予生命特质的文化传统继承。基于此，乡土传统在县域建设中发挥着三项基本作用：

第一，官方机制下，仍并存着另一条以宗族血缘关系为线索的县域人居环境营造内容和体系。这一体系形成了关乎民众百姓“自主生存”的、相对独立完善的乡土人居环境营造模式，尤其体现在“村级聚居环境”建设中。在血缘关系下的家族和宗族社会里，“自我家园”建设具有强烈的生存本能意识和主动自发性、精神凝聚性、内向完善性，进而形成了一套包含自然山水、农耕、交通、防御、排水、住宅、祠堂、桥渡、涝池、水井、文化建筑、祭祀建筑、教育建筑、旌表建筑等内容的乡土村落营造传统。虽然村落一般规模尺度较小，但由于“大量存在”，构成了县域民众聚居生存的基础。当然，大量村落无法保证“均处于”理想宜居的环境，当中又受到自然、政治、军事、社会等因素的客观影响，时常伴随着动荡、变迁和衰亡。但宗族血缘关系的稳定性，决定了县域聚居结构内部的稳定性。随着单一姓氏村族的瓦解，“数姓”逐渐混居一村，宗族关系还进一步渗透在城、镇等以“大传统机制”为主导的聚落类型中，例如社坊并存、城镇中亦有乡土传统下的文化核心——祠堂。民间传统以牢固的“乡土家园意识”，与官方传统相互配合，并维系着县域人居环境营造的独立自主性。

第二，乡土传统是落实官方传统的支撑力量。风水学说与工匠技艺很大程度上正是在乡土环境中产生、发展、走向成熟，并对官方传统实施影响的。在县域人居环境的规划设计中，如果说官方传统实施宏观层面的整体考量和关键把控，乡土传统则通过风水学说与工匠技艺实施更为“专业”的具体层面的规划设计实践。堪舆相地、匠作营造均是在特定地域内部，以师徒、父子等乡土关系进行传承，进而成就了县域人居环境强烈的地域特色。县域建设的官方职能必须通过以大量民众为基础的独特的乡土传统才能落实。

第三，架构在特定地域内部的“人”与“自然”，成就了特定的、独一无二的乡土精神。地域文化主要表现在两个方面：首先，乡土文化是官方传统、文士传统在县域内部的丰富拓展。如韩城地区对于司马迁的精神纪念，一是源于太史公“儒士圣人”的崇高地位，二是“迁生龙门”的地域渊源。再如韩城地区教育兴盛，耕读传家。门楣题字、家训极为普遍，同样受到官方传统和文士传统的深刻影响。其次，乡土文化反映地域内部民众聚居生存的价值观、认知态度、传统风俗习惯、活动、特色等。如龙门地区特有的自然景观，成就了韩人对龙门精神的特有情感。再如民间耍神楼、腰鼓、皮影、乡祀等各种风俗活动，皆体现着韩人对于乡土自然与人文精神的主观表达。乡土传统下的县域人居环境营造，体现出浓厚的区别于其他地区的地域文化和乡土精神。

总之，乡土传统是县域人居环境营造的支撑，是产生于“民间”的“自下而上”的独立完备的一套实践体系。在乡土传统下，宗族乡绅承担着统领作用和管理作用，他们往往是县域内部具体建设的倡导者和发起人。在知县的允许和支持下，地方文人、风水师、匠人、民众等均发挥着自有的创造与智慧，进而成为官方传统的支撑力量以及乡土家园建设的主力。民间传统在县域建设中体现着具体性、自主性、创造性、独特性、差异性等特点。

6.3.3 文士传统

文士传统是基于传统中国特定的阶层而产生的关于人居环境营造的特定实践体系。在官方传统中，循吏、知县均为文人出身，文士阶层是官方传统的核心力量。在乡土传统中，宗族乡绅多为地方名士，他们从小接受儒士教育，青壮年时期或者“在朝为官”，或者“耕读自修”，年老或归乡后，虽身为“邑人”，但其学养、智慧与成就颇受尊敬，威望极高，进而成为维持乡土宗族秩序的管理者。文士阶层又成为乡土传统的领导力量。文人士大夫以“循吏”与“乡绅”两种身份，平行渗透在官方传统与乡土传统中，皆处于核心地位，在县域人居环境营造中发挥着重要作用：

第一，文士传统以其自有的“精神”和“价值观”，在县域人居环境规划设计中，体现出主导性、方向性、渗透性的艺术创作本质。官方传统重在“治理”，乡土传统重在“生存”，文士传统则重在“道”与“载道”。传统中国的哲学特点，往往更为关注超越物质实体，综世间万物，四民各业的那个“道”。相较于其他行业，文士阶层的深厚学养和智慧直接指向对于“道”的思辨和传达：基于“自然认知”的“天道”，“治理”层面与“生存”层面均依靠自然、利用自然、改善自然；基于“道德认知”的“人道”，“治理”层面须“教化导扬”，“生存”层面则“化育人文”；基于“自然与人”的“融合之道”，“治理”层面须统筹上层与下层、大范畴和小范畴、整体与个体以及不同内容、不同角度的辩证融汇，“生存”层面也无法忽视“家与国”“城与乡”、聚居和自然等的整体关系。正是基于文士传统的智慧，才形成了官方传统下的“治理之道”与乡土传统下的“生存之道”。文士传统已然成为县域人居环境不同途径的规划设计的核心灵魂。

第二，文士传统确立了人居环境营造的基本理念、艺术表达方法与实践途径，他们的智慧更接近于现代意义的“规划设计”学科。相对于“文以载道”，于山水天地间经营出一片“人居环境”，不仅是“道”的思辨与表达，更有一种“融入其中”的真实和直接。因此，风景营造和宅园设计便成为文人士大夫继诗词文学、山水绘画后的又一个直觉本能。在长期实践中，他们逐渐形成了一套人文与自然、人文与建筑、自然与建筑相互融汇、相互映衬的人居环境美学表达。这种表达不仅成为文人群体的实践乐趣，更融入官方传统和乡土传统，成为了不同途径规划设计的艺术创作方式。

第三，文士传统在规划设计中虽然仅仅反映小尺度的风景营造和宅园设计，但却形成了基于县域整体层面的风景体系。官方传统的规划设计途径是从县域整体层面凝缩到核心关键的城池，再推拓至镇，最后延伸至广大村落；乡土传统的规划设计途径是从底层村落向镇、城等核心聚落靠拢、渗透；文士传统的规划设计途径则是首先建构小尺度的风景，进而形成围绕核心城池的发散模式，而后在归纳、梳理地方“八景”的过程中，“选择性”地成为针对县域整体层面的风景体系。不同途径的规划设计均通过不同方向，最终完善不同层面的整体性。显然，文士传统下的县域“风景体系”，似乎更具神韵和生命意象。

总之，文士传统是县域人居环境营造的“灵魂”，是产生于“文人阶层”的独立完备的一套实践体系。在文士传统下，文人以“载道者”的身份创造了人居规划设计的基本方法以及风景经营的实践途径，进而形成了“从个体至整体的”县域风景体系，匠人和民众是落实文人规划设计的支撑。文士传统在县域建设中体现着指导性、方向性、创造性、核心性、凝聚性、联系性和赋予“灵魂”的、“点睛”的特点。

6.3.4　三大传统的独立性和统一性

官方传统、乡土传统与文士传统在县域人居环境的规划设计和建设中，既相对独立，又相互配合，共同发挥着不可忽略的作用：

就独立性而言，官方传统从“治理”的角度出发，基于县域整体层面，实施“从上至下”的“结构性”和“关键性”把控，将自然与人文放置在政治、军事、民生、文化、经济等多方面进行综合规划设计；乡土传统从“生存”的角度出发，基于个体和地域层面，完成“从下至上”的“自发性”和“具体性”落实，将自然与人文统筹在宗族血缘的社会关系下，形成了以风水学说与营造技艺为手段的家园建设方式；文士传统从“载道”的角度出发，基于价值观层面，实施平行的风景和县域风景体系设计，通过规划设计直接面对、探索、传达关乎自然、人及相互关系的认识和情感。三条途径均具备相对独立完善的、明确的规划设计理念与操作方法（表 6-2）。

县域人居环境营造的传统机制　　表 6-2

实践途径	规划设计角度	具体功能作用	针对对象	实践方向	规划设计“关键”	规划设计目标	人员结构	社会关系	规划设计特点
官方传统	循吏治理层面	体现国家治理必备的功能内容和法令制度	县域层面→城→镇→村	自上而下	核心城池、治署等不同角度内容下的“标志点”	道统落实	知县统领文人、风水师、匠人、乡绅、僧道、民众等	地缘关系	整体性、原则性、控制性、统领性、客观性、共通性、交流性、融合性
		反映政治、军事、民生、文化、经济等多方面的综合功能							
		有利于国家统一和地域交流融合							
文士传统	艺术创作层面	体现人居环境营造的核心价值	风景、宅园→城、镇→县域层面	由个体到整体	县域风景体系下的“标志”风景	“天地山水”与“生命理想”的最终合一	文人士大夫为主要创作代表，匠人民众辅佐落实	业缘关系	指导性、方向性、创造性、凝聚性、联系性、赋予“灵魂”的、“点睛”的
		确立了人居环境营造的基本理念，方法与实践途径							
		理论层面进行总结提升							
乡土传统	民众聚居层面	以宗族血缘关系为线索构建县域家园建设体系	村→镇→城→县域层面	自下而上	村落、祠堂等不同角度内容下的“标志点”	地域精神呈现	宗族乡绅为代表，在知县的支持下，发挥地方文人、风水师、匠人、民众的集合作用	宗族血缘关系	地域性、具体性、自主性、创造性、独特性、差异性
		形成风水学说与工匠技艺，奠定规划设计支撑							
		凝聚形成地域精神							

资料来源：作者根据资料整理绘制。

但就统一性而言，“三个传统”并不是孤立的，它们作用于“规划设计”的不同环节，并相互关联：官方传统与文士传统需要乡土传统来落实；官方传统与乡土传统皆以文士传统为核心价值；乡土传统与文士传统又以官方传统为纲领。三者相互融合，相互升华，总是共同作用于县域人居环境营造，进而建构形成本土的地方传统（图 6-4）。

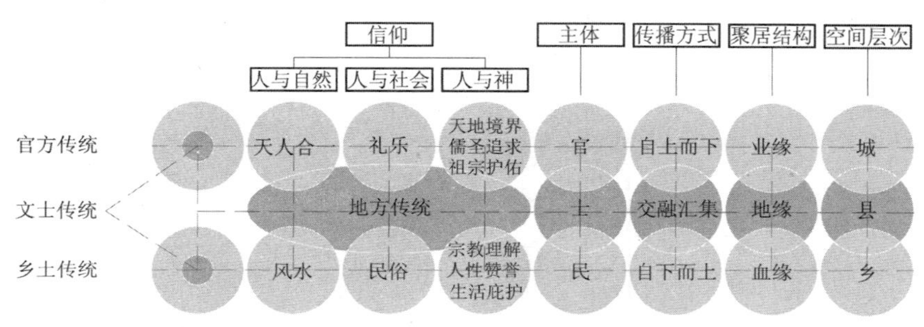

图 6-4　三大传统的交融凝聚
（图片来源：作者绘制）

6.4　县域人居环境营造的实践特点

县域人居环境营造，并不是个人、单一群体、单一行业甚至单一途径的独有成果，它是集合了知县、文人士大夫、风水师、匠人、本土邑人、宗教人员、民众等多个群体与行业的设计与建设职能，并同时贯穿于官方传统、乡土传统与文士传统三条途径下的综合历程（图 6-5）。

1. 就不同社会角色以及规划设计职能来说：

（1）横向来看：

知县“规划设计”的“整体性”架构在县域治理层面的全局把控下；“独立性”和“关联性”反映在“治、祀、教、市、居、通、防、储、旌、游”等多项人居功能的落实与综合考察方面；“关键性”体现在以自然环境为基础，对“标志地段”的客观功能发掘、利用、改善方面；“融合性”反映在县域人居环境整体框架结构的形成以及重点关键内容、位置的复合属性方面。

文人“规划设计”的“整体性”架构在风景营造上；“独立性”和“关联性”反映在自然、文化、人工构筑三者的体系完善和相互关系上；“关键性”体现在基于环境认知“标志点”的寻胜发掘上；

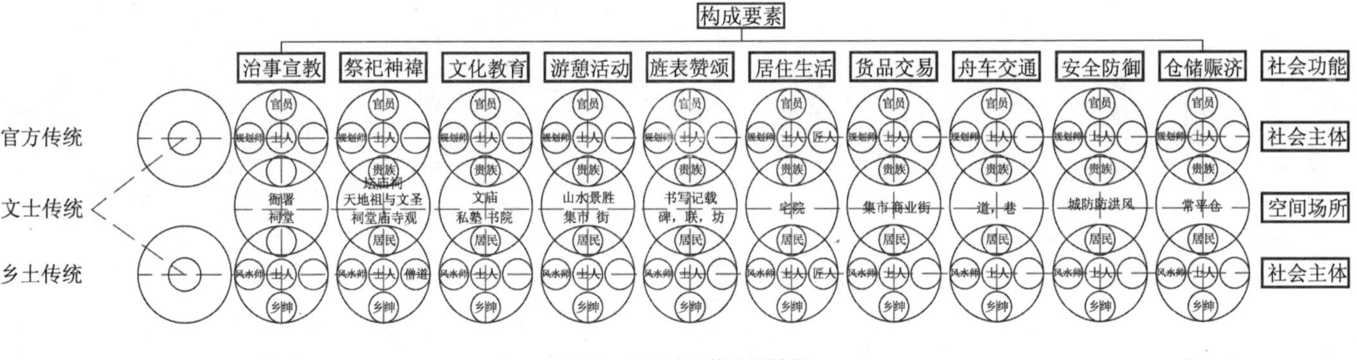

图 6-5　三大传统的实施结构
（图片来源：作者绘制）

“融合性”反映在文化与自然、文化与建筑、自然与人工构筑以及不同“层面”“尺度”“高低”“旷奥”“主次”“彼此”等辩证关系上，还反映在人居环境、文学诗词、山水绘画等不同美学艺术表达形式的相互影响上，最终达成人与自然相互成就、相得益彰的意境效果。

风水师“规划设计”的“整体性”架构在地域环境上；“独立性”和“关联性”反映在特定视角下山水环境、文化、聚居三者的完善和综合上；“关键性”体现在基于一套堪舆学说的“环境形局”上；“融合性”反映在对于“先天成就”的认知、对于“后天改善”的途径以及二者相互统一后所达成的“生命气象”与“地域精神成果”上。

匠人“规划设计”的“整体性”架构在人工构筑上；“独立性”和“关联性”反映在一套相对固定的“营造法式”与关乎创造变通的“心智”的完善和综合上；“关键性”体现在群域基础上的“标志性”塑造上；“融合性”反映在坚固、实用、美观基础上的“固基”“立势”“成境”“贯气”等艺术感知的呈现上。

乡土邑人“规划设计”的“整体性”架构在地域家园上；“独立性”和“关联性”反映在基于血缘关系的安全、农耕、防御、交通、水利、居住、文化等内容的落实与综合考察上；“关键性”体现在“精神家园”的维系和传统继承上；“融合性”反映在地域自有的山水自然、人文习俗在人居环境中呈现出的乡土精神以及“人因地而杰”“地因人而灵”的辩证关系上。

（2）纵向来看：

不同社会角色规划设计职能的“整体性”架构在县域人居环境营造上；“独立性”反映在全面治理、基于风景营造的核心价值观与理念方法、乡土特定视野下的环境审视、人工营建、地域家园建设五个角度；“关联性”反映在共通的价值观——均是面对“自然与人”的不同方向的审视上，同时，不同社会角色在县域建设不同环节中相互配合、补充；“关键性”体现在国家官方、宗族乡野以及文人精神上；“融合性”反映在不同社会角色规划设计职能的“独立”“统一”的辩证关系上，进而实现了官方层面、乡土层面甚至文人群体和个体层面的“共同价值”。

2. 就三大传统机制来说：

（1）横向来看：

官方传统的“整体性”架构在县域框架层面；“独立性”和“关

联性”反映在政治、军事、安全、民生、文化、经济等与自然、聚居、支撑、文化、风景两类体系的完善和综合上；“关键性”体现在核心城池、治署等不同角度的内容的“标志点”上；“融合性”反映在“从上至下”、从城池延伸扩展至广大村落的上述内容的“道统落实”上。

乡土传统的“整体性”架构在地域内部层面；“独立性”和“关联性”反映在乡野聚居生存需求与风水学说、营造技艺两类体系的完善和综合上；“关键性”体现在村落、祠堂等不同角度的内容的“标志点”上；“融合性”反映在“从下至上”、从广大村落向镇、城凝聚的上述内容的“地域精神呈现”上。

文士传统的“整体性”架构在理念和方法论层面；“独立性”和“关联性”反映在文人的“道与德”的思辨和人居环境建设两大体系的完善和综合上；“关键性”体现在风景经营和宅园设计上；“融合性”反映在“平行渗透”的由围绕核心城池的个体风景最终演变为县域“风景体系”的整合过程以及“天地山水”与“生命理想”的最终合一上。

（2）纵向来看：

三大传统机制的“整体性”架构在县域人居环境营造上；“独立性”反映在循吏治理层面、宗族生存层面、理念方法层面；“关联性”反映在传统中国共通的价值认知以及县域建设不同环节的相互配合、相互补充上；“关键性”体现在文士传统上；“融合性”反映在三条途径各自独立又相互统一的辩证关系上，进而实现了地域层面的“个性”与区域甚至国家层面的“统一”的“同时存在”。

3. 就不同社会角色与实践途径在“规划设计”中的具体操作方法来说，“整体性”架构在县域、聚落（城、镇、村）、风景、建筑等不同范域、层面的人居环境的“既定”全局上；“独立性”反映在“既定”全局的不同层面上，均具备相对完善的内容构成与相对固定的空间结构“法式”；“关联性”体现在不同范域层面之间的相互统一上，“大层面”发现、决定、凝缩“小层面”，“小层面”完善、凸显、成就“大层面”，二者之间相互映衬，彼此扶持；“关键性”体现在对相对“大层面”的认知和对相对“小层面”的发掘上；“融合性”反映在“大小层面”相互成就下，升华呈现的“全新的”客观功能效果、文化效果、艺术效果等方面。

4. 传统中国人居环境营造所持守的“道”，是一个极其繁杂、艰深、甚至模糊的“命题”,但我们却能明显感受到它的“真实存在”,无法忽视其在规划设计中发挥的重要作用和影响。简单来说，大概可以理解为：在不同角度、层面、范畴下的，主观和客观、全局整体和关键个体各自独立和相互统一下的,关乎“人与自然”的，辩证统一的“融合”。

5. 县域人居环境营造并非一蹴而就。“持续的时间历程”的首要意义在于形成并“于继承中发展”了规划设计的“方”，正因为有了“这剂药方”，县域人居环境营造才能首先保证其经过历史验证的“优势”得以发挥。更为重要的是，规划设计的“方”仍然在时代意义下,具备创新发展的潜力。“融合之道”并不是目的,“古与今”、“继承和发展”的辩证融合是为了升华、提炼出新的内容和意义。大概当代的人居环境营造，须首先寻找到传统规划设计的“方”，才能具备创新发展的前提。

小结：本章具体分析了韩城县域人居环境营造的人员结构、职能分工以及不同的实践途径和传统机制。针对知县、风水师、文人士大夫、工匠、宗族乡绅等不同群体,详细梳理了“守土者”“相地者”“载道者”“建构者”“倡导者”和支撑力量在人居设计、人居建设中的角色定位、需求导向、经营范畴、理念切入、实践方法以及所作出的贡献。由此说明，本土人居环境营造，是集合了不同群体的力量，并相互影响、相互协作的综合历程，“规划设计”的智慧正渗透于其中；在此基础上，进一步提出本土营造的三条传统机制，且官方传统与乡土传统之间总是渗透着以文人士大夫为主导的文士传统的内在影响、联系和凝聚力；最后，不同群体、不同营造体系、不同机制，皆建立了内在与外在的、整体的、独立的、关联的、体现关键价值的融合系统，进而在本土共同的文化观和价值观背景下，凝聚熔炼出一种强烈的地方传统和地域特质。

7　结　语

数千年来，省、府、州多有变迁，但县域却相对稳定。“县”已然成为一个自然的、文化的、经济的、社会的集合单元，成为中国本土的一大特色。本书试图以中国古代行政区划的“县”为对象，通过对韩城传统县域人居环境的研究，来探寻本土地方人居环境营造理念与方法。

由于历史演进的差异，中、西文化的差异，对于本土人居环境的研究，必须从中国的、历史的人居环境观切入，挖掘“原真”的中国传统人居环境的营造智慧。这样，很大程度上就要发掘古人在营造自己的居住环境时，是如何思考的，如何实践的，又最追求什么，力求解决什么问题。

正是基于此，本书研究了韩城县域人居环境的发展历程，总结了其发展的一般性特点以及韩城人居环境作为“边地县境”的特殊性。从自然、聚居、文化、风景、人居支撑等五个方面切入，认识到韩城县域整体环境的人居格局，在于对“自然”的“环境结构”和对“人”的“文化结构”的发掘与合一，并共同形成一种地方人居的特有结构。

本书进一步发掘韩城县域历史聚落的类型和典型，进而以“典型聚落”为对象，推究本土背景下，聚落营造的核心问题，并以韩城历史城市、芝川古镇、明清党家村为例，对聚落的用地状况、用地规模进行了量化研究，总结梳理了三个聚落的土地利用图、建设用地平衡表。从中可以看出，居住、祭祀、交通等三类用地占聚落总建设用地的前三位。相对于现代，其差异集中体现在精神活动空间上。由此将本土聚落营造从功能视角的研究拓展至更为深层的精神视角。本土聚落的结构特征反映出了基础生存层面、精神关怀层面、生存价值和生命秩序层面的完整统一。

综合上述研究，以韩城地区为研究对象，将晋陕黄河流域、县域、聚落、风景与标志建筑等不同的环境层面结合起来，通过一个整体的人居系统来梳理本土“规划设计”的实践方法。通过对不同环境层面的山水环境、骨脉结构、标志体系、群域肌理、建筑与环境的关系、图景关系、轴线关系、边界关系等内容的研究，证明本土营造不仅反映在“自然、轴线、构架、标志、群域、边界”等设计构成要素的具象表现和外在形式上，其空间形态的背后自有一番“道理”的牵制和约束。“设计者”显然更为关注不同要素相互统筹而建立的关系、秩序、逻辑，以此呈现出一种超越物质的，关切生命意义和价值，关乎“整体性、个体性与层次性”，“关键性、核心性与基础性”，“独立性与关联性”，“自然性与人文性”，“传承性与发展性”的辩证“状态”。

最后，具体研究了韩城县域人居环境营造的人员结构、职能分工以及不同的实践途径和传统机制。本土人居环境营造，是集合了不同群体的力量，并相互影响、相互协作的综合历程，“规划设计”的智慧正渗透于其中。在官方传统与乡土传统之间，总是渗透着以文人士大夫为主导的文士传统的内在影响、联系和凝聚力。三大传统凝聚熔炼出一种强烈的地方传统和地域特质。

本书研究成果的创新性集中体现在：

（1）提炼出韩城县域整体环境的山水、聚落、人文、风景、人居支撑等空间格局，并揭示其内在的结构关系。

韩城县域人居环境营造，首先发掘出了具有典型意义的典型空间，将人居功能与其结合起来，建构一个关于“自然”的“环境结构”，形成一种有所依存的人居设计和人居建设；与此同时，县域环境呈现出向心凝聚的关于“人”的“文化结构”，其根本在于本土文化内部自有其向心凝聚的精神潜力所在。本土营造的智慧就在于：并不急于对聚落本体进行塑造，而是首先根据不同聚落类型的性质和职能，将其架构在一个关键的、合适的“位置”上，通过这一“位置”的自然属性，极大程度地决定和满足聚落的功能属性和精神属性。随后的建设都是紧紧围绕这个“位置”的特征，契合这个“位置”的属性，依存于特定的地域环境来展开的。县域向心凝聚的“文化结构”正是通过这些特定位置形成的“环境结构”来落实的。韩城县域整体人居环境反映出一种自然与文化、主观与客观相统一的秩序逻辑，形成了一种地方人居的特有结构，集科学性、文化性、艺术性于一体，呈现出一个有因果、有依存、完善全面的，却又不乏诗意的人居环境有机整体。

（2）建立了韩城县域聚落的结构模型、典型聚落的土地利用量化研究，明确了历史聚落的结构特征和本土聚落营造的深层影响因素。

为了研究本土背景下，聚落营造的核心问题，以自然环境特征、形态特征、层级特征切入，建构了一个三维的金字塔式的县域聚落模型体系，从中寻找内在的结构关系，并提炼出具有“典型意义”的聚落，还以韩城历史城市、芝川古镇、明清党家村为例，对聚落的用地状况、用地规模进行了量化研究，总结梳理了三个聚落的土地利用图、建设用地平衡表。从中可以看出，居住、祭祀、交通等三类用地占聚落总建设用地的前三位。相对于现代聚落，其差异集中体现在祭祀功能所占的比重，即精神活动空间的减少和生产空间的增加，由此将本土聚落营造从功能视角的研究拓展至更为深层的精神视角；进一步通过城、镇、村等典型历史聚落的横向比较，反映出城市的“礼乐精神”，古镇的“善恶精神”，村落的“伦理精神”以及不同的聚落精神表现所依托的本土共同的文化观、价值观。正是这一本质根源和推拓潜力，决定了不同聚落类型的功能内在关系和功能导向途径。由此提出：本土聚落的结构特征反映出了基础生存层面、精神关怀层面、生存价值和生命秩序层面的完整统一。这一特有结构蕴含着深层的文化内涵。人居建设始终伴随着关乎“人”的生命价值、意义的终极追问和执着落实。本土聚落不仅满足“人”的存在，还要寻求“人”的信仰，进而完善“生命”的聚落和“道德”的聚落。研究进一步总结梳理出了韩城县域地方聚落得以形成的五条深层影响因素。

（3）进一步丰富了本土人居环境营造的理念与方法。

将韩城地区架构在晋陕黄河流域、县域、聚落、风景与标志建筑等不同环境层面结合起来的整体的人居系统中，来梳理本土“规划设计”的实践方法。认识到本土营造更为关注不同要素相互统筹而建立的关系、秩序、逻辑，空间形态的背后自有一番“道理”的牵制和约束，以此呈现出一种超越物质的、关切生命意义和价值的辩证“状态”。由此总结归纳出本土营造意欲表达的五种状态：第一，通过山水聚居模式、骨脉结构模式的研究，证明不同环境尺度和层面既有“个体性”的完善，又相互统筹，相互影响，相互决定，形成连续贯通的“层次性”，进而建构一个向内、外延伸的，宏观与微观相结合的，彼此交织渗透的，全面的有机“整体性”。第二，本土人居营造之要义在于以“人”的真实关切为出发点，将人居环境中“最关紧要”的内容提炼出来，形成一种具有秩序的定位系统——标志体系与核心发散模式。这一系统具有向心围合凝聚，向外延展发散，支撑统领整体，孕育生机，承载和阐释其内在精神内涵等重要意义。这种“关键性”与“核心性”则是通过具有内在结构关系的群域肌理的“基础性”得以呈现的。第三，通过建筑与环境的关系、图景关系、轴线关系、边界关系等角度的研究，来阐释本土人居营造在不同要素、不同时空维度、不同范畴下，既能“独善其身”，又能“兼济彼此”“整合统一”的，兼具独立性与关联性、对立性与统一性的状态表现。第四，通过对本土文化观和价值观的深层解读，明晰“自然性”与“人文性”在传统人居理念中相趋同、相呼应的哲学根源，由此反映出人文探索在人居设计中的核心意义与凝聚价值。第五，本土营造，长期传承了一种精神、一种秩序、一种逻辑、一脉历程和一个关乎生命的“道”。这一精神、秩序、逻辑、历程和“道”的内在组构却是随着时代的演进，具有不断发展的无限潜力。其发展的根源在于本土文化价值的理性高度与深度，其发展的机能则体现在不同内容、要素方面，相互关照、相互作用的真实“生长”。

（4）梳理了韩城县域人居环境的地域特点和演进规律以及本土营造的实践途径和传统机制。

韩城县域人居环境研究是地方、地域人居环境研究的重要组成部分，本书总结归纳了韩城县域发展的“地方性”和“特殊性”。正是由于处在晋、陕黄河沿岸的“边界”，韩城在东西向与南北向上均呈现出强烈的“边地县境”特征，进而形成了军事性与防御性的需求，区域范畴的交通枢纽意义，黄河两岸的频繁交流和密切联系以及文化的多元碰撞、凝聚和持久积淀等。此外，书中具体研究了韩城县域人居环境营造的人员结构、职能分工以及不同的实践途径和传统机制。在官方传统与乡土传统之间，总是渗透着以文人士大夫为主导的文士传统的内在影响、联系和凝聚力。三大传统凝聚熔炼出一种强烈的地方传统和地域特质。书中还对史籍资料进行了广泛收集、分类整理，真实且系统地呈现出了历史文献、历史图典、测绘成果以及各类相关规划与设计文件，结合实地调研和已有资料，绘制了大量图集，具有一定的史学价值，也为今后的相关研究提供了参考价值。

参考文献

[1] 韩城市志编纂委员会．韩城市志 [M]．西安：陕西人民出版社，1994．

[2] 施宣圆．中国文化辞典 [M]．上海：上海社会科学院出版社，1987．

[3] 郭尚兴，王超明．汉英中国哲学辞典 [M]．开封：河南大学出版社，2002．

[4] 潘蛟．中国社会文化人类学百年文选 [M]．北京：知识产权出版社，2009．

[5] 孙淑玲．文化遗产保护访谈录 [M]．北京：民族出版社，2000．

[6] 孙秋云．文化人类学教程 [M]．北京：民族出版社，2004．

[7] 孟航．中国民族学人类学社会学史 [M]．北京：人民出版社，2011．

[8] 周星．乡土生活的逻辑 [M]．北京：北京大学出版社，2011．

[9] （美）康拉德·菲利普·科塔克．简明文化人类学：人类之镜 [M]．熊茜超译．上海：上海社会科学院出版社，2011．

[10] 瞿明安．当代中国人类学民族学文库 [M]．云南：云南人民出版社，2008．

[11] 张利群．民族区域文化的审美人类学批评 [M]．广西：广西师范大学出版社，2006．

[12] 林惠祥．文化人类学 [M]．北京：商务印书馆，2011．

[13] （美）哈维兰．文化人类学 [M]．瞿铁鹏译．上海：上海社会科学院出版社，2006．

[14] 周晓红．人类学跨文化比较研究与方法[M]．云南:云南大学出版社，2009．

[15] (美)墨菲．文化与社会人类学引论[M]．王卓君译．北京:商务印书馆，2009．

[16] （英）米尔顿．对环境话语中的人类学角色的探讨 [M]．袁同凯译．北京：民族出版社，2007．

[17] （日）中村俊龟智．文化人类学史序说 [M]．何大勇译．北京：中国社会科学出版社，2009．

[18] （美）坎贝尔．千面英雄 [M]．朱侃如译．北京：金城出版社，2012．

[19] 赵旭东．人类学研究中的自我、文化与他者 [M]．北京：北京大学出版社，2011．

[20] 赵旭东．文化的表达——人类学的视野 [M]．北京：中国人民大学

出版社，2009.
[21]（德）利普斯．事物的起源［M］．汪宁生译．贵州：贵州教育出版社，2010.
[22]（澳）休谟．人类学家在田野［M］．龙菲译．上海：上海译文出版社，2010.
[23]（挪威）埃里克森．小地方，大论题——社会文化人类学导论［M］．董薇译．北京：商务印书馆，2008.
[24]（美）卢克拉斯特．人类学的邀请［M］．王媛译．北京：北京大学出版社，2008.
[25] 万辅彬．人类学视野下的传统工艺［M］．北京：人民出版社，2011.
[26]（丹麦）海斯翠普．他者的历史——社会人类学与历史制作［M］．贾士蘅译．北京：中国人民大学出版社，2010.
[27] 何群．民族社会性学和人类学应用研究［M］．北京：中央民族大学出版社，2009.
[28] 党丕经．司马迁与韩城民俗［M］．西安：三秦出版社，1993.
[29] 张天恩．汉太史司马祠［M］．韩城：韩城市政协文史资料研究委员会，1999.
[30] 贺西城．韩城民居古门匾集注［M］．韩城：韩城市政协文史资料研究委员会，2007.
[31] 徐谦夫．韩城旅游景点故事［M］．北京：北京师范大学出版社，2002.
[32] 范德元．民居瑰宝党家村［M］．西安：陕西人民教育出版社，1999.
[33] 周若祁．韩城村寨与党家村民居［M］．西安：陕西科学技术出版社，1999.
[34] 王树声．晋陕沿岸历史城市人居环境营造研究［M］．北京：中国建筑工业出版社，2011.
[35] 何金铭．陕西县情［M］．西安：陕西人民出版社，1986.
[36] 程宝山，任喜来．中国历史文化名城·韩城［M］．西安：陕西旅游出版社，2001.
[37] 王聚保．关中八景史话［M］．西安：陕西科技出版社，1984.
[38] 史念海．河山集［M］．西安：陕西师范大学出版社，1991.
[39] 史念海．黄土高原历史地理研究［M］．郑州：黄河水利出版社，2002.
[40] 吴良镛．建筑·城市·人居环境［M］．石家庄：河北教育出版社，2003.
[41] 吴良镛．广义建筑学［M］．北京：清华大学出版社，1989.
[42] 彭一刚．传统村镇聚落景观分析［M］．北京：中国建筑工业出版社，1992.
[43] 阮仪三．中国历史文化名城与规划［M］．上海：同济大学出版社，

1995.
[44] (日) 原广司. 世界聚落的教示 100 [M]. 北京 : 中国建筑工业出版社, 2003.
[45] (日) 藤井明. 聚落探访 [M]. 北京 : 中国建筑工业出版社, 2003.
[46] (美) 凯文·林奇. 城市意向 [M]. 北京 : 中国建筑工业出版社, 1990.
[47] 马克垚. 中西封建社会比较研究 [M]. 上海 : 学林出版社, 1997.
[48] 李允稣. 华夏意匠 [M]. 香港 : 香港广角镜出版社, 1982.
[49] (日) 芦原义信. 外部空间设计 [M]. 伊培桐译. 北京 : 中国建筑工业出版社, 1985.
[50] (美) 施坚雅. 中华帝国晚期的城市 [M]. 北京 : 中华书局, 2002.
[51] 李增道. 环境行为学概论 [M]. 北京 : 清华大学出版社, 1999.
[52] 王振复. 中国古代文化之美 [M]. 北京 : 学林出版社, 1989.
[53] 杨慎初. 中国建筑艺术全集 [M]. 北京 : 中国建筑工业出版社, 2001.
[54] 朱孝远. 史学的意蕴 [M]. 北京 : 中国人民大学出版社, 2002.
[55] (日) 日本观光资源保护财团. 历史文化城镇保护 [M]. 路秉杰译. 北京 : 中国建筑工业出版社, 1987.
[56] 董鉴泓. 中国古代城市建设史 [M]. 北京 : 中国建筑工业出版社, 1984.
[57] 林玉莲. 环境心理学 [M]. 北京 : 中国建筑工业出版社, 2000.
[58] 朱良志. 中国艺术的生命精神 [M]. 合肥 : 安徽教育出版社, 1998.
[59] 段进,季松,王海宁. 城镇空间解析[M]. 北京:中国建筑工业出版社, 2002.
[60] 齐康. 城市建筑 [M]. 南京 : 东南大学出版社, 2001.
[61] 阮仪三, 王景慧, 王琳. 历史文化名城保护理论与规划 [M]. 上海: 同济大学出版社, 1999.
[62] 许明. 当代中国函待解决的 27 个问题 [M]. 北京:今日中国出版社, 1997.
[63] 李无未, 张黎明. 中国历代祭礼 [M]. 北京 : 北京图书馆出版社, 1998.
[64] 俞孔坚. 理想景观探源——风水的文化意义[M]. 北京:商务印书馆, 2004.
[65] 赵立瀛. 陕西古建筑 [M]. 西安 : 陕西人民出版社, 1992.
[66] 佟裕哲. 陕西古代景园建筑 [M]. 西安 : 陕西科学技术出版社, 1998.
[67] 佟裕哲, 刘晖. 中国地景文化史纲图说 [M]. 北京 : 中国建筑工业出版社, 2013.
[68] 汪德华. 中国山水文化与城市规划 [M]. 南京 : 东南大学出版社,

2002.
[69] （清）毕沅．关中胜迹图志 [M]．西安：三秦出版社，2004.
[70] 钱穆．中国文化史导论 [M]．北京：商务印书馆，1994.
[71] 傅熹年．中国古代城市规划建筑群布局及建筑设计方法研究 [M]．北京：中国建筑工业出版社，2000.
[72] 贺业矩．中国城市规划史 [M]．北京：中国建筑工业出版社，2006.
[73] 张驭寰．中国古代县城规划图详解 [M]．北京：科学出版社，2003.
[74] 单霁翔．从"功能城市"走向"文化城市"[M]．天津:天津大学出版社，2007.
[75] 周振鹤．中国历史文化区域研究 [M]．上海：复旦大学出版社，2006.
[76] 李锐，杨文治．中国黄土高原研究展望 [M]．北京：科学出版社，2008.
[77] 费孝通．乡土中国 [M]．上海：上海人民出版社，2007.
[78] 肖笃宁，李秀珍，高俊．景观生态学 [M]．北京：科学出版社，2003.
[79] 周庆华．黄土高原·河谷中的聚落——陕北地区人居环境空间形态模式研究 [M]．北京：中国建筑工业出版社，2009.
[80] 刘黎明．乡村景观规划 [M]．北京：中国农业人学出版社，2003.
[81] 陈威．景观新农村：乡村景观规划理论 [M]．北京：中国电力出版社，2007.
[82] 陈志华，李秋香．乡土建筑遗产保护 [M]．合肥：黄山书社，2008.

致谢

首先要诚挚感谢我的博士生导师杨豪中先生，恩师豁达谦虚、治学严谨、著述丰厚，总能在不经意间将深刻的学理娓娓道来，促我成长。本书选题、调研、撰写的全程，无不浸透着先生的心血。先生还在生活中给予我无微不至的关怀。在此，谨怀感激之情，深深向恩师致谢。

还要特别感谢我的博士后导师中国工程院院士刘加平先生。先生造诣深厚、境界高远、胸怀宽广，又是看着我长大的长辈。先生鼓励我在博士研究的基础上拓展思维，更是亲身教诲与指导，不仅使我感受到亲切温暖的情感，更极大地开拓了我的学术视野，培养了我的学术研究思路与方法，坚定了我的学术方向，是我成长的领路人。

感谢建筑学院风景园林系刘晖教授与董芦笛教授，二位老师是中国地景文化理论研究的前辈，是我多年的老师，也是我入职以来的领导，总是对我的工作和学术研究予以关怀，感激备至。

感谢西安建筑科技大学副校长王树声教授。王老师一直对我的成长予以关心和帮助，对本书的研究内容和方法给予了重要指导。

我还要特别感谢吕仁义教授、李志民教授、黄明华教授、杨柳教授、王军教授、张沛教授、李昊教授、任云英教授、林源教授、吴国源教授、岳邦瑞教授、常海清教授、王劲韬教授、王军副教授、杨建辉副教授、李榜晏副教授、陈磊副教授、赵红斌副教授、王晶懋副教授、宋功明老师、武毅老师、金云老师、包瑞清老师等，他们是尊敬的师长，更是我学习的楷模，多次有机会聆听他们的教诲，受益匪浅。

感谢风景园林系全体老师一直以来对我的热情帮助和鼓励，多次给我提出宝贵意见，每次与他们的交流都有所收获。

感谢韩城市原报社社长贺西城、韩城市原文物特派室主任吴勇、韩城市信访局副局长刘西俊、韩城市景区管委会副大队长李小强、韩城市城建局干事高坡以及韩城当地“百城摄影”店长等在本书调研期间所给予的巨大帮助。

特别感谢我的家人，他们为我付出了很多。

作为一名青年学者，学术积累还很浅薄，书中欠妥之处，甚至谬误之处在所难免，敬请各位学者、专家、同仁斧正！